春华秋实

上海广境规划设计十年作品集

上海广境规划设计有限公司   编著

同济大学 出版社
TONGJI UNIVERSITY PRESS

图书在版编目（CIP）数据

春华秋实：上海广境规划设计十年作品集 / 上海广境规
划设计有限公司编著 . ——上海 ：同济大学出版社，
2014.11

ISBN 978-7-5608-5701-5

Ⅰ．①春… Ⅱ．①上… Ⅲ．①建筑设计－作品集－中
国－现代 Ⅳ．① TU206

中国版本图书馆 CIP 数据核字（2014）第 278043 号

策划制作　　《理想空间》编辑部
征订电话　　021-65988891
网　　址　　http://idspace.com.cn

书　　名　　春华秋实——上海广境规划设计十年作品集
编　　著　　上海广境规划设计有限公司
责任编辑　　由爱华
责任校对　　徐春莲
装帧设计　　《理想空间》编辑部

出版发行　　同济大学出版社　www.tongjipress.com.cn
　　　　　　（上海市四平路 1239 号　邮编 200092　电话 021-65985622）
经　　销　　全国各地新华书店
印　　刷　　上海锦佳印刷有限公司
开　　本　　635mm x 1000mm　1/8
印　　张　　39
字　　数　　780000
印　　数　　1-5000
版　　次　　2014 年 12 月第 1 版　2014 年 12 月第 1 次印刷
书　　号　　ISBN 978-7-5608-5701-5
定　　价　　258.00 元

春华秋实——上海广境规划设计十年作品集

编委会

主任：徐峰

委员：苏功洲 潘琪 黄劲松 刘宇

执行主编：苏功洲 黄劲松

编辑：蒋颖 周伟 吴佳 肖闽 刘俊 李娟 汪亚

廣拓視域

境界無限

為廣境設計作品集題

毛佳樑甲午金秋

十年前，上海市嘉定规划设计院，作为一家区级规划设计单位，积极抓住发展机遇，勇于迎接挑战，开启全新征程。如今，实现蜕变，已成为一家综合性的设计院——上海广境规划设计有限公司。

十年作品集，上百个项目，立足上海、服务全国，既是从上海市嘉定规划设计院到上海广境规划设计有限公司十年发展的精彩缩影，也是所有规划设计人员十年来辛勤耕耘的收获和智慧的结晶，更是他们为城乡规划发展精心投入和倾情付出的见证。在其十年作品集出版之际，我由衷地表示祝贺和敬意。

近十年来，从上海到全国，无论在城乡规划编制，还是在规划管理与实施上，都发生了重大的变化。2008年1月《中华人民共和国城乡规划法》的正式施行，由"城市"到"城乡"，更加突出了规划在全社会发展中的综合统筹与引领作用；2008年上海市规划和国土资源管理局的成立和2011年《上海市城乡规划条例》的正式施行，这更加凸显了"规划"与"土地"之紧密关系。2014年5月，上海市第六次规划土地工作会议召开，对上海市新一轮总体规划编制和未来城乡发展做出了重要部署，对规划编制单位而言，这既是机遇，更是挑战。挑战的是规划中如何体现上海新型城镇化的内涵，如何实现"城、乡"一体，如何实现"规、土"真正融合，如何使规划兼顾现实和长远，真正具有严肃性和可操作性。

十年的变化历程和未来的发展趋势预示着，在新型城镇化背景下，必将会更强调以人为本，而且是"城"、"乡"一体化的人；在"规划"与"土地"既有紧密关系的基础上，必将会更强调"多规融合"，多专业、跨学科之融合协同将是规划发展之必然，也是规划具有可操作性的基础保障。

本作品集所选项目，既有传统城乡规划体系中以"城"为主角的总体规划和详细规划，有城市设计，也有交通、市政等专项规划，还有直接为"三农"发展服务，以"乡"为主角的规划——土地利用规划、土地整治规划、农业发展规划、村庄规划等，而这些规划正是城乡一体化发展的重要体现，是规划与土地融合的重要载体，也恰是规划编制中应该更加关注的。

上海广境规划设计有限公司作为对一线规划管理和实践有着切身体会和深刻理解的设计单位，是上海为数不多的同时拥有城乡规划甲级和土地规划乙级资质的设计单位。本作品集在一定程度上已经体现了它对"规划"和"土地"之关系的探索、体现了它对"城"与"乡"关系之理解，也体现了它对多专业融合与协同之实践。

借本作品集出版契机，希望上海广境规划设计有限公司在充分发挥自身"源自基层"、"规土合一"和"多专业融合"优势的基础上，更加注重规划理论与实践的结合；要充分认识到实施是规划编制最重要的意义，强化对规划实施进行深入细致的评估；深入第一线，不断通过"回头看"总结经验，才可能使得规划成果既高屋建瓴，又接地气、可操作。在新型城镇化发展的大背景下，希望上海广境规划设计有限公司不断开拓创新，在上海乃至全国新一轮城乡发展中作出更大贡献，取得更好成绩。

史东明

2014年11月

前言

一直在路上，追寻我们共同的未来

某种意义上说，客观（社会）的角色界定和主观（个人）的价值期待，极大影响着我们的行为方式和追寻的目标。而在我们的追寻之路上，"变化"是我们不得不遵循的方向，而活力、融合、演进，则是我们留下的最坚定的脚印。

十年前，我们走出体制，实现由事业单位到企业的蜕变，我们有彷徨，有担忧，但我们看到更多的是团队发展的"活力"；某种程度上说，我们是从"管理者"转变成为了"参与者"，这种身份的转变对于规划师而言是开放多元的，是更具活力的；从上海市嘉定区到上海全市，再到全国，使我们在规划空间视野上更具活力；由城市规划专业主导规划，到多专业协同规划，我们从专业角色到人才结构上更具活力。

因为源自基层，我们深深理解管理实施于规划编制之重要性，从物质（空间）层面的技术方案到政策层面的规划管理，再到实施层面的具体建设，我们一直在努力实践规划编制、管理与实施全过程在规划方案中的融合；因为源自基层，我们切实体会到了城市规划与土地、与农村之关系，从更多关注城镇的空间规划，到在规划中融入土地的自然属性和政策特征，再到积极推动乡村地区规划，以试图实现在规划上的城乡并重与一体化，从规划的空间和对象角度而言，我们一直在努力实践城市规划、土地规划与"三农"规划在规划方案中的融合。

也正因为源自基层，我们的视角最初总是从局部和微观出发，一直十分关注规划对象本身，但在规划方案的策略上，我们却更加注重中观和宏观层面的研究与衔接。对于规划而言，微观是其具有生命力的基础，而中观和宏观则是其可实施的保障，因此，我们一直在努力实践微观、中观与宏观在规划方案中的融合。

也正因为源自基层，我们期待规划的严肃性与法定性，而法定规划，尤其是控制性详细规划更是我们长期继承的特长，但我们也深刻认识到，研究型规划或者说规划的创新研究则是保证规划严肃性与法定性的必由之路，我们一直积极参与上海市的规划标准、规范和创新项目编制工作，也承担了较多的上海市乃至全国的试点项目，因此，我们一直在努力实践规划法定性与研究性、创新性的融合。

过去的三个十年，是我们社会角色和自我价值不断变化之路。

对我们的价值观而言，如果说第一个十年和第二个十年是潜变，那最近十年真的可以称得上是蜕变，是升华。

第一个十年，当我们是城市建设管理的一个部门时，我们以规划师之角色行建设管理之实。那时的我们已经拥有城市规划专业人员——我们的规划前辈和师长，而那时的社会状况或许真的是只有规划专业人员才懂规划，既是具有"规划专业知识"的规划编制者，同时也是建设管理者，某种程度上而言，当时的项目就来自自己，技术即管理，管理即技术。那时的规划编制本身更多的是以建设管理为目标和基础，我们有作为建设管理者的义务，更有作为规划师的责任，那时的我们就已经在努力探索，如何实现规划管理者与规划师的共同期待与想象了。

第二个十年，当我们成为相对独立的规划设计部门时，在行政管理体制层面我们经历了由建设管理到规划管理的转变，而在工作目标上，也默默地由管理支撑转变为了技术服务。尽管我们的项目几乎来自"政府指令"，但城市规划作为一门学科，或者说技术工具，似乎进入了更为独立思考的阶段，技术与管理开始变得平行了，规划业务中也开始出现了甲方乙方。这也更加清晰了我们作为规划编制者的规划师身份，规划管理者有其职能的要求，规划编制者有其专业的追求。我们开始意识到规划的编制、管理与实施不仅是程序关系，似乎更多的是合作关系，尽管这种合作关系存在技术服从或屈服于管理的风险与现实，但毕竟开始有了编者者、管理者、实施者之间的讨论和争辩，我们开始与规划管理及实施者共同承担着创造城市未来之使命。因此，身为规划编制者，我们对规划师的未来，对规划事业的未来充满了信心和向往。

正式基于对未来的信心与向往，我们迎来了全新的十年。

这十年中，我们的社会身份彻底变了，我们开始了真正"乙方"的生活；我们的职业角色彻底变了，我们成了具有独立思考空间的规划编制者。

这十年中，"服务"和"责任"成了我们的关键词。我们深切体会到，在整个社会发展进程中，在整个城乡发展建设过程中，我们仅仅是提供"规划服务"的"服务员"，我们既要充分关注和理解甲方的需求，又要尊重和执行规划管理者的要求；我们更明白服务的基准是"责任"，我们要对规划对象的真正主人——公众负责——我们关注公众的诉求，我们要对我们规划师的身份和职业负责——我们有自己的追求。

而"服务"和"责任"就构成了我们的基本准则和理想目标——"四求合一"，即努力做到甲方的需求、管理者的要求、公众的诉求和规划师的追求的融合平衡、协同实现。

如今，面对未来，我们坚信我们将继续秉承——责任永恒，服务无限——"四求合一"。

规划愈将体现出其复杂性的特点（空间、社会、经济……），规划愈将展现出其对人性的关注（宜居、活力、生态、可持续……），规划愈将释放出其对过去和未来的影响（经验与教训、现实与前瞻……），规划愈将徘徊在现实与理想之间（近期与长远、市场与追求、个人与社会……）……

面对所有这些，广境人必将会用更具力量的双手和更坚实的肩膀去承担——责任永恒；面对所有这些，上海广境规划设计有限公司必将用更具活力的思维和智慧的方案去挑战——服务无限。

广境——GRAND，是广阔的天地，是无限的境界；既是今天，更是未来……

Growing，成长，孕育无限未来。

Responsible，责任，承担多元未来。

Active，活跃，蕴涵美妙未来。

Nomative，规范，服务多彩未来。

Diligent，勤勉，追寻美好未来。

我们必将一直在路上……

下一个十年、二十年，继续"创造我们共同的未来"。

这本作品集，既是尚显年少的我们对过去的珍藏和回忆，更是充满活力的我们对未来的信心和期待；既是我们辛勤汗水的体现，更是我们身为规划师的自豪；既是对我们团队和所有参与者的感谢，更是对所有规划本身的致敬。

或许，这本作品集，也是过去十年我们所接触的城市规划与发展之缩影吧。

目 录 Contents

城市设计 Urban Design

土地规划 Land Plan

交通规划 Transportation Plan

市政规划 Municipal Plan

其他规划 Other Plan

三山湖

至鄂州

至鄂州

保安湖

武九铁路

G106

黄鄂一级公路

保安镇

锦冶大道

G316支线

S314

武灵铁路

金山店镇

至阳新

总体规划

上海市嘉定区区域总体规划纲要（2004—2020年）

[委 托 单 位]　上海市嘉定区规划和土地管理局

[项 目 规 模]　463km²

[负 责 人]　黄劲松

[参 与 人 员]　王晓峰　陈朋辉　王超　郝东旭

[合 作 单 位]　上海市城市规划设计研究院

[完 成 时 间]　2004年12月

1.城镇体系规划图
2.空间结构规划图
3.道路系统规划图
4.公共活动中心体系规划图
5.绿化系统规划图

一、规划背景

上海市规划局《关于切实推进"三个集中"加快上海郊区发展的规划纲要》中进一步明确要集中力量建设新城，并突出重点，建设松江、嘉定、临港等有发展优势的新城。

规划以科学的发展观和"五个统筹"的重要思想为指导，根据市委、市政府关于加快郊区发展、推进"三个集中"的总战略，重点对区域人口、城镇、产业、资源、环境和基础设施等各类要素进行研究和安排，对嘉定区近期和远期的建设发展作部署和考虑。

二、主要内容

1. 规划性质

以汽车文化为特色，积极发展先进制造业、现代服务业和生态农业，建设成为上海西北部具有独特人文魅力、持续创新力、高科技水准和综合辐射功能的现代经济强区、文化大区和生态城区。

2. 规划城镇体系

规划形成"新城—新市镇—居住社区"三级城镇体系。规划至2020年嘉定

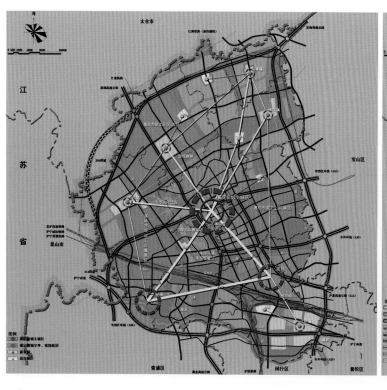

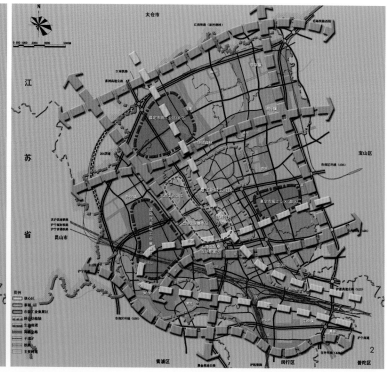

区将建成"一城、五镇、六居住社区"的格局。新城是嘉定新城,由嘉定主城区、安亭、南翔三个组团构成组合式城市。嘉定现有城区将发展成为未来嘉定组合新城的主城区。新市镇包括外冈镇、江桥镇、嘉定市级工业区(北区)、华亭镇、徐行镇。居住社区包括娄塘、唐行、戬浜、封浜、方泰、徐行。

3. 产业发展

坚持依靠二、三产业共同推进经济发展,走新型工业化道路,以科技进步提升产业能级,构筑产业竞争优势,打造国内一流汽车制造基地和国际零部件采购中心,加快发展电子电器、生物医药、环保工程、新材料等优势产业,增强产业核心竞争力。按照"三个集中"要求,加大工业向园区集中力度,提高土地综合效益,以F1赛车场等核心功能区为依托,积极发展现代服务业。按照土地利用规划要求,加快农业结构调整,做好基本农田保护,大力发展生态农业。

4. 生态环境

完善区域绿地系统,由"绿环、绿廊、绿园"组成嘉定区区域绿色网格格局,形成"一环六廊"区域绿地体系。

5. 道路交通

以"六横五纵"区域主要公路为骨架,规划形成由主干路、次干路、支路三级区域道路网络。

三、 规划特色

1. 高效的土地利用效率

整合现状及部分既有规划,以提高土地利用效率为原则,坚决贯彻"三个集中"的发展战略。

2. 有机的区域空间布局

在"三个集中"的基础上,实现城镇、工业园区、森林通廊、大型生态绿地、水系、内外交通体系等有机布局、均衡持续发展。

3. 可持续的发展策略

规划明确区域重点发展产业,确定主要产业空间布局,制定近远期结合的可持续发展策略。

四、 规划实施

该规划于2004年由沪府规[2004]82号文批复,对下一阶段编制嘉定区区域总体规划实施方案具有重要指导意义。

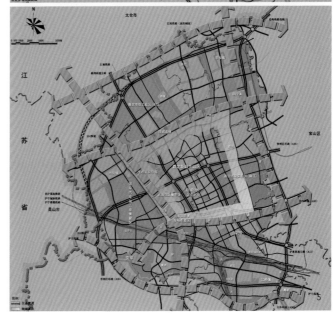

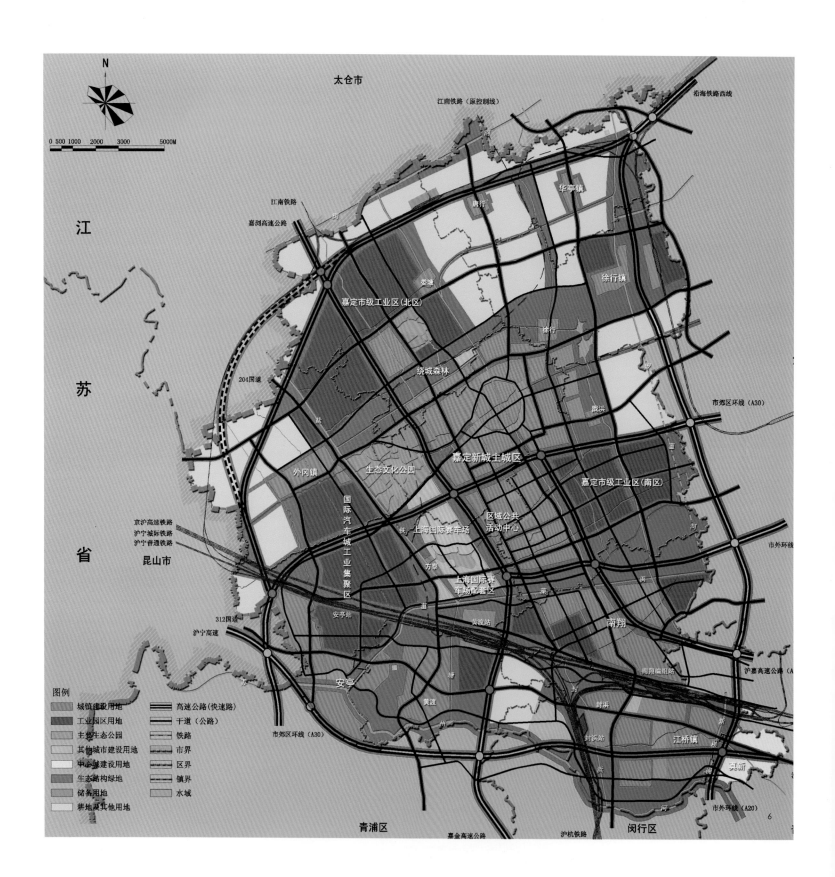

N

0 500 1000   2000   3000   5000M

太仓市

江南铁路（原控制线）   沿海铁路西线

江南铁路

嘉浏高速公路

江   华亭镇

                    唐行

苏   徐行镇

               娄塘

                    嘉定市级工业区(北区)

204国道   绕城森林   徐行

省   嘉浜   市郊区环线（A30）

          外冈镇   生态文化公园   嘉定新城主城区

                                      嘉定市级工业区(南区)

京沪高速铁路   国   区域公共
沪宁城际铁路   际   活动中心
沪宁普通铁路   汽   上海国际赛车场   市外环线
昆山市   车
                      城   方泰
                      工   上海国际赛
312国道   业   车场配套区   南翔
                      集   黄渡站
沪宁高速   聚
                      区
              安亭站   南翔编组站   沪嘉高速公路（A

                      安亭   封浜
市郊区环线（A30）   黄渡   封浜站   江桥镇

图例   市外环线（A20）
      城镇建设用地   高速公路(快速路)
      工业园区用地   干道（公路）
      主要生态公园   铁路
      其他城市建设用地   市界
      中心城建设用地   区界
      生态结构绿地   镇界
      储备用地   水域
      耕地及其他用地

青浦区   嘉金高速公路   沪杭铁路   闵行区

018

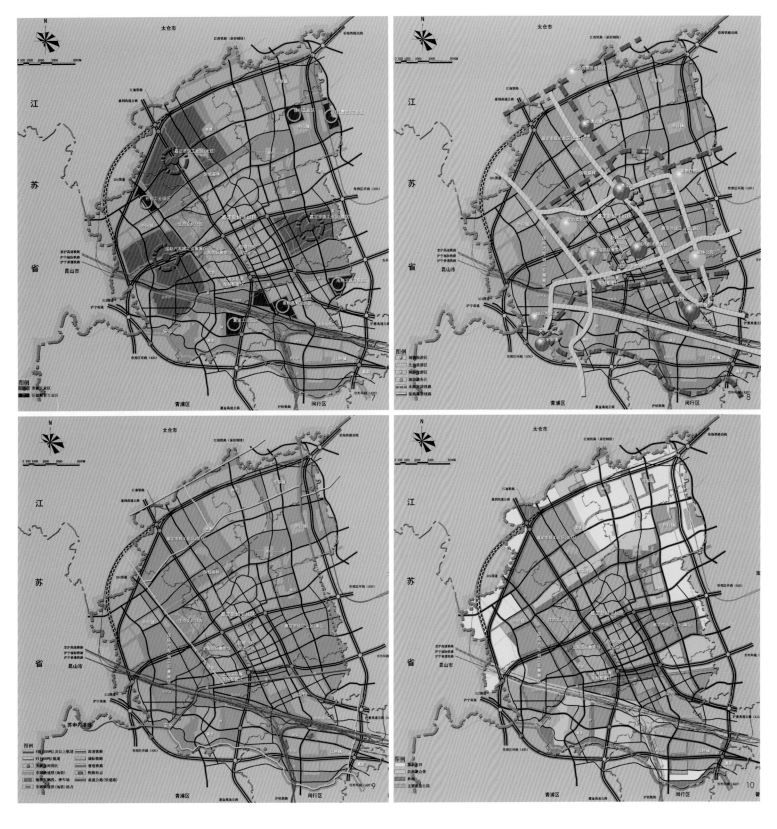

上海市嘉定区区域总体规划实施方案（2006—2020年）

[委托单位]　上海市嘉定区规划和土地管理局

[项目规模]　463km²

[负 责 人]　骆悰 黄劲松

[参与人员]　王晓峰 凌麟；上海市院人员等

[合作单位]　上海市城市规划设计研究院

[完成时间]　2007年2月

[获奖情况]　2007年度上海市优秀城乡规划设计三等奖；2008年度上海市优秀工程咨询成果二等奖

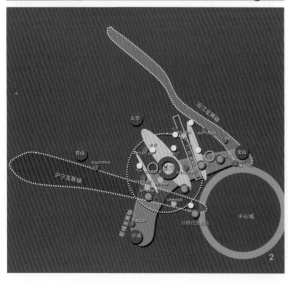

一、规划背景

2005年上海市规划局下发了《关于全面落实市政府〈关于切实推进"三个集中"加快上海郊区发展的规划纲要〉，加强本市郊区规划编制工作的指导意见》，作为各郊区县编制总体规划实施方案的指导性文件。根据该要求，上海市、嘉定区规划院联手在《嘉定区区域总体规划纲要（2004—2020年）》的基础上共同编制《嘉定区区域总体规划实施方案（2006—2020年）》。区域总体规划实施方案在纲要规划制定的总体目标与定位的基础上，立足近期，面向远景，制定具体落实计划，分解指标，细化专业，深化近期。

二、主要内容

1. 规划重点

　　（1）发展规模与土地利用效率；

　　（2）城乡体系布局；

　　（3）产业布局导向；

　　（4）重要基础设施。

2. 城镇体系等级结构

嘉定区区域规划形成"新城—新市镇—中心村"三级城乡体系。

规划至2020年嘉定区将形成"一城、五镇、廿五中心村"的等级结构。

"一城"为嘉定新城；"五镇"为江桥、外冈、华亭、徐行和嘉定工业区（北区）；"廿五中心村"为：向阳、泥岗、陆巷、联西、太平、增建、葛隆、钱门、望新、灯塔、草庵、娄东、安新、和桥、小庙、伏虎、毛桥、双塘、联华、塔桥、金吕、大裕、陈村、北管、浏翔。

3. 人口规模

规划至2020年，嘉定区全区半年以上常住总人口为130万，其中城镇常住人口124万，城市化水平95%。

1.区位图
2.周边区域空间关系图
3.产业发展规划导向图
4.城乡体系规划图
5.对外交通规划图
6.发展板块规划图

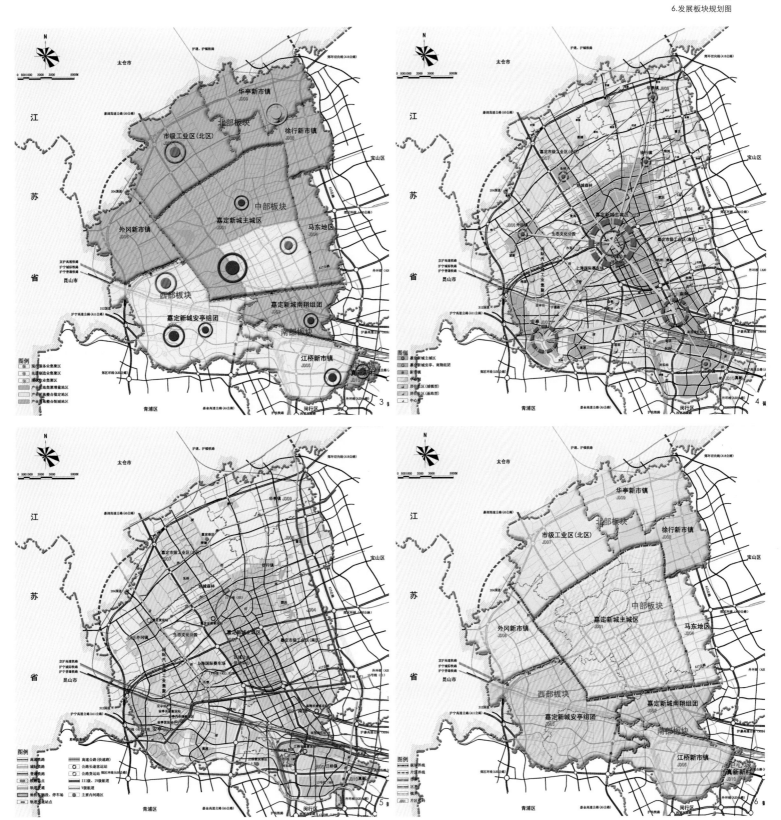

021

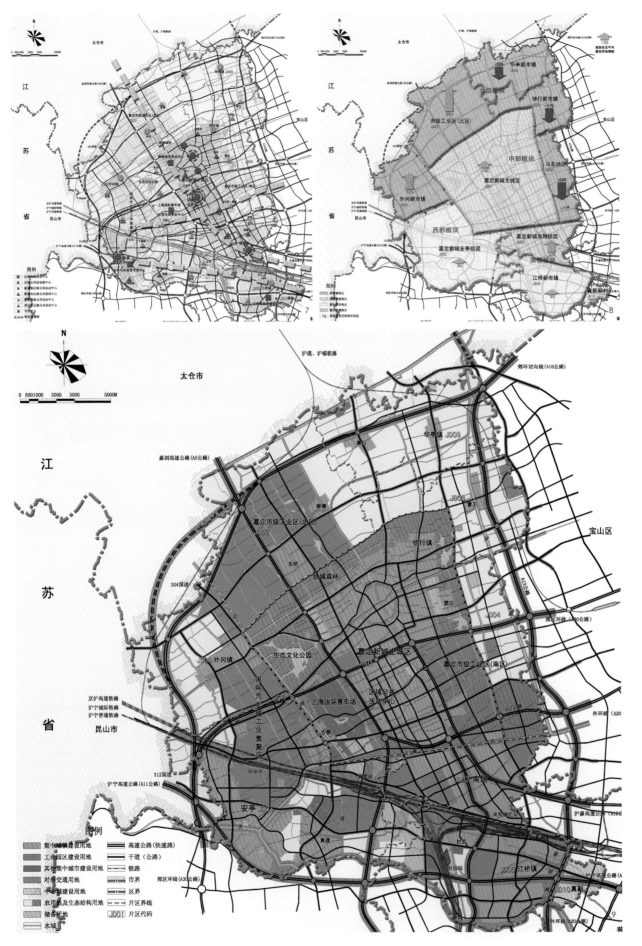

4. 规划空间结构

（1）一个核心区：嘉定主城区南部城区的区域公共活动中心、上海国际赛车场地区及生态文化公园共同组成的"嘉定魅力源"，为整个嘉定区的核心区。

（2）一个组合式新城：规划形成由嘉定新城主城区、安亭、南翔组成的组合式新城。

（3）三大市级工业集聚区：北部的嘉定市级工业区（北区）、西部的安亭国际汽车城工业集聚区、中部的嘉定市级工业区（南区）。

（4）三大综合功能轴：沪嘉综合功能轴，"安—嘉—宝"综合功能轴，沪宁综合功能轴。

（5）一环六廊生态廊道：一环——嘉定新城主城区绕城森林；六廊——浏河生态通廊、森林大道生态通廊、蕰藻浜生态通廊、苏州河生态通廊、罗蕰河生态通廊、盐铁塘生态通廊；

（6）三大铁路通道：现有的沪宁铁路通道内将增加高速铁路和城际轨道交通；规划沪通、沪镇铁路分别向北、向东形成连接镇江和沿海铁路西线的两个铁路通道。

三、规划特色

1. 综合的思路

紧密结合嘉定区国民经济和社会发展第十一个五年规划纲要及各部门的"十一五"规划、土地利用规划等相关规划，将空间布局与产业导向、土地利用、交通组织等以综合的思路进行衔接、协调，形成整体。

2. 全面强化调研

"条"、"块"并进，深化调研，展开多个专题研究，掌握最贴近实际情况的基础资料，丰富规划思路，加强规划深度。通过深入研究，对人口、用地规模、空间体系等展开深入分析，并提出针对性建议。

3. 改城镇体系为城乡体系

积极落实"建设社会主义新农村"的精神和要求，将农村居住体系纳入规划，编制城乡体系规划。

4. 强化对下一级规划的控制要求

强化作为下一级规划城市规划"设计任务书"的作用，清晰划定下一层次规划的规划范围，并明确该规划范围内的人口、用地等各项重要规划量化指标及重要基础设施布点要求等。

5. 重视近期建设措施

结合"十一五"规划提出近期建设重点和空间布局导向。

6. 提出符合规划特点的表达和控制方式

根据区域总体规划实施方案的特点及嘉定区本身的发展建设特性，规划提出了"集中建设区"、"混合建设区"等具有创新性针对性的表达方法；提出对于下一层次规划，强化总建设指标、淡化城镇和农村分类建设指标等控制方式。

四、规划实施

沪规划（2007）736号文批复。

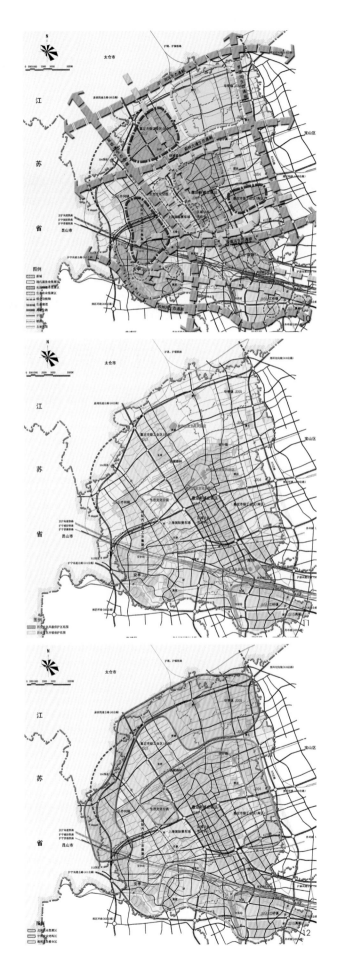

西藏自治区拉孜县城市总体规划（2006—2020年）

[委托单位]	西藏自治区拉孜县人民政府
[项目规模]	县域行政范围，面积约4 400km²
[负责人]	汪亚
[参与人员]	凌麟 王晓峰 何秀秀
[完成时间]	2006年9月
[获奖情况]	优秀城乡规划设计

一、规划背景

　　拉孜县地处西藏自治区日喀则地区西部，是日喀则西部农业大县。县人民政府驻地为曲下镇，该镇地处318国道与219国道交汇点，区位优势明显。该总体规划主要落实上位规划中关于如何使拉孜县实现"日喀则西部中心县"这一发展目标。同时，总体规划课题组还重点研究了有效塑造具有"藏区特色"小城镇的课题，并运用到拉孜总体规划的实践中。

二、主要内容

1.县域城镇体系及旅游规划

　　规划提出尊重现有城镇的形成肌理，强化交通线的带动作用。规划形成两条城镇发展轴线，沿318国道形成城镇发展主轴及沿219省道形成城镇发展次

轴。两条城镇发展轴线的交汇处即是以曲下镇为核心的县域城镇中心区域。

　　日喀则西部九县高中的建设及联系拉萨与樟木口岸的铁路的规划建设，使得拉孜县发展迎来了难得的机遇。规划采用"集中发展县城（曲下镇），以县城带动县域"的发展策略，全面提高曲下镇区的公共服务设施和基础设施的服务水平，增强辐射能力，逐步集聚县域人口。

　　规划提出"旅游富县"发展策略。连接县域主要旅游点，构筑两条县域旅游业走廊，形成藏西南地区的旅游观光服务基地，使拉孜成为雅鲁藏布江沿岸以及拉萨—珠峰沿线的重要旅游站点。

2.县城区布局规划

　　（1）营造"山城相依，逐水而扩"的空间格局

　　县城（曲下镇区）南部有县域最高峰——拉轨岗日山主峰（6 458m），常年积雪，规划将其作为重要的景观资源纳入城市景观体系，努力营造"山城相

1.实景——城区全景（实施后）
2.区位图
3.县域——城镇体系现状图
4.县域——城镇体系规划图
5.县域——重要基础设施规划图
6.县域——旅游资源规划图

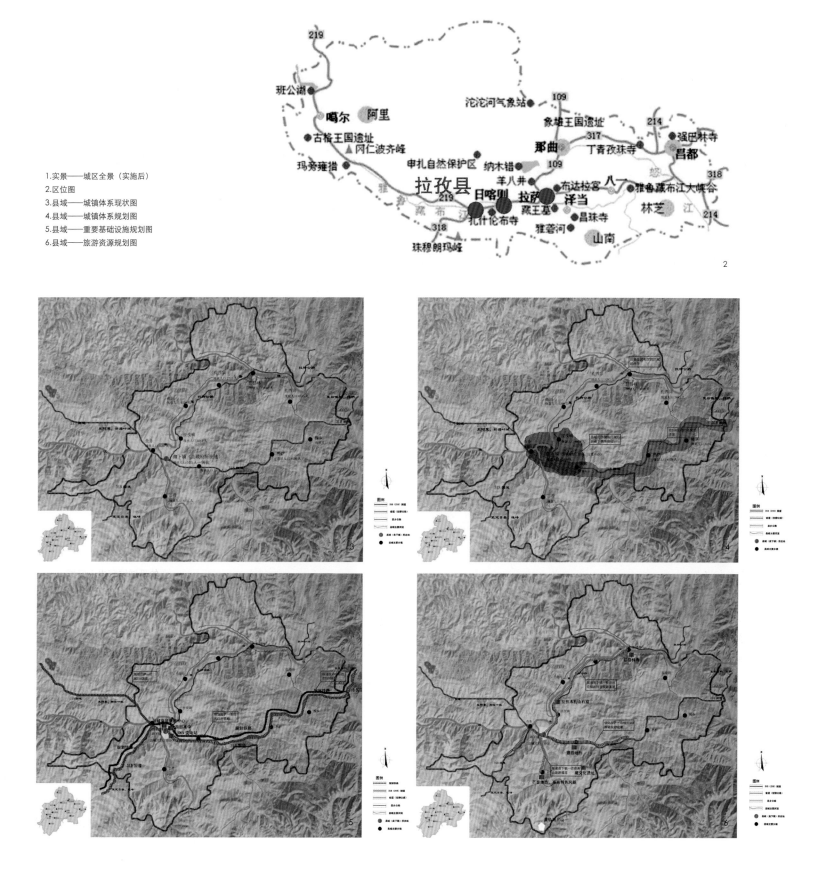

7.县城——绿地景观系统规划图　　11.实景——县城市民文化广场
8.空间格局分析图　　12.实景——县城藏式民居
9.县城——土地使用规划图　　13.实景——县城发展轴线（团结路）
10.实景——县城街头绿地　　14.实景——县域风光

依"的空间格局。雅鲁藏布江流经县城北部，沿岸地势平坦开阔，确定未来镇区依托现状建成区向北延伸发展，形成"逐水而扩"的态势。现状团结路正对南部山体与北部河谷，故规划将其作为重要的景观轴线，并控制视线走廊。

（2）划定生态建设控制区，保障城区安全

规划中遵循可持续发展的战略，同时引入城市生态学理念，注重"生态城镇"设计，充分利用外围河流湿地环境，控制生态用地，用于防风固沙。生态用地的外围为林地，种植高大乔木，屏蔽风沙；靠近镇区的内侧为农业用地，可以培植蔬菜，供应镇区。该片生态绿地营造镇区外围绿化环境，改善镇区环境品质。

（3）尊重藏民传统生活方式，完善城市功能

针对藏族传统节日多、藏民集会活动多这一特点，规划方案中配套以多层次且呈点状布局的绿地广场，以供藏族同胞平日集会使用。规划沿团结路这一城市发展轴线由南向北分别布置有南部镇区节点广场、南部镇区公共活动中心、中部区域商贸集散中心、体育文化广场、北部铁路交通枢纽等广场用地，服务于人流的集散等功能。

3．建筑及街区特色规划

规划前期调阅大量资料，进行详细研究，充分挖掘藏区传统建筑特点，提出"保留藏式传统建筑，营造特色风貌街区"的目标，并在总体规划阶段提出设计引导，以指导下一阶段的深化设计。

三、规划特色

项目就藏区所处特殊的地理环境、城镇空间、藏民族建筑文化特点等因

素，对西藏地区的城镇特色进行探析，从宏观、中观、微观三个层面提出在拉孜城镇总体规划中应关注的重点，并从城市规划角度探讨城市形象的实现途径。

（1）宏观层面从体现地区特色角度考虑，进行自然景观、历史文化、资源条件、交通区位及经济社会状况等综合分析，合理确定县域规划中的城镇结构体系、城乡空间布局，研究确立城乡各专项规划内容。

（2）中观层面从城镇规划区着手，着重对现状城镇形成肌理、未来发展条件、居民生活方式等分析，确立城市发展方向及统筹安排城镇各类建设用地，划定外围生态控制区及制定空间管制措施，以促进城镇经济、社会、生态的全面协调、可持续发展。

（3）微观层面考虑在总体规划过程中融入城市设计手法，整体把握城市环境景观风貌特色，明确城镇未来空间格局特征，创造特色以体现城镇的认知感。规划重点研究了城镇周边环境景观的渗透与延续，公共开放空间系统，以及建筑风貌、城镇色彩与街道尺度的整体设计，从而提高城镇的生活环境质量和景观艺术水平，有效服务于城镇特色风貌的彰显与文化魅力的塑造。

四、规划实施

本项目于2006年9月经西藏自治区城镇规划评审委员会评审通过。

西藏自治区拉孜县县城总体规划（2012—2030年）

[委托单位]　西藏自治区拉孜县人民政府
[项目规模]　县城远景7.04km²，近期集中城镇建设区3.85km²，工业园区0.69km²
[负责人]　周伟
[参与人员]　刘宇 景丹丹 张春美 庄佳微 李志强 邵琢文 孟华
[完成时间]　2013年10月

1.土地使用规划示意图
2.县城空间结构框架图
3.区位提升示意图
4.县城土地使用规划图

一、规划背景

在拉孜县作为日喀则西部中心的战略地位进一步明晰，现行总体规划已经难以适应城市发展客观需要的背景下，开展上版"06总规"的新一轮修编。本次规划核心内容包括：总体规划实施评估、县域城镇体系规划、城镇性质、规模、空间布局及各专项规划，以及发展定位、生态和产业三个专题研究。

二、主要内容

1.功能定位

拉孜以堆谐文化为品牌，以传统藏区文化为底蕴，是具有独特人文魅力和综合辐射力的区域中心城市，也是日喀则地区重点建设发展的经济区、日喀则西部地区的生态示范区、公共服务中心及产业集聚中心。

2.产业定位

规划围绕"生态、集聚、精细"三大理念，以建设日喀则西部中心为契机，注重各产业之间的互补、合作与相互作用的关系，形成以文化旅游、现代农牧业、生态工业及商贸物流四个支柱产业为主导的产业体系，成为日喀则地区精细化、生态型产业发展的典范区。

3.县域空间组织

规划拉孜县域实行重点发展的"点轴"开发战略，形成"一核两带、点轴发展"的县域城镇空间结构体系。

"一核"指318国道和雅鲁藏布江的交汇处，即是以曲下镇为核心的县域城

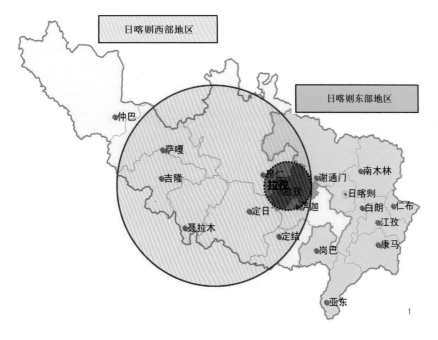

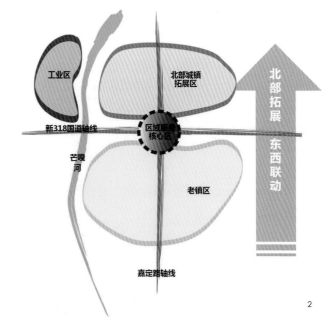

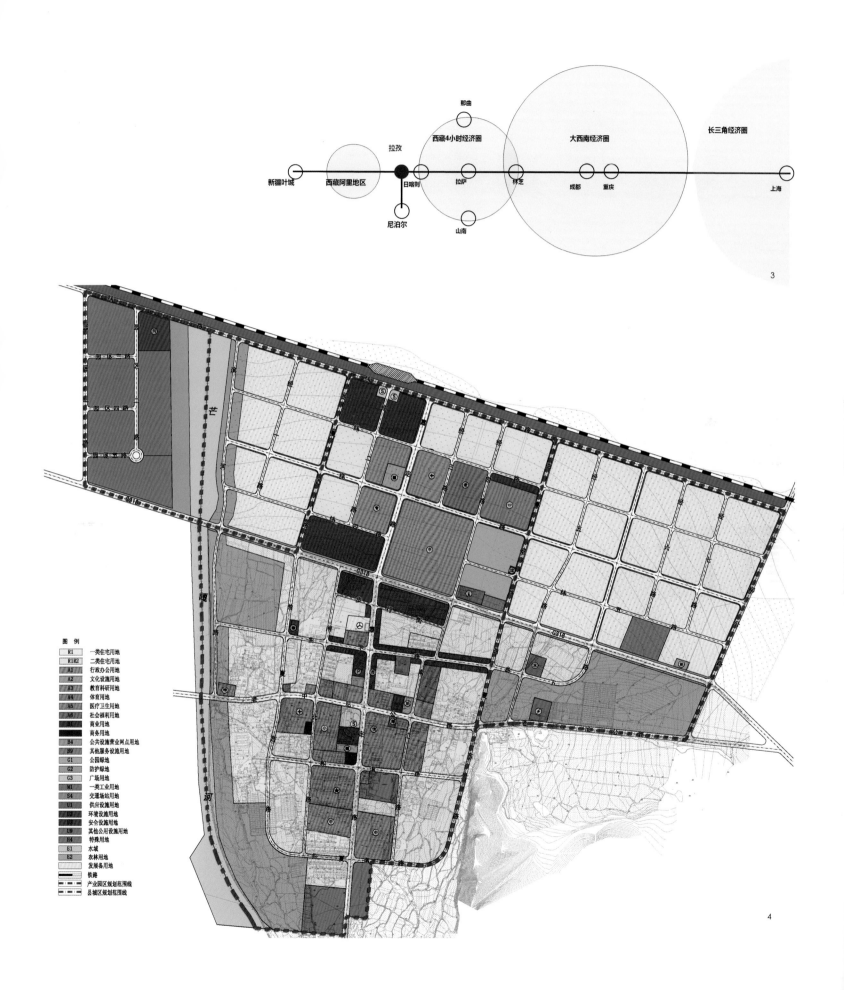

镇中心区域。"两带"指318国道沿线、雅鲁藏布江沿江两条城镇发展轴线。

4. 镇区空间结构

规划以生态优先、高效集约为发展理念,提出曲下镇镇区"一心、两轴、三片"的空间布局结构。

"一心"指在嘉定路和新318国道交汇处形成的地区公共服务中心;"两轴"指嘉定路的公共服务主轴,以及新318国道的城镇发展轴;"三片"分别是以新318国道以南的老镇区和北侧的新镇区,以及芒嘎河西的工业区。

三、规划特色

1. 重新审视拉孜县区域地位的新格局

拉孜县交通区位、战略地位逐渐显现,由边境小镇向边境口岸综合性后发基地、藏中西部经济区中间地带发展,原过境国道随着区域立体交通网络推进升级为交通枢纽节点,拉孜县正面临着由"边缘"到"门户","通道"到"枢纽"的转变,较大的发展潜力和明显的比较优势,将推进拉孜县成为区域性中心示范县。

2. 优先关注生态环境保护与城镇建设关系

规划针对拉孜的高原生态环境特点,确立"集聚强化,生态优先,特色取胜"的规划指导思想,形成良好生态环境和可持续发展机制的城镇网络体系。

3. 深入研究产业发展的导向与布局

规划选择符合拉孜的生态、民俗文化的产业导向,发挥交通对产业发展方向和布局的促进与引导作用,协调好生态保护区、城镇生活区的关系,合理布局产业空间。

四、规划实施

《西藏自治区拉孜县县城总体规划(2012—2030年)》经藏建规[2013]121号文批复。

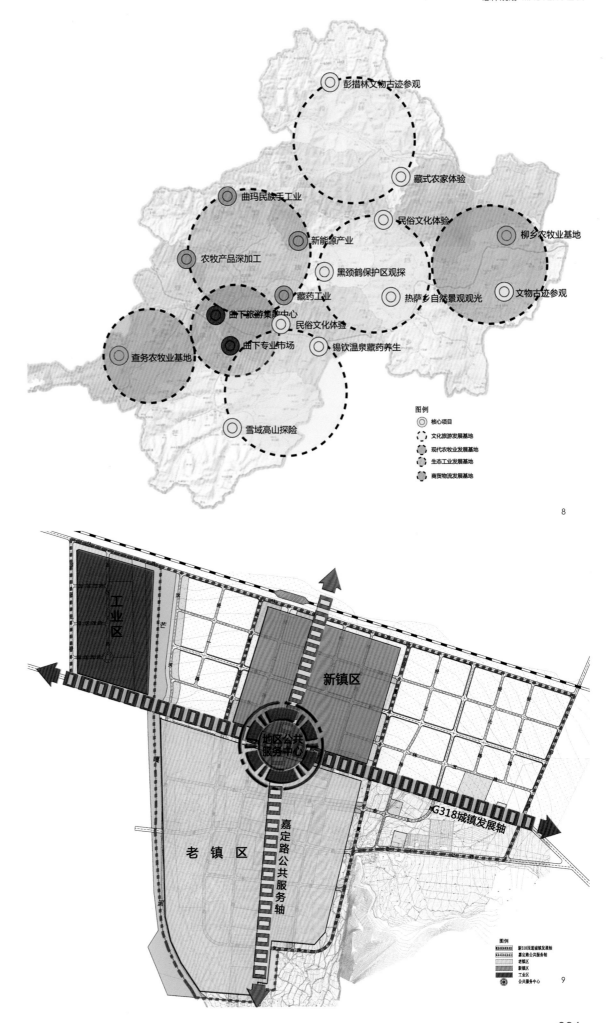

8

9

上海市嘉定新城主城区总体规划（2006—2020年）

[委托单位] 上海市嘉定区规划和土地管理局
[项目规模] 122km²
[负责人] 黄劲松
[参与人员] 王晓峰 陈朋辉 郝东旭
[合作单位] 上海市城市规划设计研究院
[完成时间] 2006年8月

1.空间结构规划图
2.分区结构与公共活动中心规划图
3.土地利用规划图

一、规划背景

嘉定新城由嘉定新城主城区、安亭组团、南翔组团组成。随着嘉定区城市整体地位的上升、区域空间布局和城镇体系的调整、城市功能的拓展，对新一轮嘉定新城总体规划提出了更高的要求。作为嘉定新城的核心，主城区总体规划的编制显得尤为重要，为此，嘉定区在2003年编制完成的《嘉定区发展战略规划》的基础上，积极推进嘉定新城主城区的总体规划。

二、主要内容

1.功能定位

将嘉定区建设成为集商务金融、生活居住、文化娱乐、教育培训、科技研发、运动休闲、旅游度假和都市工业等功能于一体的综合性现代化城区。

2.规划布局结构

规划形成"一核、一环、多轴、六片"的空间结构："一核"指结合上海国际赛车场设置的区域公共活动中心；"一环"指城镇建设区外围的绕城森林；"多轴"指公共活动轴线和由城市绿带及森林通廊构成的生态轴线；"六片"指北部城区、南部城区、F1体育休闲区、生态文化公园、都市产业区和绕城森林。

3.道路交通系统规划

为提高规划的延续性，对现状及已形成的规划道路结构不作大的调整，调整部分道路红线宽度。总体形成快速路"二横二纵"、主干路"三横四纵"的干道系统，优化支路网络。

根据主城区的发展规模，按布局分散、线网均衡的原则规划发达的城市公共交通，主城区内部以常规公交为主；主城区与新城其他两大城市组团及其他中心镇、上海中心城等以快速公交和轨道交通为主；主城区与一般镇、工业区等采用常规公交和中小巴为主的规划原则；同时重视慢行交通的发展引导。

4.绿地景观系统规划

规划提出将生态景观融入城市的理念，"百米一林、千米一湖"，形成"一环、多楔、多廊、多园"的绿地体系。"一环"指绕城森林，"多楔"指沿景观河道、道路形成的大片楔型绿廊，"多廊"指沿道路和景观水系形成的多条绿化走廊，"多园"指城市公园。

5.市政基础设施

全面分析了各专项系统的现状情况及面临的问题，力争从源头解决市政基础设施配套存在的不足与缺陷，为城市持续发展奠定基础。

三、规划特色

（1）规划兼顾近、中、远期的可持续发展，提出维护远景发展目标与确保近期重点兼顾、原则性与可操作性兼备的策略。

（2）规划运用协同学理论，提出老城更新、新区建设协同推进的对策。老城是城市之本、文化之根，新区则代表城市的未来，两者不可偏废，共荣才是主城区发展的最终目标。

四、规划实施

本规划于2006年9月20日经上海市人民政府批准实施，批复号为沪府[2006]96号。

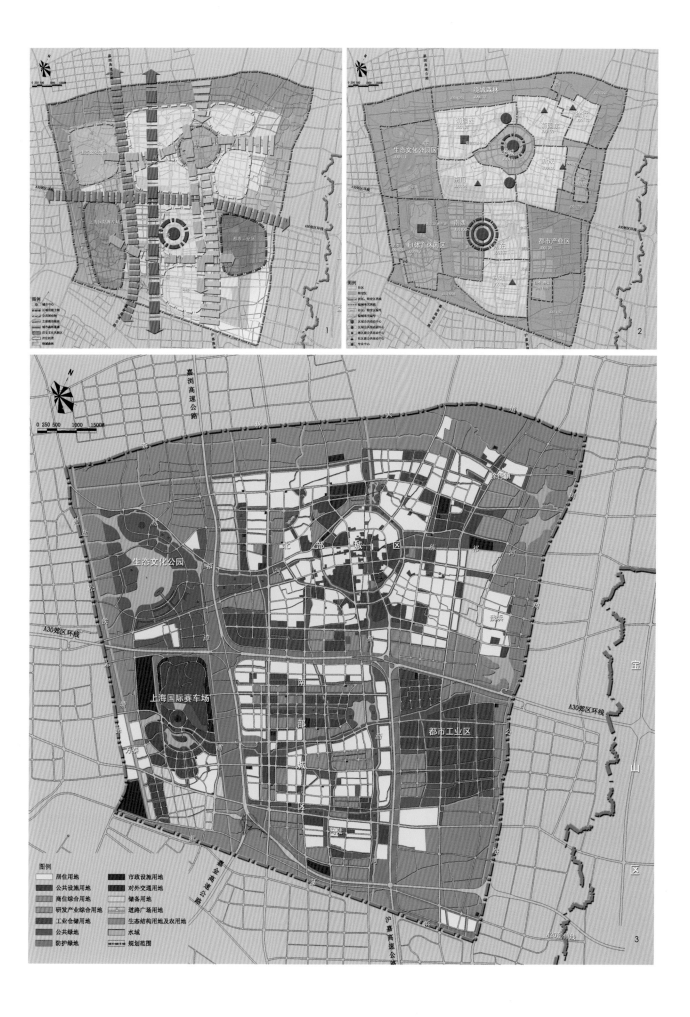

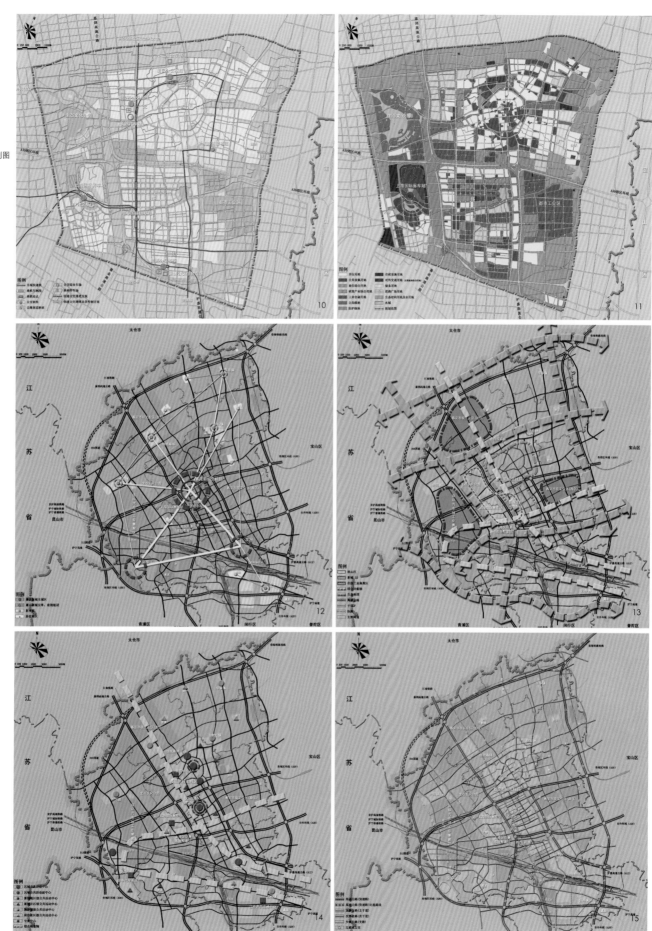

上海市嘉定新城主城区总体规划修改（2010—2020年）

[委托单位]　上海市嘉定区规划和土地管理局
[项目规模]　总曲积122km²，城市建设用地面积76.7km²，总人口79万人
[负责人]　黄劲松
[参与人员]　王超 肖闽 张强 王美飞 何秀秀
[合作单位]　上海市城市规划设计研究院
[完成时间]　2010年10月

1.区位图
2.空间结构规划图
3.分区结构与公共活动中心规划图
4.居住用地布局规划图
5.土地使用规划图

一、规划背景

嘉定主城区是嘉定新城的主体与核心。在上版总规的指导下，按照规划引领、基础设施先行、功能多元融合、市民和村民共享成就的方针，嘉定新城建设稳步推进。

根据长三角区域联动发展和上海城市发展转型的要求，亟需对原总体规划作修改完善，对原有主城区总体规划进行提升、细化、完善，规范和指导城市发展和各项建设推进。

二、主要内容

1. 布局结构

锚固生态用地布局，优化城镇空间结构，进一步强化原有总体规划"组合新城、生态隔离"的空间结构。

结合生态发展理念，规划由原结构"一核、一环、多轴、六片"，调整为"一核、一环、一园、多轴、六片"的城市空间结构。

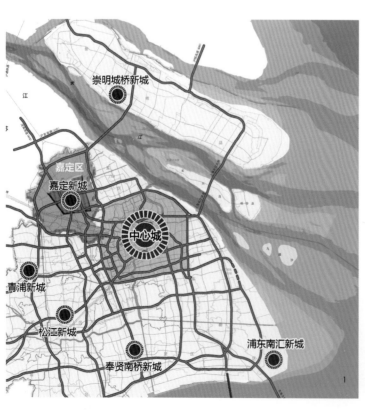

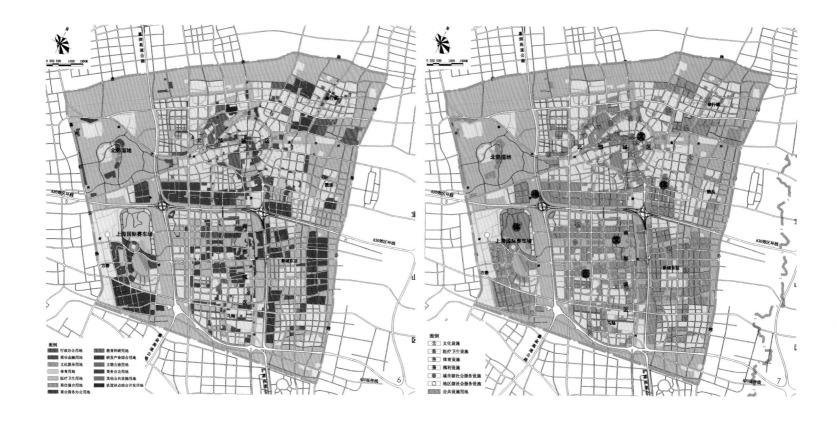

2. 综合交通

构筑多元化、成网络高效便捷的交通体系。

坚持"公交优先"，按均衡布局的原则，依托城际铁路站点、轨道交通站点、公交客运枢纽，构造一区多中心的公交发展结构，公交成网发展，覆盖上海西北、长途通达长三角两翼。

3. 设施配套

增强设施配置水平，提升城市服务能级。区域内按照"区域中心—区域副中心—地区中心—社区中心"级别设置公共活动中心。

4. 绿地景观系统规划

结合实施变化，绿地景观系统由原有的"一环、多楔、多廊、多园"转变为"一核、一轴、两环、多园、多廊"的结构体系。

5. 市政基础设施

区域统筹，以大城市标准核定基础设施能力，完善市政配套，提高服务水平。

三、规划特色

1. 规划理念创新

规划贯彻"集约发展、产城融合"的理念，坚持集约发展原则，以内涵发

展取代粗放式外延扩展的规划理念，对新城外围工业用地进行消减，优化产业布局，促进产城融合，协调发展。

2. 人性化的空间构筑

强化具有人性化尺度的特色城市空间，彰显"悠游水乡、时尚宜居"的整体城市风貌特色。细化特色风貌空间的引导措施，对下层次局部城市设计、控详具有指导意义。

3. 规划的可操作性

为了更好地指导下阶段控制性详细规划的编制，规划增加控制性单元编制的内容，根据不同单元的定位明确其开发强度、特定强度区域比重、居住用地比例、人均建筑面积、产业用地比例等控制指标。

四、规划实施

在本次规划的指导下，主城区的开发建设有序推进。规划确定的发展思路、发展重点、近期目标等为主城区的开发建设指明了方向，同时为下阶段控制性详细规划的编制提供了依据。

6.公共服务设施用地布局规划图
7.社会服务设施布局规划图
8.空间结构规划图
9.景观风貌规划图
10.道路系统规划图
11.道路交通设施规划图
12.防灾设施规划图
13.近期土地利用规划图

上海市嘉定新城控制性编制单元规划（2007—2020年）

[委托单位]　上海市嘉定区规划和土地管理局
[项目规模]　嘉定新城含新城主城区、南翔组团和安亭组团，约224km²
[负责人]　黄劲松
[参与人员]　王晓峰　王超　庞静珠　肖旻　李名禾　何秀秀　顾一峰
[完成时间]　2007年12月

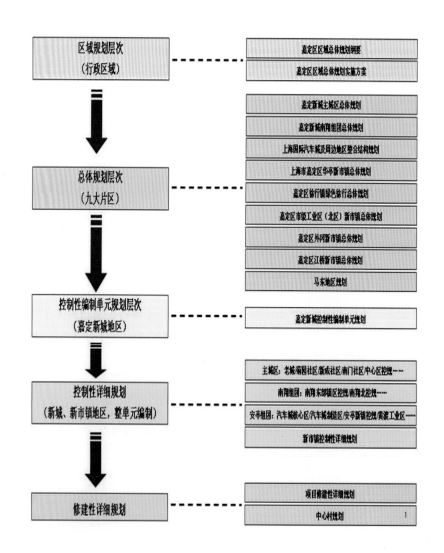

1.规划层次示意图
2.土地使用规划示意图

一、规划背景

嘉定新城被确立为上海重点推进建设的三大新城之一，自2003年起嘉定区先后组织编制了一系列关系全区发展的重要规划，包括《嘉定区发展战略规划》、《嘉定区区域总体规划纲要（2004—2020）》、《嘉定新城主城区总体规划（2006—2020）》和《嘉定区区域总体规划实施方案（2006—2020）》等，为嘉定下一层次规划编制、城市建设及项目管理提供了宏观依据。

根据嘉定新城规划管理和开发建设的需要，本次规划对上海市郊区新城规划编制体系进行了一定的探索和研究，参照中心城区控制性编制单元规划编制了本次规划，以更好地承接、深化上级规划的主要内容，同时明确指导下一层次控制性详细规划的编制，为相关部门的规划管理提供技术法规依据。

二、主要内容

嘉定新城控制性编制单元规划介于总体规划和控制性详细规划之间，是对上层次总体规划的深化，直接指导下一层次控规的编制。规划方案分为两大部分：嘉定新城总体控制和嘉定新城分组团控制，其中后者又分为嘉定新城主城区控制、南翔组团控制和安亭组团控制三个部分。

"嘉定新城总体控制"主要控制嘉定新城的空间发展结构、公共活动中心体系及其内容、开发强度引导、绿地结构、道路交通系统及其设施、骨干河道系统、区域性市政基础设施等宏观内容。

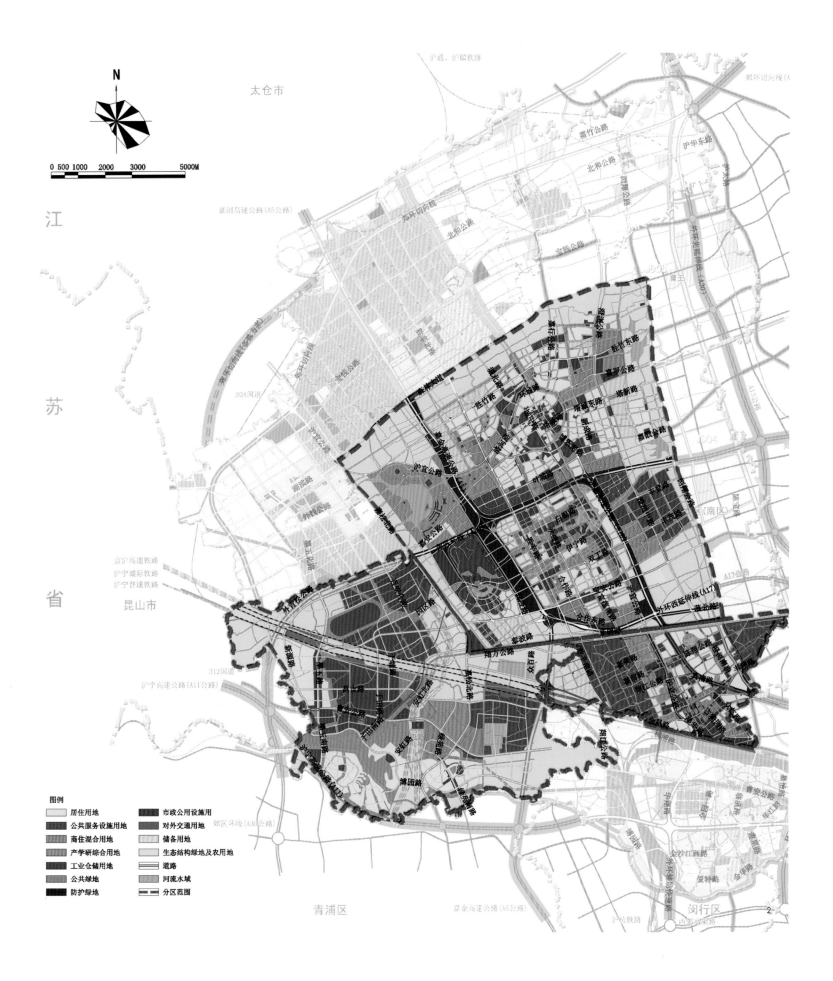

江
苏
省

太仓市

昆山市

青浦区

闵行区

图例

居住用地
公共服务设施用地
商住混合用地
产学研综合用地
工业仓储用地
公共绿地
防护绿地

市政公用设施用
对外交通用地
郊区环线(A30公路)
储备用地
生态结构绿地及农用地
道路
河流水域
分区范围

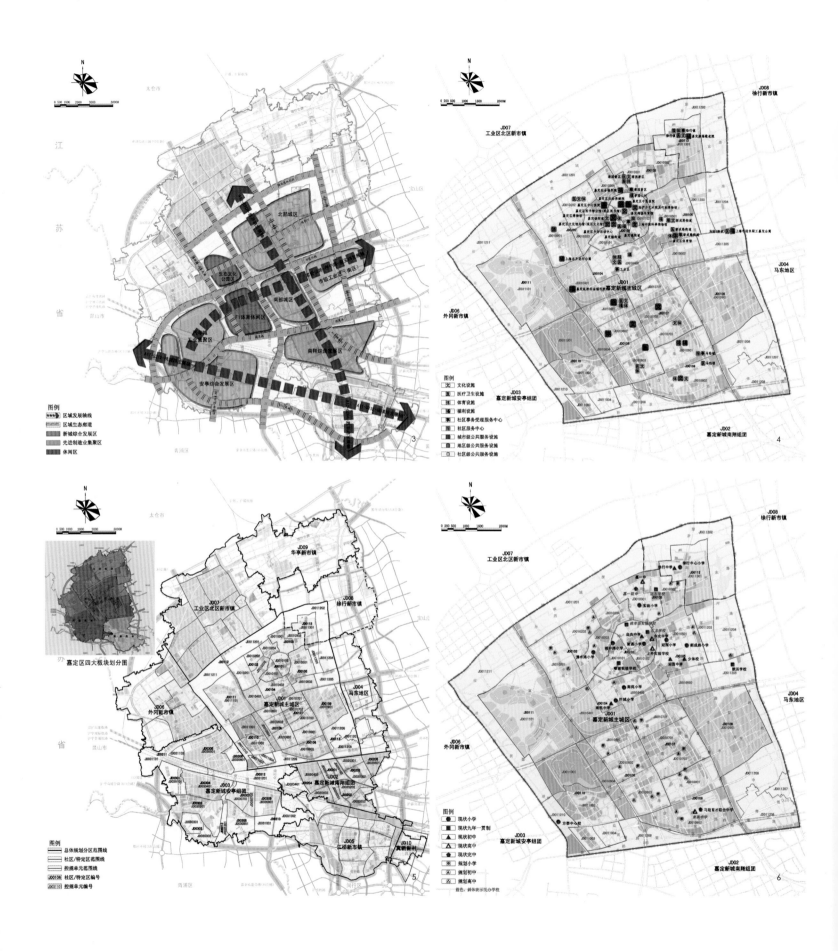

7

8

"嘉定新城分组团控制"主要按编制单元控制人口及用地规模、建设容量、公共绿地指标，并完成主要基础教育、文化、医疗卫生、体育、福利及社区服务等社会事业设施的布局，主要道路交通设施的落地和主要市政基础设施的落地。

三、规划特色

根据上海市城市规划编制体系，结合嘉定新城规划管理和开发建设的需要，构建了适合嘉定新城建设发展和规划管理的城市规划编制体系：区域规划—总体规划—控制性编制单元规划—控制性详细规划—修建性详细规划，共5个层次。本次规划作为上承总体规划、下启单元控规的重要环节，强调了新城范围内各专项系统的统筹，并将总体规划的要求落实到各个规划单元，提出明确的规划单元控制要求，避免由总规直达控规所导致的编制要求不明确、各专项系统不协调、难落实的情况，为上海市郊区新城规划编制体系作了具有参考和推广价值的探索和研究。

四、规划实施

本次规划于2007年12月完成，其核心内容纳入到《嘉定新城控制性详细规划编制任务书》（沪规划[2008]728）。

3.空间结构规划图
4.主城区公共服务设施规划图
5.规划层次划分图
6.主城区中小学布局规划图
7.主城区绿地布局规划示意图
8.主城区交通设施规划图

江山市城南新城发展战略规划

1.效果图
2.区域联动发展示意图
3.产城空间布局图

[委托单位]	浙江省江山市建设局
[项目规模]	32.5km²
[负责人]	王超
[参与人员]	刘妍赟 张强 王美飞 李开明
[合作单位]	上海现代建筑设计（集团）有限公司规划建筑设计院
[完成时间]	2010年10月

一、规划背景

在区域经济协作一体化、城际空间功能加速整合的背景下，江山的城市发展需要整合区域资源，着力推进集聚效应，强化核心引领，化资源优势为产业优势和竞争优势，增强城市综合实力。同时，随着江山市城市空间向南拓展，城南新城成为提升城市职能与辐射能力、培育区域新经济增长极、彰显城市文化品位的重要地区。规划重点对城南新城战略定位、发展模式及空间布局进行了研究。

二、主要内容

1.战略目标

城南新城是对接江山城际空间的核心、联动江山产业发展的引擎、跨境生态一体化的示范区。

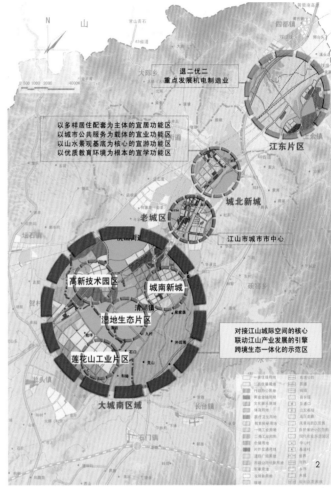

2. 战略形象

"创新高地、宜居家园"——一个集聚产业的驱动核心、一个汇聚智慧的创新平台、一个水绿交融的生态新城、一个人文多元的和谐家园。

3. 功能定位

积极推进"功能互补、产城融合"的功能战略目标，建设以高新技术产业、创新产业和现代服务业为主导，集商业服务、商贸办公、居住、文体休闲和教育研发等功能为一体的现代化、生态型、文明和谐的新城综合功能区。

4. 功能串联

一江贯通、三心拥江、多脉通达、两岸联动、有机渗透、生态架构、一核三带、六区共融。

5. 总体布局

板块整合——四大功能、板块整合；交通链接——外引、内联、中疏；生态支撑——三廊多脉、点轴并续。

三、规划特色

1. "山、水、绿、城"一体空间战略目标

通过对江山传统历史文化和魅力要素的解读，对城市风貌特色要素进行挖

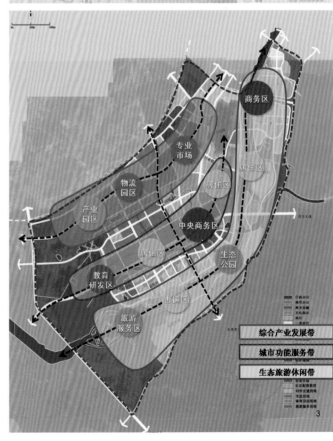

背景

住占

4

5

6

7

掘提炼，提出"山、水、绿、城"一体的空间战略目标，即依托城南新城周边山、水、绿、城环境要素，联山聚水，整合山水格局，构建"环山、抱水、拥绿、知城"的山水城市。

空间战略之山——气脉流贯、山城一体；

空间战略之水——曲水环抱、水绕城南；

空间战略之绿——有机渗透、内融外合；

空间策略之城——山水绿城、融为一体。

山水城市空间——"随水形就山势"的路网；

山水城市界面——"山延水展城显"的天际线；

山水城市核心——城南CBD核心区。

2. 体现山水城市特色

规划融合山、水、绿为城之根本，提出具有山水城市特色的空间、道路体系、山水空间界面和城市景观节点。

上海市嘉定区南翔镇城镇总体规划（2010年新编版）

[委托单位]　上海市嘉定区规划和土地管理局
[项目规模]　33.1km²
[负责人]　刘宇
[参与人员]　庄佳微 刘志坚 何秀秀
[完成时间]　2011年11月

1.集中建设区空间结构规划图
2.综合交通规划图
3.镇域土地使用规划图

一、规划背景

《嘉定新城南翔组团总体规划（2008—2020）》于2006年开始编制。本次规划在"两规合一"背景下，以嘉定区区域总体规划实施方案和在编总规为基础，结合嘉定区"十二五"规划的主要精神，将南翔纳为"嘉定区南部组团"进行整合协调。

二、主要内容

功能定位为以现代居住为主体、水乡古镇为特色、休闲旅游为亮点、都市型工业和现代商贸服务为辅助功能的宜居城镇。

规划南翔镇镇域分为三个功能分区，即东部的产业区、中部的城镇生活区、城镇周边的农业与生态保护区。规划通过"功能组团优化升级、城镇片区轴带相连、公共核心特色聚焦"等措施对南翔镇的城镇结构进行整合梳理。"功能组团优化升级"指加快产业区的升级和功能置换、优化城镇生活区的内部环境，进一步发挥南翔的区位优势、推动地区的协调发展；"城镇片区轴带相连"指强化市级发展轴与上海中心城区、嘉定南部组团的联动，建立多样多方向的城镇内部有机联系，促进镇区的一体化发展；"公共核心特色聚焦"指以文化、交通、商业等特色为支撑，塑造地区发展的公共节点，体现宜居城市的魅力与内涵。规划最后形成"一轴、四带、七组团、三心"的空间结构。"一轴"为沪嘉功能轴、"四带"分别为两条纵向发展带和两条横向发展带、

"七组团"包括3个居住组团、1个产业组团、3个综合功能组团。

三、规划特色

1. 突出历史文化特色，打造城镇品牌

通过全面提升南翔古猗园历史文化风貌区和上海市南翔双塔历史文化风貌区的文化和环境品质，优化拓展特色旅游休闲服务功能。

2. 引导产业逐步升级，促进旅游和文化创意产业集聚

通过产业集聚、错位发展和能级提升等措施，引导银南翔、永乐片区、南翔东工业区等"多点升级"的格局。

3. 推动环境配套提升，塑造宜居宜业的片区

依托轨道站点及旅游中心，塑造镇级公共活动中心，优化地区公共设施布局、生态廊道构架与交通路网结构，提升南翔镇整体居住品质。

四、规划实施

本次规划已用于指导开展永乐片区、云翔大居、南翔东社区、南翔老镇及南翔东部工业园区等的控制性详细规划的编制及修编工作。

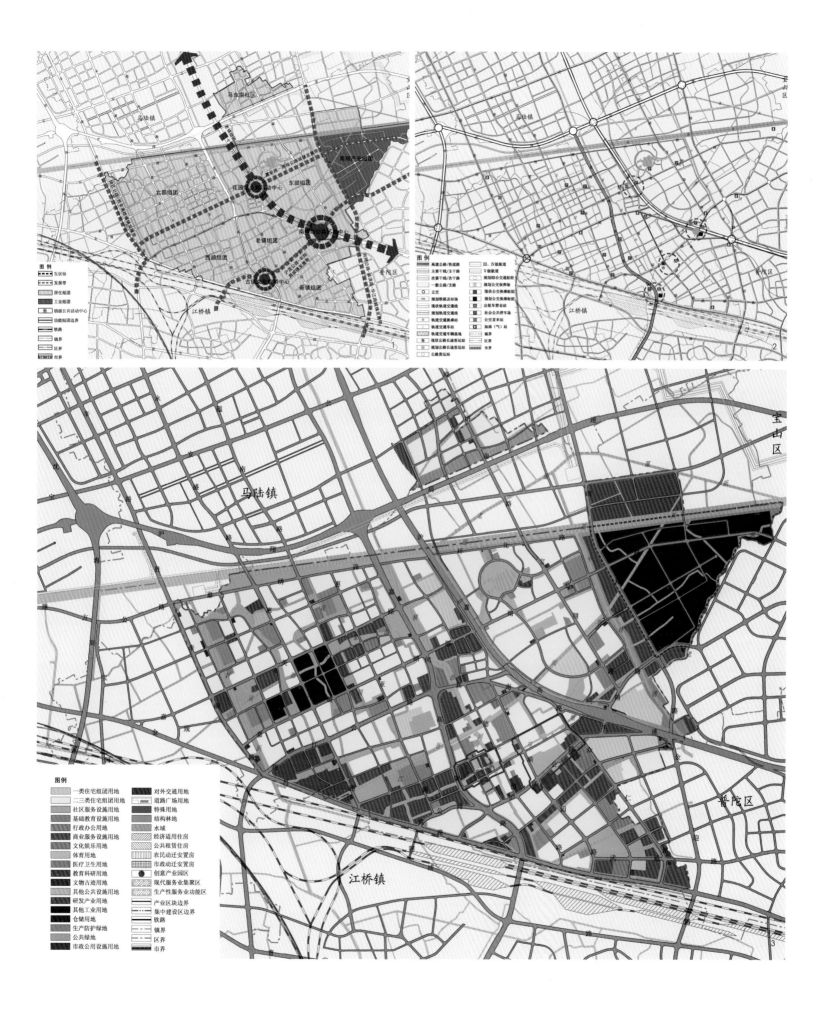

上海市青浦区夏阳街道城镇总体规划（2010年新编版）

[委托单位]　上海市青浦区规划和土地管理局
[项目规模]　36.7km²
[负责人]　庞静珠
[参与人员]　徐益青　汪亚
[完成时间]　2011年11月

一、规划背景

夏阳街道是青浦新城重要的功能板块，全区政治、文化中心，具有浓郁地域特色的生态居住区。规划依据《青浦区区域总体规划实施方案（2006—2020）》、《上海市青浦新城总体》和《青东农场地区总体规划》，并为对接"两规合一"标准化管理和管控需求，结合已批控规和在编规划，进行整合和梳理，形成本次规划的相关成果。

二、主要内容

1. 发展目标

夏阳街道开发建设将紧紧围绕青浦"一城两翼"的战略目标，主动融入青浦新城的建设。加快推进城乡统筹，实现经济发展与城镇建设协调推进，将夏阳街道建设成为一个经济繁荣、安定和谐、环境优美、服务全面、文化丰富、文明高尚的现代化社区。

2. 发展规模

夏阳街道2020年规划总人口规模15万人，其中城镇人口约14.1万人，城市化水平达到94%。

至2020年，规划建设总用地约为13.9km²，其中集中建设区内规划城镇建设用地约为11.3km²，集中建设区外规划建设用地约为2.6km²。

3. 空间结构

规划夏阳街道镇域分为四个功能分区，即北部的城镇生活区、产业区，东部的青东农场特定区和南部的农业与生态保护区，其中北部的城镇生活区、产业区和东部的青东农场特定区为夏阳街道集中建设区。

4. 管控要求

城镇生活区涉及东一社区（新城一站大型居住社区）、中一社区、中二社区、中三社区，规模约为10.6km²，人均城镇生活用地约为75m²，为适建区。

产业区为青浦工业园区的一部分，规模约为0.1km²，为适建区。

青东农场特定区位于外青松公路以北、上海绕城高速（G1501）以东，规模为1.7km²，为适建区。

农业与生态保护区包括除城镇生活区和青东农场特定区以外的大片农林用地（市级生态走廊），规模约为24.3km²，为限建区。

三、规划特色

1. 强调多规划的衔接

规划在土地利用规划确定的用地边界基础上，对集中建设区内及区外的建设用地进行梳理，落实总体规划的城市建设边界和生态控制界线，使总体规划与土地利用规划更好地衔接。

另外，规划与"十二五"规划、历次控详规划、各专项规划等进行衔接，确保规划的可操作性。

2. 强调生态发展

利用当地特有的生态资源，镇区内依托夏阳湖形成具有特色的城市景观，镇区外依托大片农林用地构建生态廊道，形成夏阳街道独特的生态基底。

四、规划实施

本规划为夏阳街道的开发提供了理论支撑和建设指导，对限制城市无序发展、确定近期主要发展方向有重要作用。

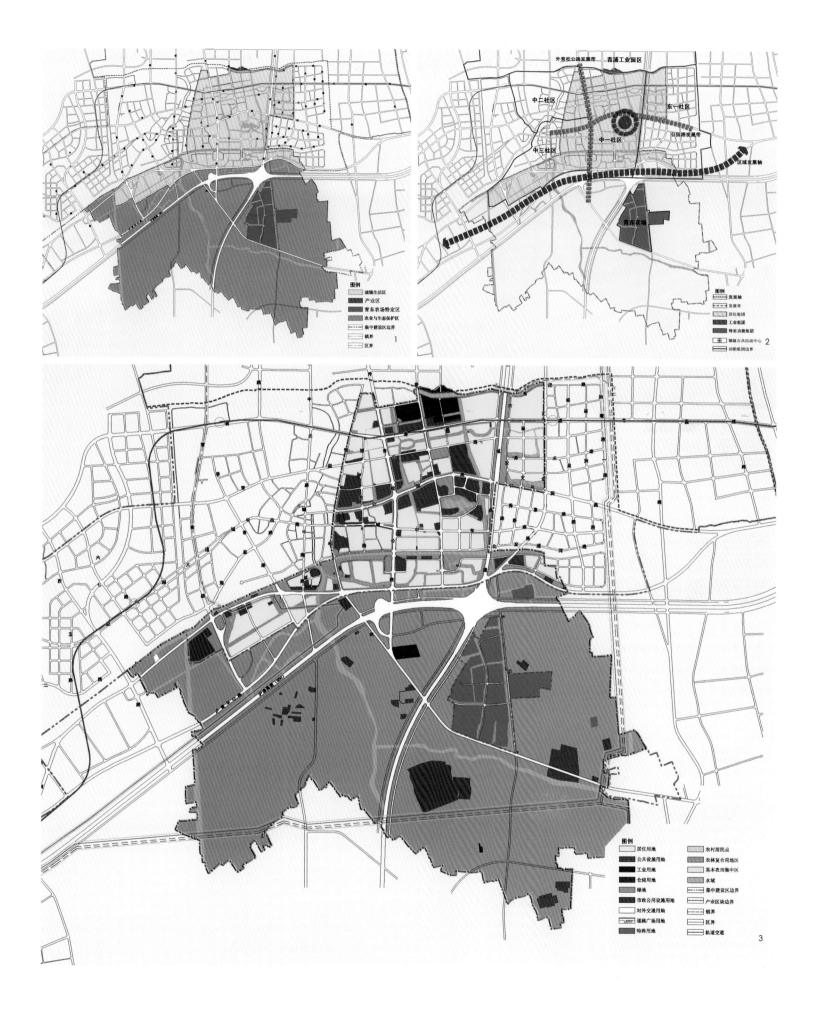

上海市嘉定区城乡总体规划（2010年梳理版）

[委托单位]　上海市嘉定区规划和土地管理局
[项目规模]　总面积463km²
[负责人]　黄劲松
[参与人员]　王超 肖闽
[合作单位]　上海市城市规划设计研究院
[完成时间]　2012年3月

1.汽车城博览公园实景照片
2.空间布局规划图
3.既有规划动态图
4.土地使用规划图

一、规划背景

为落实市级土地利用总体规划，深化和完善区县层面的总体规划与土地利用规划"两规合一"，嘉定区自2010年11月开始，按照"两规并行、区镇同步"的技术路线，组织开展了区县土地利用总体规划编制和城乡总体规划梳理工作。

本规划依据《嘉定区区域总体规划实施方案（2006—2020年）》和其他已批新市镇总体规划，并结合《嘉定区国民经济和社会发展第十二个五年规划》、《嘉定区土地利用总体规划（2010—2020）》等相关规划，对嘉定区集中建设区的边界和各类生态空间的布局进行梳理完善。

二、主要内容

1.区域性质

嘉定区是上海市西北翼重点建设新城，沪宁发展轴线上的重点节点；以汽车研发及制造为主导产业，具有独特人文魅力、科技创新力、辐射服务长三角的现代化生态园林区。

2.人口规模

规划可居住人口约为225万人，其中城镇常住人口约为217万人，农村常住人口约为8万人。城市化水平96.4%。

3. 空间布局结构

嘉定区受到上海中心城直接辐射影响和沪宁发展轴影响，全区集中城镇化地区主要分布在上海市中心城周边地区及沪宁轴、沪嘉轴沿线。形成了较为独特的空间布局特点。

规划形成"一轴、两带、八片、四心"的空间布局结构，同时形成"一环七廊"的生态空间格局。

4. "两规合一"思想的落实

在"两规合一"思想的指导下，统筹衔接经济社会发展和土地利用规划，梳理优化城镇布局和形态，合理确定城镇化发展的各项指标，积极推进基本公共服务设施均等化，明确全域空间管制目标和措施。

在土地利用规划确定的用地边界基础上，对集中建设区内及区外的建设用地进行梳理，落实总体规划的城市建设边界和生态控制界线，使总体规划与土地利用规划更好地衔接。

三、规划特色

1. 强调生态发展，凸显地方特色

规划注重生态发展，依托嘉定区特有的生态基底，形成契合嘉定区特色的生态格局，凸显地方特色。总体形成"一环五横两纵"的生态网络空间。

2. 规划的可操作性

规划严格遵守《城乡规划法》和住建部关于城市总体规划编制的相关法规要求，将本次规划成果作为指导嘉定区发展的"纲领性"规划，规划在上位规划的指导下，与土地利用规划、"十二五"规划等完美衔接，保证规划的可操作性。

四、规划实施

本规划编制实施以来，在市局"两规合一"的大背景下，为嘉定区的开发提供了理论支撑和建设指导，对限制城市无序发展、确定近期主要发展方向有重要作用。

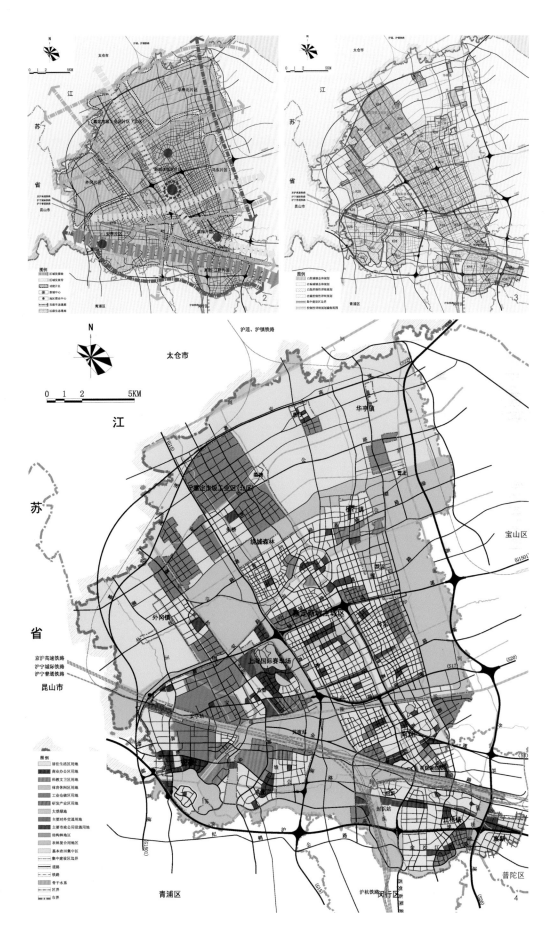

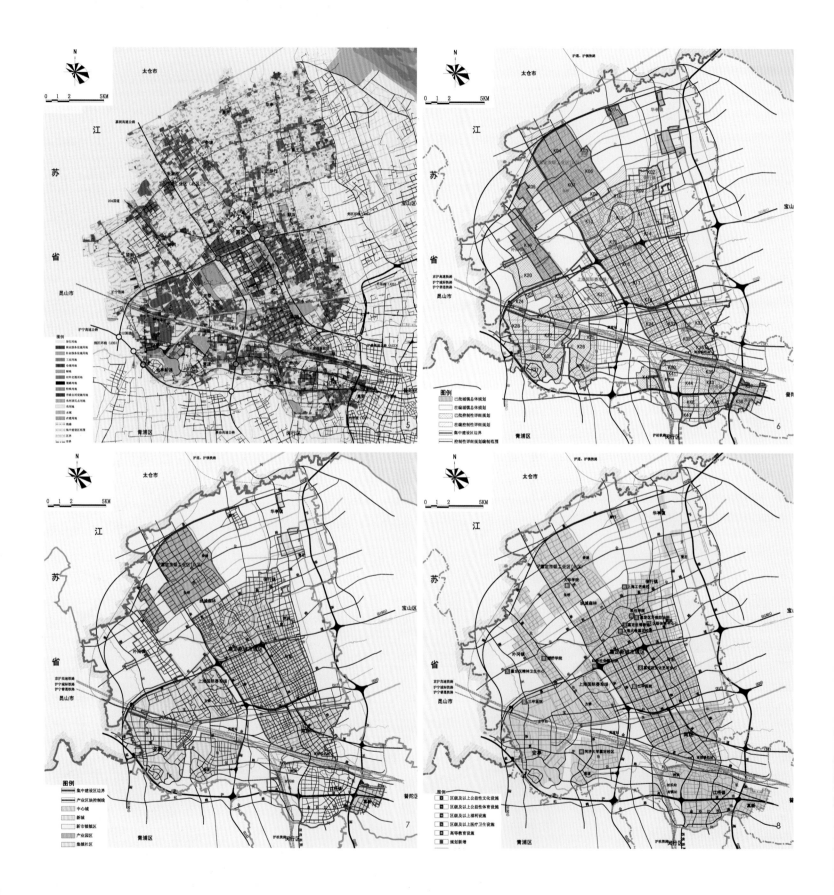

5.土地使用现状图　　9.综合交通规划图
6.既有规划动态图　　10.生态网络规划图
7.集中建设区范围图　11.供水排水消防环卫系统规划图
8.社会服务设施规划图　12.供电燃气通信邮政系统规划图

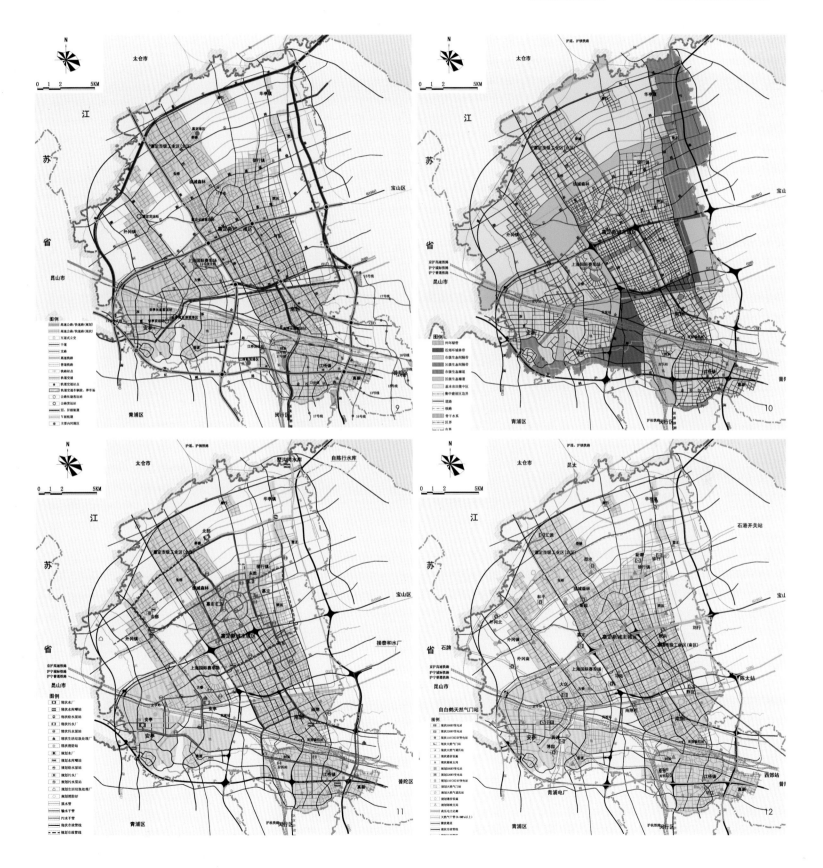

上海市青浦区华新镇发展战略研究

[委托单位] 上海市青浦区华新镇人民政府
[项目规模] 47.6km²
[负责人] 周伟
[参与人员] 刘宇 景丹丹 李志强
[完成时间] 2012年10月

一、研究背景

长期以来，华新镇缺少总体层面的规划指导，导致城镇在发展方面缺少统筹安排。华新镇是传统工业主导的经济模式的典型代表，在上海转变经济发展方式、调整优化经济结构的整体发展要求下，华新面临着全面转型契机，对产业功能升级和城镇功能完善提出了更高的要求。此外，镇域空间呈现明显的产城分离状态，生态建设滞后，且全镇可开发用地有限，空间分布零散。

本研究是为华新镇控规编制的前期战略研究。通过研究，针对现存问题提出镇区、产业区等功能区块的定位和发展方向的规划指引，为控规修编提供指导和依据。

二、主要内容

1.定位与发展目标

华新镇现状尚未有明确定位，周边功能板块定位特色鲜明。本次研究通过区域空间分析、周边发展态势、生态环境基底、交通条件分析等发展优势分析，确定其定位目标为上海虹桥商务区的重要辐射区、市郊大型购物商圈的组成部分，以先进制造业和现代服务业功能为主导的生态宜居新市镇，青浦北部地区的商贸、物流、产业中心。

2.产业转型

近年华新镇经济规模逐步提高，尤其是制造业基础已经形成，但第三产业发展不足；同时随着周边竞争加剧，发展增长放缓，产业发展方向亦不明确。本次规划梳理虹桥枢纽周边地区发展特点，结合自身优势，华新镇将着重错位发展商贸物流及研发型、总部型、生态型办公产业；同时积极推动产业转型，朝都市型工业和都市型服务业方向发展。

3.空间发展构架

华新现状整体空间结构呈现明显的产城分离状态，各组团之间直接联系不

紧密；同时，镇区可开发用地局限，空间分布分散。目前缺乏势能轴线带动片区发展，结构性调整是解决现实问题的关键。规划提出"园区"与"城区"融合发展，推进产城一体。规划形成"两轴、两片、一廊、三心"的空间结构，"两轴"指嘉松中路产业发展轴、新凤路城镇发展轴；"两片"指华新镇区、凤溪大居片区；"一廊"指产城融合之廊；"一心"指城镇公共中心。

三、研究特色

1.周边竞合关系研究

华新镇周边功能区，例如安亭汽车城、青浦新城、虹桥商务区等发展势头较强，华新是"大树底下好乘凉"还是"夹缝中求生存"？规划从"多元角度、多重范围、多线时序"层层分析，提出功能上"错位、转型"的策略，以错位发展避免同质竞争、以错层发展完善服务层级、以错时发展应对不确定性。

2.产业转型探索

未来产业转型方式和方向决定了华新镇能否在激烈的竞争环境下快速发展。规划从"东西向：青浦新城—青浦工业园区—华新镇—虹桥商务区—中心城区"、"南北向：嘉定新城—安亭汽车城—华新镇—赵巷商业商务区—佘山旅游度假区—松江新城"两条发展轴剖析，提出华新错位各节点，融入大区域发展。

3.产城融合体现

功能上逐步打破生产和生活的隔离，规划空间融合廊，选取区位好、便于操作的地块作为先行启动示范区。融合廊以水绿为依托，塑造由居住、商业、商务办公、研发办公和总部办公多功能构成的产城融合之廊，并强化地区中心。

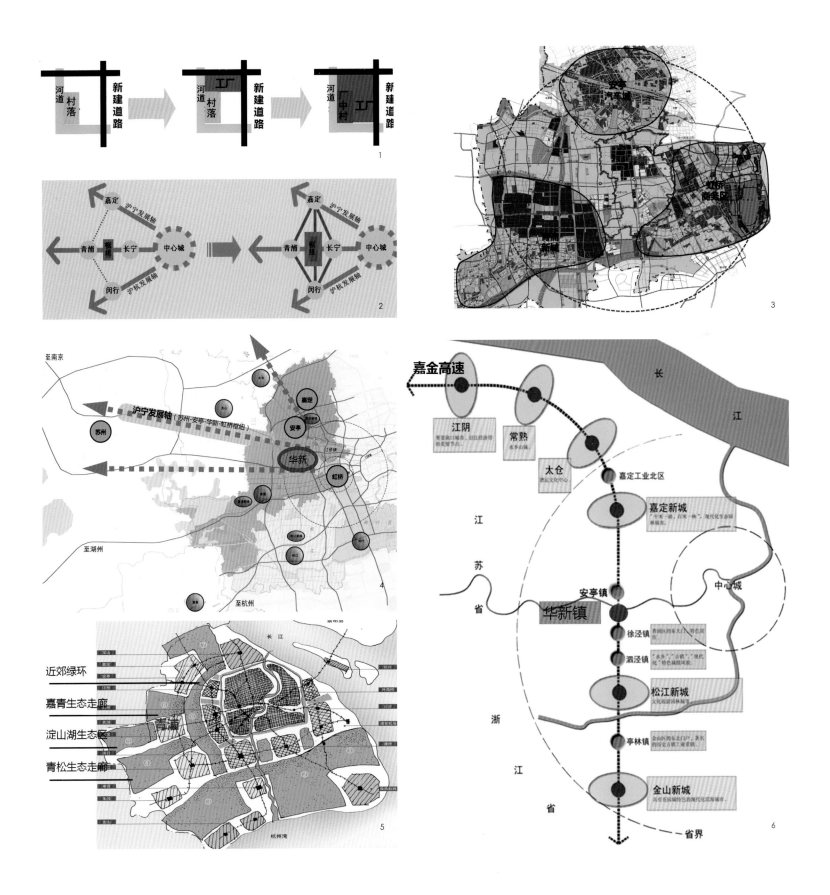

内蒙古自治区巴彦淖尔市五原县隆兴昌镇城市总体规划（2011—2030年）

[委托单位]	内蒙古自治区巴彦淖尔市五原县人民政府
[项目规模]	五原县县域2 492km²；城市规划区300km²；县城20.2km²
[负责人]	王超
[参与人员]	张强 刘妍赟 戴琦 李娟 汪亚
[合作单位]	上海现代建筑设计（集团）有限公司规划建筑设计院
[完成时间]	2012年10月

1.县域城镇体系规划图	5.规划区土地使用规划图
2.县域综合交通规划图	6.主城区规划结构图
3.县域产业区布局图	7.主城区道路规划图
4.县域旅游规划图	8.主城区河道水系规划图

一、规划背景

上轮规划确定的2020年发展目标已经部分实现；随着西部大开发步入新的阶段，京藏高速公路、西甘铁路、巴彦淖尔机场等重大基础设施建设改善了地区的发展环境。以呼包鄂为中心的蒙西经济区正加速形成，给五原县发展带来新的要求和新的机遇。

二、主要内容

1.县域社会经济发展战略

以"黄河葵花郡、塞上小江南"为品牌，将五原县建设成为立足河套、辐射蒙西地区、面向全国、具有河套平原特色、集历史文化与自然景观为一体的特色旅游城市。

（1）融入发展——交通、资源、功能对接、融入市域整体发展。

（2）错位发展——立足自身的资源禀赋，合理错位、明确定位。

（3）跨越发展——产业提升、产城互动、创智创新、跨越发展。

2.县域资源利用、生态保护与空间管制

工业向开发区集中，人口向城镇集中，在隆兴昌镇、新公中镇、塔尔湖镇等地区布局经济园地，在塔尔湖镇、天吉泰镇和新公中镇布局林地；建设城镇污水处理厂、工业园区污水处理厂，提高再生水回用量，保障生态用水。

3.县域交通发展策略

建设以机场为龙头、高速公路与铁路为骨干、区域公路与地方铁路为辅

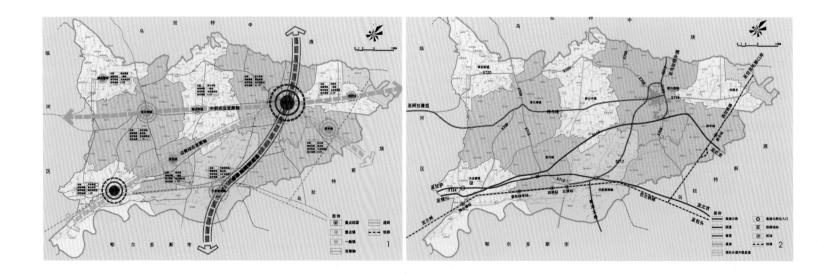

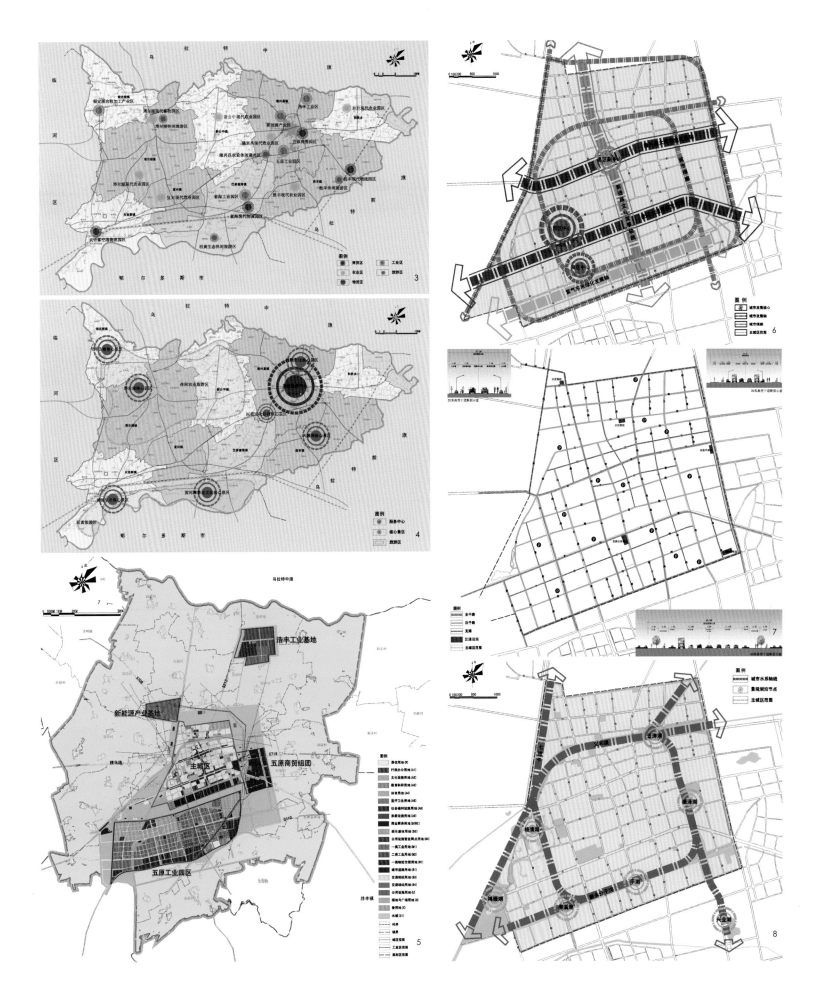

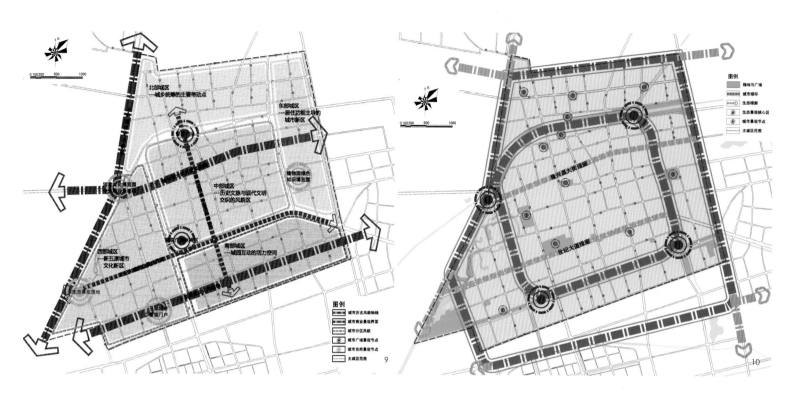

9.主城区景观风貌规划图
10.主城区绿地规划图
11.主城区土地使用规划图

助，设施完备、协调一致的区域综合交通运输体系。

4. 城市性质与发展规模

五原县隆兴昌镇是巴彦淖尔市中部核心城镇，以精细化工、农业深加工为主导的先进制造业基地，以河套文化为特色的生态宜居城市区域。

5. 城市发展方向

南接产业，东进商贸，新老联动，中兴主城。

6. 城镇空间结构

县域城镇空间结构形成"两心、三极、三带、多区"的空间结构；规划区形成相对独立又互有联系的三大城市功能组团，整体支撑涡轮式结构的"组合式"新型发展模式；县城区体现"核心带动、生态隔离、组团发展"，形成"两心、四轴、两环、五片区"的城市空间结构。

三、规划特色

1. 体现产城互动，优化空间布局

作为矿产资源匮乏型城镇，强调优化工业化与城镇化同步发展，拓展产业

链，依"一"接"二"联"三"，促进产城融合发展，构建协同发展的产城互动体系。

2. 体现文化传承，塑造城市形象

以古郡博物馆、五原誓师台、抗日烈士公墓为引领，扩大黄河滩万亩葵花展示区、黄河至北、天籁湖、千年古柳等资源影响，完善五原作为河套平原渠沟水网的文化传承，打造"黄河葵花郡、塞上小江南"的城市品牌。

四、规划实施

在总规指导下，县城空间布局结构不断优化。隆兴昌大街、前进路商业街、义和渠滨河绿化、誓师广场初步形成，城区整体面貌和环境得到改善。

湖北省黄石市工矿地综合开发试验区总体规划（2013—2030年）

[委托单位] 大冶市人民政府

[项目规模] 183km²

[负 责 人] 刘宇

[参与人员] 周伟 景丹丹 张春美 李志强 刁世龙 庄佳微

[合作单位] 上海同济城市规划设计研究院

1.区位分析图
2.宏观层面协调
3.中观功能区衔接
4.土地使用规划图

一、规划背景

2008年大冶成为全国首批12个资源枯竭型城市之一，也是全国唯一的黑色冶金转型城市。2012年湖北省正式批复在黄石设立工矿综合开发试验区（以下简称试验区），同年，省委、省政府批准成立试验区管委会，成为加速湖北省跨越式发展的新平台。并提出该地区将建设成为"两型社会"建设和资源枯竭型城市转型的"示范区"、以高新低碳环保产业为主导的生态新区、工业新区和城市新区。

同时，以武汉城市圈为首的中三角地区开始进入国家视野，黄石（含大冶）成为武汉城市圈的副中心，试验区位于主副中心的重要联系节点上，区位优势独特，开发潜力巨大，对于推动鄂东地区的一体化进程意义重大。

二、主要内容

发展条件分析：规划以剖析试验区发展优势、问题、机遇三方面条件为基础，把握其在区域中的位置和自身优势条件，找准发展方向、规划定位。基于分析试验区在定位中凸显了三个强调和三个重点。其中，三个强调突出了试验区的区域地位和职能，分别为：对接武汉光谷前沿、体现黄石副中心地位、错位周边新城发展；三个重点则集中论述了实现职能目标的发展策略，包括：综合功能、利用生态、产业升级。

发展目标：规划为了实现生态优美、智慧引领、职能综合的高品质新城建设，确定规划新区的发展目标为："山水田园典范城，创智悠活新天地"。基于区域环境价值的挖潜，将新区建设成具有混合使用功能的、集休闲旅游和高新农业于一体的现代化山水田园典范城。基于区域战略定位深化，试验区作为黄石融入武汉都市圈的重要抓手，通过规划建设成为武汉—黄石之间的创智悠活新天地。

功能定位：立足大冶、站位黄石、融入武汉都市圈，利用特色自然资源、产业基础，打造融智慧产业、休闲度假、生态居住等功能为一体的多元复合新区。

布局模式：基于试验区未来开发中"市场运作—滚动开发—自求平衡"的原则，从落地实施角度而言，规划方案体现了"大处着眼—小处着手，项目引领—弹性预留"，建立完善的生态网络，多样的功能组团。

空间规划：总体空间结构为"两轴、三核、四区"。"两轴"为大冶与武

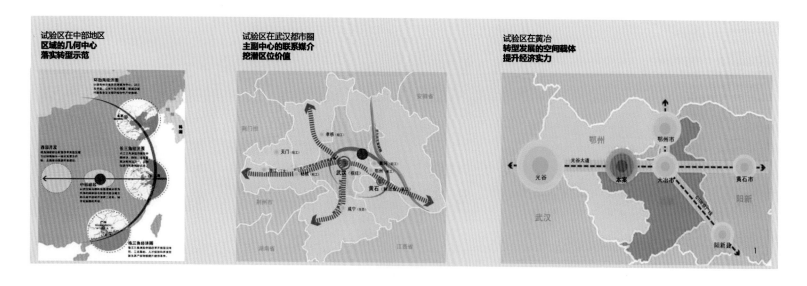

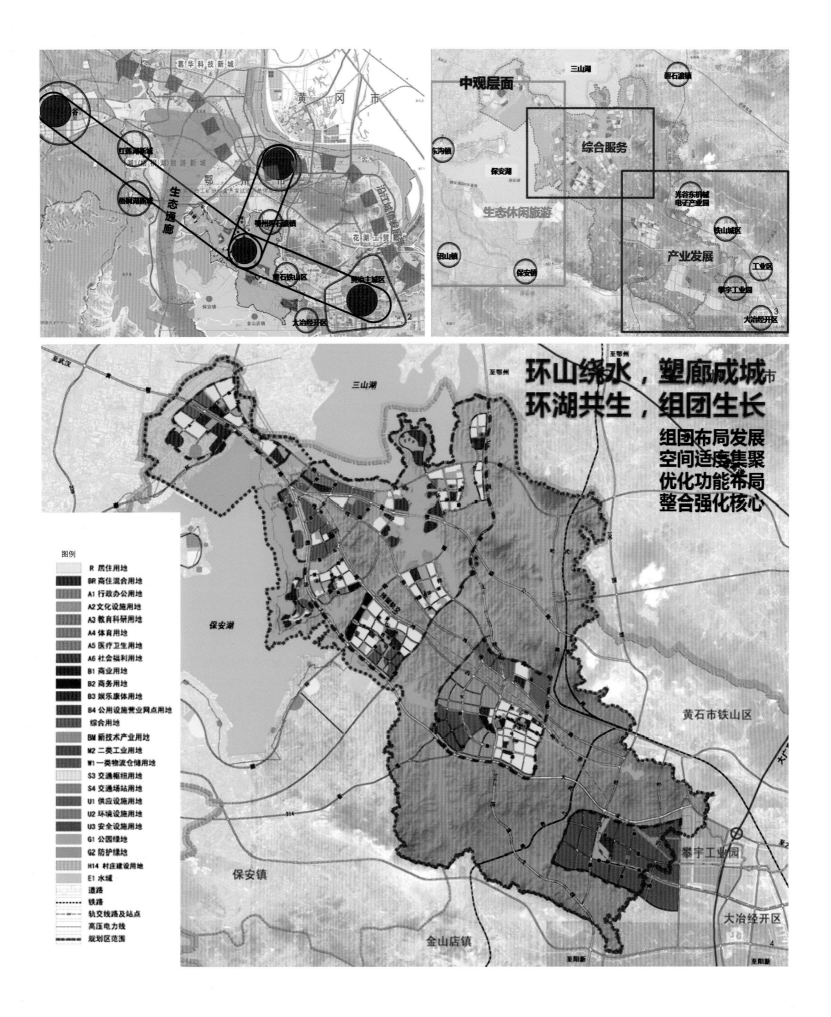

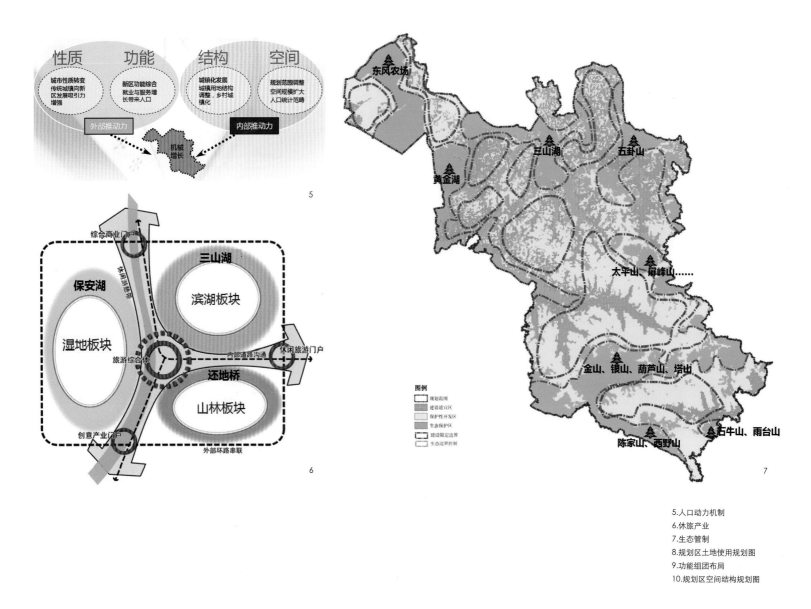

汉联系方向的城镇拓展轴和保安湖、三山湖之间环湖生长轴;"三核"为生态服务核心、旅游服务核心以及商贸服务核心;"四区"为东风农场旅游服务片区、黄金湖综合片区、还地桥老镇片区以及攀宇产业拓展区。

发展规模:规划区城市性质由传统城镇向新区发展,城市功能更加综合,就业与服务迅速增长;同时用地结构调整、空间规模的扩大促进了城镇化。本规划基于定位、生态控制、布局模式,合理制定人口、建设规模。

产业规划:试验区目前产业结构偏重二产、依赖原材料,伴随着武汉都市圈的打造、产业梯度转移机遇,本区迎来了转型契机。规划挖掘环境资源、错位周边、联动区域,提出"生态优先、拥湖发展"、"圈层结构、组团发展"、"产城融合、有序发展"等原则,规划形成现代都市农业、新兴产业培育、综合服务、休闲旅游产业为主导的智慧产业体系。

三、规划特色

(1)从区域协调发展的角度,跨越行政界限进行地区统筹。分别从"武鄂黄"地区、黄冶地区、大梁子湖区、保安湖片区等不同层面不同角度分析试验区的产业发展、功能组织以及空间布局。

(2)立足"生态立区,环境先行"的理念,试验区与周边其它新区相比,最具竞争优势的就是其"两湖、林地、丘陵"的生态环境资源。规划通过生态专题研究,对高程、坡度等地形因子及密林、水体、基本农田等生态控制要素进行叠加分析,限定建设边界,提出空间管制策略,同时用地布局与生态斑块充分拟合,减少对生态环境的破坏。

(3)提出"项目带动,组团生长"的实施策略。一方面构建生态廊道和网络状的绿化空间,引导外围区域性生态空间向城市的渗透;由生态网络界定城市功能组团,引导紧凑发展,保证土地利用集约高效。另一方面,结合试验区初期开发招商项目,制定精明的空间管控策略,采用低冲击的紧凑组团布局模式,各组团功能相对独立,以实现组团的逐步生长,降低试验区的开发成本和风险。

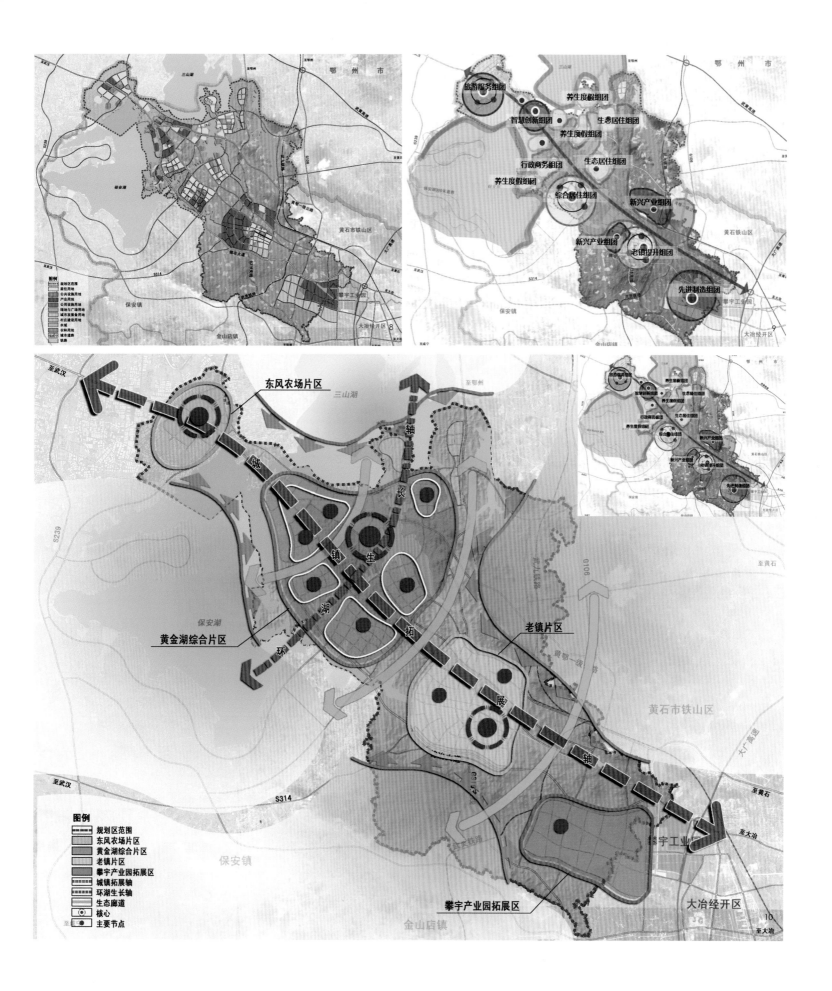

浙江省余姚市牟山镇总体规划

[委 托 单 位]　浙江省余姚市牟山镇人民政府
[项 目 规 模]　38.48km²
[负 责 人]　吴佳
[参 与 人 员]　黄旭东 吴庆楠 李世忠 邱娟

1.工作框架
2.swot分析
3.土地使用规划图

一、规划背景

2010年7月，余姚市提出了"科学开发牟山湖，精心打造西大门"，全面开发建设牟山湖休闲度假区的重大战略。牟山镇确立把发展生态旅游业放在首要位置，实现从工业小城镇向生态旅游特色镇的发展转型。因此需要及时进行新一轮总体规划的研究工作，明确城镇因循何种发展思路，借力何种发展资源，工业与旅游之间是何种关系等核心问题，继而推进总体规划修编，进一步理顺城镇发展方向、优化城镇产业结构，合理布置城镇用地布局，促进区域经济的全面合理发展，为新形势下的城镇建设提供更加科学有效的指导。

二、主要内容

1. 总体定位

本次总规制在任务要求上已经明确了"长三角旅游休闲生态小镇"的定位，项目组主要对总体定位进行细化和分解，明确城镇职能为"长三角地区休闲度假旅游胜地、生态宜居城镇、宁波西部门户"，同时提出了"青山明湖，田园小镇"的形象定位。

2. 发展规模

基于现状城镇"非村非镇"，高密度、低强度蔓延发展的特征，提出在发展规模上应统筹镇一村两级建设规模、推进工业集中、居住集约及环境提升的策略。同时针对旅游地产项目的发展，在规模研究上分别明确镇区、牟山湖度假区和璟月湾度假区三个片区的用地和人口规模，同时适当增加公共配套。

3. 空间战略

通过SWOT分析，明确镇区与度假区南北轴向联动，镇区自身东西组团式发展的总体格局。增强镇区对度假区的服务支撑，同时加强生态空间在镇区的景观渗透。

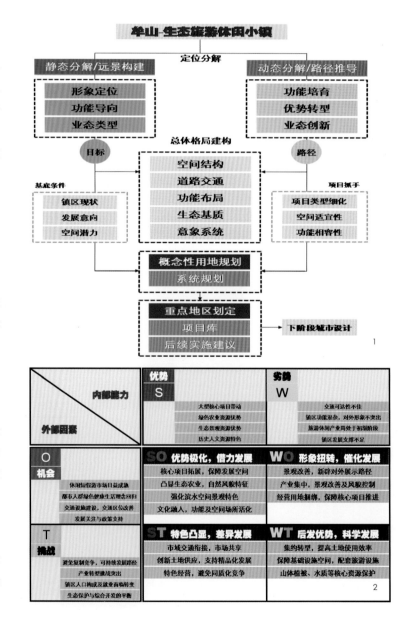

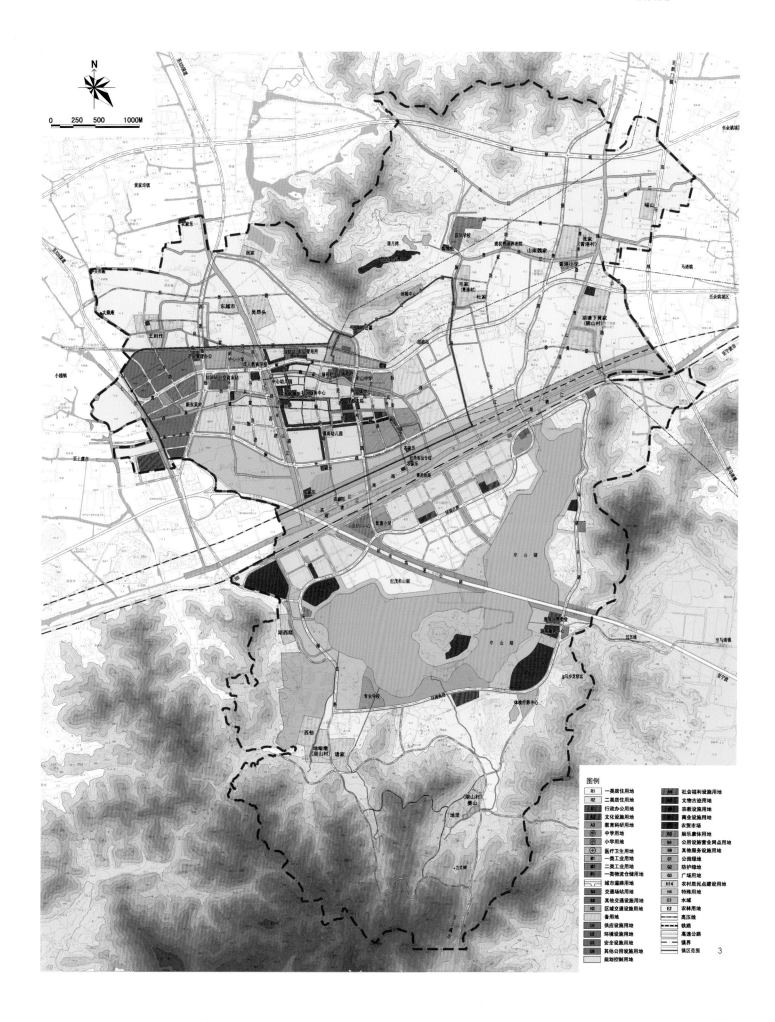

图例

R1 一类居住用地
R2 二类居住用地
A1 行政办公用地
A2 文化设施用地
A3 教育科研用地
中学用地
小学用地
医疗卫生用地
M1 一类工业用地
M2 二类工业用地
W1 一类物流仓储用地
交通站场用地
S4 交通站场用地
S9 其他交通设施用地
H2 区域交通设施用地
备用地
U1 供应设施用地
U2 环境设施用地
U3 安全设施用地
U9 其他公用设施用地
规划控制用地

A6 社会福利设施用地
A7 文物古迹用地
A9 宗教设施用地
B1 商业设施用地
B2 农贸市场
B3 娱乐康体用地
B4 公用设施营业网点用地
B9 其他服务设施用地
G1 公园绿地
G2 防护绿地
G3 广场用地
H14 农村居民点建设用地
H4 特殊用地
E1 水域
E2 农林用地
高压线
铁路
高速公路
境界
镇区范围

3

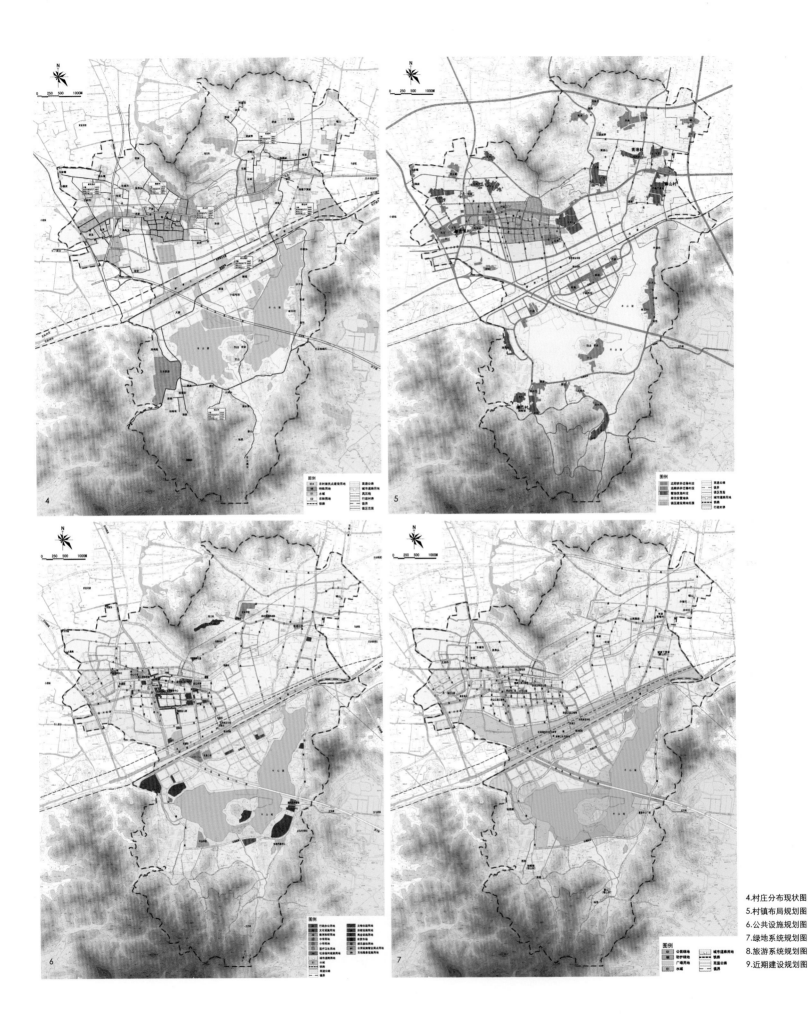

4.村庄分布现状图
5.村镇布局规划图
6.公共设施规划图
7.绿地系统规划图
8.旅游系统规划图
9.近期建设规划图

4. 系统规划

研究确定土地利用、综合交通、河道水系、生态景观等规划系统，以便衔接后续总体规划编制工作。

5. 实施建议

对接镇区具体实施设想，对近期建设进行研究分析，为近期建设建议项目化的实施抓手。

三、规划特色

1. 在更大发展区域背景中，细化"生态旅游休闲城镇"的核心定位

"生态旅游休闲城镇"是牟山镇发展的总体方向，规划经过长三角区域的比较分析和对自身资源特征的分析，提出了"绿色健康、慢速悠闲的核心理念；小而精致、尺度宜人的空间特征；景观渗透、山水交融的景观特色"三项核心特质。同时将生态农业、自然风貌、滨水空间、传统文化确定为生态旅游休闲城镇的核心内容。

2. 在大型项目落户的背景下，建构整合资源、协同发展的总体框架

牟山湖休闲旅游度假区与璟月湾两大重点项目已经落地实施，这两个项目定位高端，规模较大，附加的旅游地产开发将带来大量置业、度假人口，且占据了牟山镇牟角山和牟山湖核心生态景观资源。规划强调通过规模控制维持小镇自身的空间特质，建议镇区一度假区形成有交通联络的独立空间片区，通过保留镇区周边的农业空间，突出镇区特色，形成协同发展的良性格局。

3. 在"非城非村"的现状下，寻求打造余姚"西大门"的关键路径

牟山镇是典型的乡镇风貌，"非城非村"，泰和家园、镇政府大楼、镇中心小学、镇农贸市场等新建项目虽形象不错，但拼贴在低品质的城镇空间中，很难体现杭甬线、余姚西大门地区应有的形象，规划充分挖掘牟山湖本土文化，强调景观引导和空间预留，通过明确镇区建设高度、密度特征，梳理滨水空间系统、强化门户景观意象等展示未来城市"新门户"形象。

4. 在拓展空间资源紧约束的现实下，挖掘总体规划落地的近期实施抓手

受大型项目落地实施的影响，加上上一轮总体规划与土地利用规划未能充分统筹，牟山镇新一轮总体规划的拓展空间资源十分有限，然而镇区密集的建设现状又难以短期改变，在增量空间有限、存量较难盘活的现实下，规划通过统筹村镇发展，积极推动镇区周边村庄的集约发展，同时推动村级工业的减量。

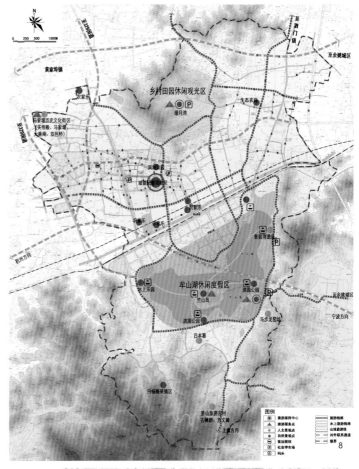

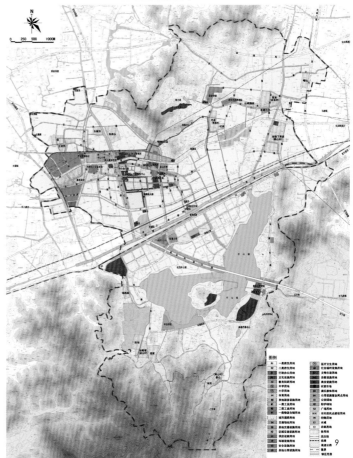

上海市嘉定区美丽乡村课题研究

1.自然村落风貌图
2.专题研究范围
3.集建区外土地利用现状图
4.集镇区外农居点布局图
5.现状村庄分类图

[委托单位] 上海市嘉定区规划和土地管理局
[项目规模] 447.9km²
[负责人] 周伟
[参与人员] 张春美 李志强
[完成时间] 2014年7月

一、研究背景

在以城乡统筹、城乡一体为基本特征的新型城镇化背景下，城市、镇、农村协调发展、互促共进显得尤为重要。随着城市建设的不断完善，未来乡村地区是上海新型城镇化的重要组成部分。

2014年嘉定区委开展了"聚焦现代化新型城市建设，着力推进城乡一体化发展"的调研课题，"加快村庄规划编制，打造'美丽乡村'"作为调研课题之一，以期探索嘉定"美丽乡村"的发展模式，进一步缩小城乡差距。

二、主要内容

通过全面梳理嘉定乡村地区的发展现状，分析嘉定村庄特征及影响城乡一体化发展的瓶颈问题；同时结合上海农居点整理、嘉定土地经营历程及国内外优秀村庄发展案例的相关研究，探索建设"美丽乡村"的主要任务，并提出相关保障措施。

1. 现状主要问题

（1）村庄数量多，规模小，分布散

现状行政村146个，村民小组2 007个。现状农居点用地40.7km²，集建区外24.5km²，占比60%。农居点总体呈现"散、多、小"的格局，集建区外农居点斑块达到4 563个，斑块密度19个/平方公里，平均斑块面积仅为0.54hm²。

（2）外来人口聚集，村庄空心化严重，人口趋向老龄化

全区户籍农业人口8.4万，农居点居住人口28万，农村地区外来人口大量集聚；全区各镇60岁以上人口占比均超过10%，人口趋向老龄化，农村地区更为突出，现状居住于农村的户籍人口大多为留守老人。

（3）配套设施相对滞后

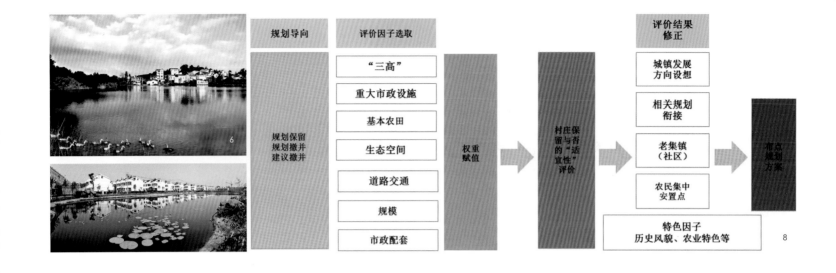

外围农村地区市政配套薄弱,以北部地区最为突出。公共服务设施高度集中在镇区、老集镇内部,村级设施主要为"三室一场",总体上,农村地区公共服务设施的服务能级、设施总量以及服务水平等均有待提高。

(4)建筑老化,生态环境有待改善

由于政策上对农民建房的管控,农居点现有住房大多较为破旧甚至出现危房,农民建房、动迁的意愿强烈。同时受乡镇工业及外来人口众多等方面因素的影响,农村生态环境不容乐观。

2. 主要任务和措施

(1)完善镇村居住体系建设

通过镇村体系规划建设的完善,实现城市与乡村地区的有效衔接和融合。在"十二五"1412城乡体系的基础上,建议构筑"新市镇一农村一级社区一农村二级社区"的城乡结构体系。

(2)明确归并和保留的村庄

重点明确一定期限内归并和保留的村庄,以行政村为单位,通过村庄综合评价体系的建立,确定规划保留型、规划撤并型和建议撤并型三种类型。经过初步研究,规划保留村庄42个,规划撤并的村庄99个,建议撤并的村庄5个。

(3)加强集中、分层次的配套设施建设

与居住体系对应,构建三级服务体系。第一层级构建以镇区为核心的配套设施,承担镇级公共服务职能;第二层级以一级农村社区为基本单元,以老集镇为主,配置次级公共服务设施;第三层级以二级农村社区为基本单元,于行政村内设置一定量贴近生活的便利性公共设施。市政设施方面着力加强排污管网、燃气管网、垃圾收集等的建设。

(4)加快外围工业减量,发展多元化农业

对产能低,环境污染大的企业进行减量,引导产能较高的优质企业向园区集中,改善农村生态环境。同时,探索大都市周边农业发展方式,深入研究现代化都市农业、家庭农场等发展途径,着力提升农业附加值,改善农村经济条件,缩小城乡差距。

三、研究特色

随着国家新型城镇化以及美丽乡村建设的提出,规划关注重点逐渐由城市地区转向农村地区。本次研究通过对嘉定区农村地区的全面盘摸,一方面从用地、人口、工农业发展、环境风貌等方面了解农村现状,重点关注农村居住状况,包括居住空间形态特征、规模、居住人口特征等,另一方面从政策、农村社会结构等方面深层次剖析农村问题,为解决农村发展瓶颈、建设美丽乡村提供纲领性对策,指导农村建设工作。

城乡一体化背景下金山美丽乡村的建设研究课题

[委托单位]　上海市金山区人民政府；上海市金山区规划和土地管理局
[项目规模]　611km²
[负责人]　　肖闽
[参与人员]　李开明　王美飞　张强　王占涛

1.技术路线
2.美丽乡村
3.休闲生态模式
4.文化民俗模式
5.高效农业模式
6.综合发展模式

一、研究背景

本规划作为指导金山区美丽乡村建设和发展的纲领性文件，主要有三个背景。一是响应中央新型城镇化建设精神，加快对乡村地区的发展进行统筹研究。二是顺应上海转型发展的新趋势，探讨适合特大城市郊区的农村发展模式。三是完善金山城乡体系的新举措，目前金山区"1158"城乡体系结构。即1个新城、1个特色城镇、5个新市镇、80个左右村庄已形成，但是如何将这些中心村按照可持续发展的要求，立足于自身资源特色，确定发展目标和标准，建设成为具有金山特色的美丽乡村是一个需要重点研究的课题。

二、主要内容

1. 发展目标

力争全区村庄到2020年基本达到环境优美宜居、农民增收致富、民生保障有力、乡风文明和谐、体制机制健全的具有金山特色美丽乡村。

2. 发展类型

着眼于金山村庄的资源特色和上海美丽乡村建设的总体趋势，金山美丽乡村的发展一共划分为五大类型，十大模式。分别是高效农业带动型（包括集中规模化农业模式、特色农产品创新模式、无公害产品直销模式）、非农产业驱动型（包括发展乡村企业模式、农村商贸物流模式）、休闲旅游带动型（包括乡村休闲生态游模式、乡村文化民俗游模式、乡村特色主题游模式）、城镇综合发展型及环境改善搬迁型。

3. 村庄整治功能

应对总体目标和五种发展类型，提出八大工程。

环境整治工程：按照"清洁—整理—优化"三步曲的环境整治思路展开。

建房引导工程：建筑引导分为新建建筑的引导和现有建筑的整治两方面。

道路美化工程：对道路及两侧绿化进行美化。

绿化景观工程：从村旁绿化、宅旁绿化、路旁绿化、水旁绿化四方面展开。

空间营造工程：分为村头广场、街巷布局、建筑院落等三个层次展开。

河道整治工程：河道分为河道疏浚、岸线改善和周边配套绿化三个层次展开。

文化提升工程：以挖掘传统建筑元素、节庆文化为特征。

配套完善工程：对公共服务设施和基础教育设施的配套加以完善。

三、研究特色

本次规划采用目标导向和问题导向相结合的方法，以抓现状找问题、抓问题打底色、抓重点显特色、抓试点促实施，形成了以下两种策略。

1. 外在美策略

通过实施八项工程的八美策略，完成二十项行动，直接指导项目的实施，构建村庄的外在美。

2. 内在美策略

提出了以完成造血机制为主的五种类型、十种模式的打造，为村庄的持续发展谋划路径。

四、规划实施

目前金山区的村庄发展已经按照该研究课题确定的主要内容进行实施，一批以中洪村为代表的精品村、品牌村、特色村正在涌现出来。

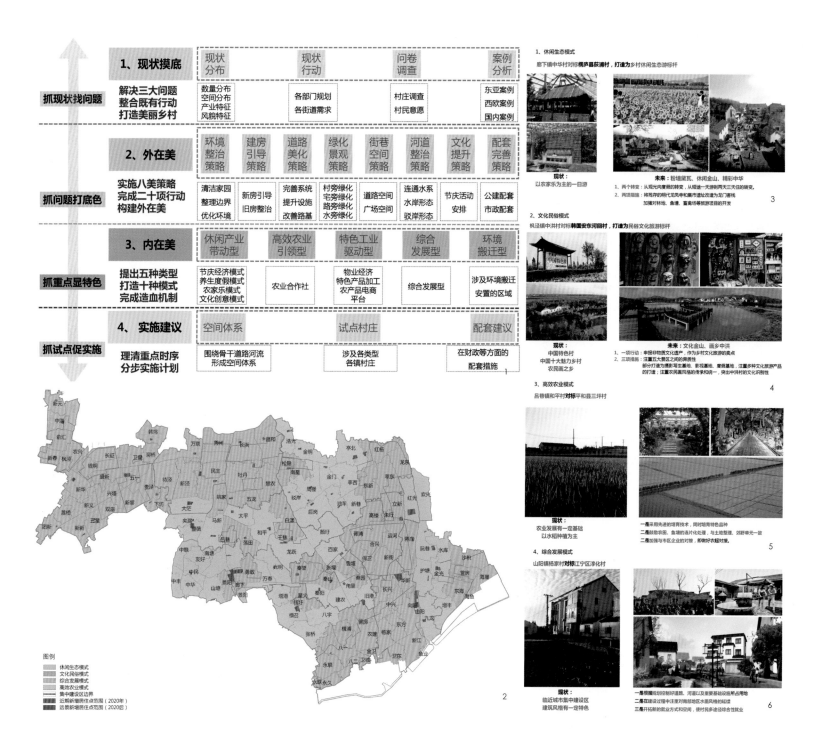

1、现状摸底

抓现状找问题

解决三大问题
整合既有行动
打造美丽乡村

现状分布	现状行动	问卷调查	案例分析
数量分布 空间分布 产业特征 风貌特征	各部门规划 各街道需求	村庄调查 村民意愿	东亚案例 西欧案例 国内案例

2、外在美

抓问题打底色

实施八美策略
完成二十项行动
构建外在美

环境整治策略	建房引导策略	道路美化策略	绿化景观策略	街巷空间策略	河道整治策略	文化提升策略	配套完善策略
清洁家园 整理边界 优化环境	新房引导 旧房整治	完善系统 提升设施 改善路基	村旁绿化 宅旁绿化 路旁绿化 水面绿化	道路空间 广场空间	连通水系 水岸形态 驳岸形态	节庆活动安排	公建配套 市政配套

3、内在美

抓重点显特色

提出五种类型
打造十种模式
完成造血机制

休闲产业带动型	高效农业引领型	特色工业驱动型	综合发展型	环境搬迁型
节庆经济模式 养生度假模式 农家乐模式 文化创意模式 农业合作社		物业经济 特色产品加工 农产品电商平台	综合发展型	涉及环境搬迁安置的区域

4、实施建议

抓试点促实施

理清重点时序
分步实施计划

空间体系	试点村庄	配套建议
围绕骨干道路河流形成空间体系	涉及各类型各镇村庄	在财政等方面的配套措施

1

2

图例
- 休闲生态模式
- 文化民俗模式
- 综合发展模式
- 高效农业模式
- 集中建设区边界
- 近期新增居住点范围（2020年）
- 远景新增居住点范围（2020后）

1、休闲生态模式

廊下镇中华村对标桐庐县荻浦村，打造为乡村休闲生态游标杆

现状：
以农家乐为主的一日游

未来：粉墙黛瓦、休闲金山、精彩中华
1、两个转变：从观光向度假的转变，从短途一天游到两天三天住的转变。
2、两项措施：将残存的时代风貌等和集市遗址改造为龙门客栈 加强基地、鱼塘、畜禽场等旅游项目的开发

3

2、文化民俗模式

枫泾镇中洪村对标韩国安东河回村，打造为民俗文化旅游标杆

现状：
中国特色村
中国十大魅力乡村
农民画之乡

未来：文化金山、画乡中洪
1、一项行动：申报非物质文化遗产，作为乡村文化旅游的亮点
3、三项措施：注重五大景区之间的异质性 部分打造为摄影写生基地、影视基地、度假基地，郊野单元注重多种文化旅游产品的打造；注重农民画风格的传承和统一，突出中洪村的文化识别性

4

3、高效农业模式

吕巷镇和平村对标平江县坪三村

现状：
农业发展有一定基础
以水稻种植为主

一是采用先进的培育技术，同时培育特色品种
二是鼓励退田、鱼塘的连片化处理、土地整理，郊野单元一致
三是加强与市区企业的对接，即做好农城对接。

5

4、综合发展模式

山阳镇杨家村对标江宁区淳化村

现状：
临近城市集中建设区
建筑风格有一定特色

一是根据规划划控制好道路、河道以及重要基础设施所占用地
二是在建设过程中注重对南部地区水墨风格的延续
三是开拓新的就业方式和空间，使村民通过综合性就业

6

详细规划

上海市嘉定新城中心区控制性详细规划

[委托单位]　上海市嘉定区规划和土地管理局
[项目规模]　821.0hm²
[负责人]　黄劲松
[参与人员]　周芳珍 王超 肖闽 刘妍赟 王晓峰 何秀秀 庞静珠
[完成时间]　2009年7月
[获奖情况]　2011年度上海市优秀城乡规划设计二等奖

1.东云街实景照片
2.远香坊实景照片
3.赵泾实景照片
4.规划构思图
5.功能结构规划图
6.土地使用规划图

一、规划背景

　　嘉定新城是由主城区、安亭、南翔三个组团形成的组合型城市，总体形成"一核两翼"的空间结构。新城中心区作为嘉定组合式新城的核心，是新城建设的重中之重。为了在更好地承接上位总体规划的同时，使新城中心区城市设计、"紫气东来"轴景观规划等相关规划设计思想与地区发展阶段性特征相协调，迫切需要编制中心区控制性详细规划，以落实相关控制要素，更好地指导整个中心区的规划建设。

二、主要内容

1. TOD、EOD相结合的开发模式

　　空间结构突出基于TOD/EOD导向的开发模式。TOD即依赖公共交通形成的交通便捷的活力社区，EOD即依赖绿化环境形成的蓝脉绿网的生态社区。

2. "复合多元、集约高效"的功能布局

　　城市功能的塑造上涵盖"居住、生活、工作、游憩"各个方面，强调城市功能的综合性和服务型；总体形成"五心、三区、六轴"的功能布局和结构，打造复合多元的城市功能，体现集约高效的城市功能。

3. "网状划分、尺度适宜"的道路空间尺度

　　规划方格网为原型，突出适用性；同时为营造宜人的空间尺度，规划在充分借鉴国内外新城开发的经验基础上，形成"小街坊、密路网"的空间格局。

4. "千米一湖、百米一林"的生态景观环境

　　规划区整体形成"千米一湖，百米一林，河湖相串、荷香满城"的基调。创造独具特色的城市肌理，形成具有江南特色的水乡氛围，体现江南情荷花韵，凸显郊区自然生态景观。

5. "便捷完善、水绿交融"的公共服务设施

　　规划在保证各级服务体系完善、功能清晰的基础上，与绿化水体充分结合，可以使公共服务设施功能更好地发挥。

6. "公交导向、换乘便捷"的公共交通

　　交通规划强调轨道交通的辐射作用，围绕站点设置了便捷的换乘场地，突出公共交通的导向作用。

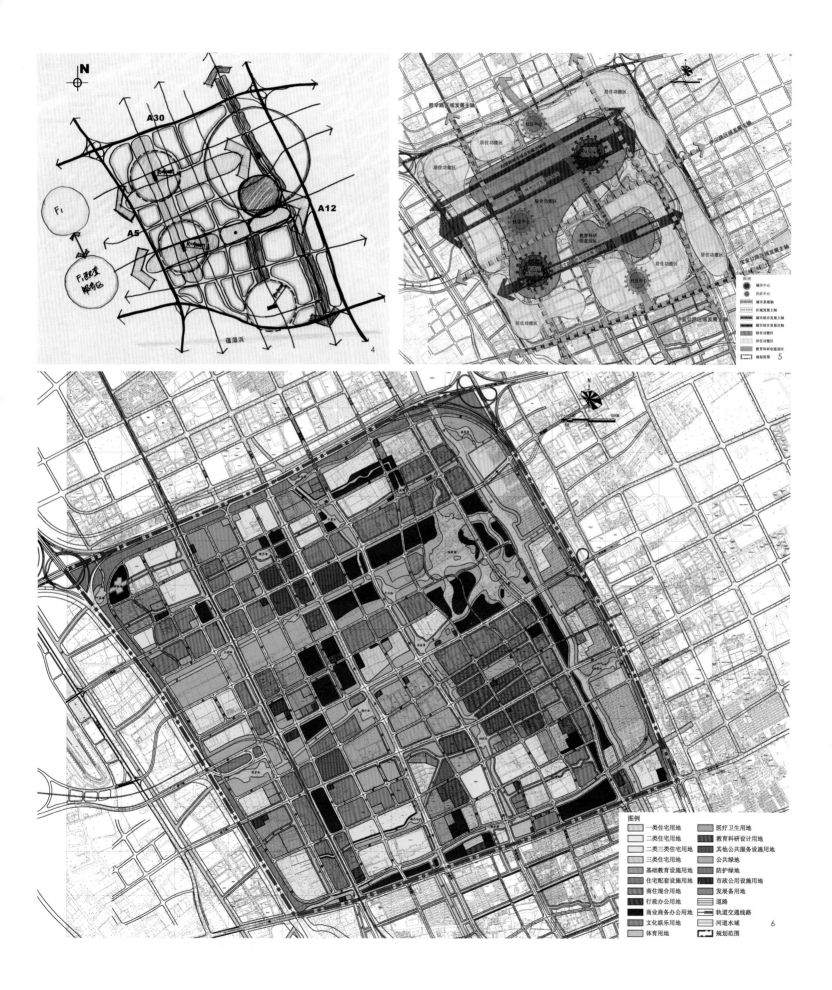

图例

一类住宅用地	医疗卫生用地
二类住宅用地	教育科研设计用地
二类三类住宅用地	其他公共服务设施用地
三类住宅用地	公共绿地
基础教育设施用地	防护绿地
住宅配套设施用地	市政公用设施用地
商住混合用地	发展备用地
行政办公用地	道路
商业商务办公用地	轨道交通线路
文化娱乐用地	河道水域
体育用地	规划范围

7

8

7. "门类齐全、适度超前"的市政设施

本次规划以"市政公用设施先行"为指导思想,"技术先进、安全可靠及适度超前"为原则。

三、规划特色

1. 综合性

对不同层次、不同类型的规划工作进行归纳梳理。通过对总体规划、城市设计及各专项研究成果的总结归纳,为新城中心区控规的编制提供理论基础和技术支撑。

2. 融合性

将不同专业、不同背景的设计思想融合转换。新城规划汇聚SBA、HPP、尼塔、大舍等国内外优秀设计团队。不同专业的设计理念、国内外设计师的不同设计思想,均需要转化为规划语言,有效纳入规划成果。

3. 动态性

规划编制与新城建设的动态衔接。规划需要十分关注对过去的总结、对现在的协调,以及对未来的指导。从2006年起,规划历时4年,在新城快速发展过程中,科学应对市场要求,广泛听取各方意见,与土地出让和地块建设动态衔接,并创造性地将地籍信息融入控规编制中,指导项目管理。

四、规划实施

本规划于2009年7月22日经上海市人民政府批复开始实施,批复号为[2009]77号。

在控规的指导下,新城中心区基础设施和主要骨干道路基本建设完成,生态景观项目建设正着力推进,公益项目也先后落地。

嘉定新城在建设过程中也取得了巨大的成果与荣誉,先后被评为"上海市建筑节能示范城区"和"上海市无线城市示范城区"。

嘉定新城同时也成为上海"十二五"规划中其他新城建设的示范。

7. 伊宁路以北整体鸟瞰效果图
8. 城市设计总平面图
9. 层次结构规划图
10. 道路系统规划图
11. 绿化水系规划图

上海市嘉定区云翔拓展大型居住社区控制性详细规划

[委托单位]	上海市嘉定区规划和土地管理局
[项目规模]	2.46km²
[负责人]	王超
[参与人员]	张强 刘妍赟 李娟 何秀秀
[完成时间]	2010年10月
[获奖情况]	2011年度上海市优秀城乡规划设计三等奖

1.产城融合规划图
2.功能布局规划图
3.公共服务设施规划图
4.总平面图

一、规划背景

云翔居住社区是上海市重点建设的大型居住社区。根据市委全会关于"研究在郊区建设交通方便、配套良好、价格较低、面向中等收入阶层的大型住宅小区的可能性"的精神建设,规划在保留基地特征、保护生态环境、组织社区生活、体现人文关怀等方面作了探索,借以引导居住社区的可持续发展。

二、主要内容

1. 发展定位

云翔拓展大型居住社区的发展目标是建设成为"满足不同层次需求,多元居住、产城融合的和谐社区;以人文交流为导向,空间丰富、功能交织的活力社区;以生态环境为载体,环水拥绿、低碳宜居的健康社区"。

2. 用地结构

规划形成"公共活动汇中心,居住服务多组团,产城发展相融合,生态开敞双通廊、绿化景观成网络"的布局结构。

3. 住宅规划

云翔大型居住社区的住宅产品主要面向中等收入群体,同时关注创业人群、单身青年等的住宅需求,保证普通商品住房的供给比例,适当考虑中高收入群体的住房需求。

除去农民动迁安置房23.45万m²以外,规划新增其他住宅约151.58m²,其中保障性住房所占比例不少于2/3,普通商品房约占1/3。普通商品房套均建筑面积为90m²,经济适用房套均建筑面积为65m²。

三、规划特色

1. 空间结构——整合区域发展

规划着眼于云翔与周边功能片区联动发展,形成未来南翔西北城市极核,在更高层面上将各片区进行联动考虑,对提升南翔在更多区域的辐射影响力、加快南翔整体发展具有重要的意义。

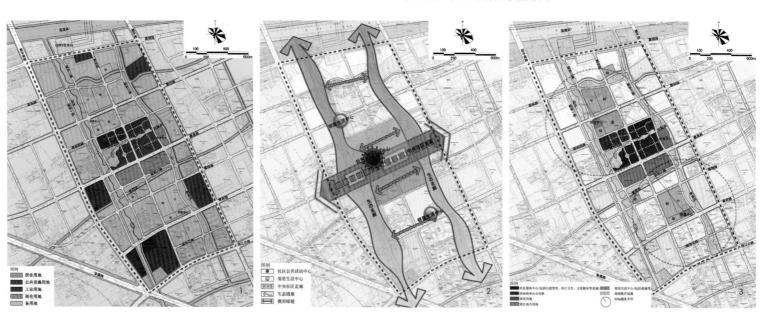

图例
1：行政管理组团
2：文化娱乐组团
3：体育中心
4：医疗服务组团
5：商办混合街区（含大卖场）
6：滨水商业建筑
7：滨水休闲商业街
8：商住混合街区
9：中央公园
10：城市商业广场
11：都市商业街
12：菜市场
13：高中
14：初中
15：小学
16：幼儿园
17：福利院
18：动迁安置样板小区
19：产业组团
20：社区邻里中心
21：滨水休闲步道

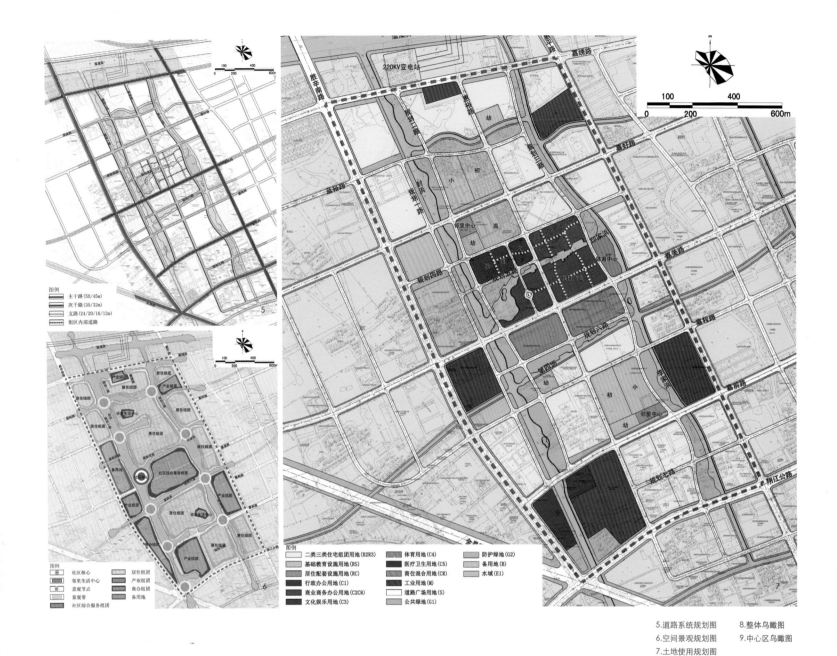

图例
主干路 (50/45m)
次干路 (35/32m)
支路 (24/20/16/12m)
街区内部道路

图例
二类三类住宅组团用地 (R2R3)
基础教育设施用地 (RS)
居住配套设施用地 (RC)
行政办公用地 (C1)
商业商务办公用地 (C2C8)
文化娱乐用地 (C3)
体育用地 (C4)
医疗卫生用地 (C5)
商住混合用地 (CR)
工业用地 (M)
道路广场用地 (S)
公共绿地 (G1)
防护绿地 (G2)
备用地 (B)
水域 (E1)

图例
社区核心
邻里生活中心
景观节点
景观带
社区综合服务组团
居住组团
产业组团
商业组团
备用地

5.道路系统规划图   8.整体鸟瞰图
6.空间景观规划图   9.中心区鸟瞰图
7.土地使用规划图

2. 历史底蕴——保留地区记忆

基地内水网纵横交错，是重要的生态系统。具有产业功能的方格路网、传统聚集的村宅肌理、工业厂房及构筑物，为云翔拓展社区在不同历史阶段的产物。规划注重保护生态环境，保留基地要素，留存地区演变记忆，通过叠加、连接、拼贴的策略，保存基地的特征和历史记忆。

3. 功能布局——强化多元复合

以保障性住宅为主体，融合多元居住类型。综合考虑周边引导要素和多元人口结构，住宅空间布局上，农民动迁安置房靠近镇区，便于前期启动；保障性住房位于基地相对外围，以公交串联；普通商品房主要分布在社区核心区北部。

4. 公共空间——突出丰富多样

传承自然风貌及地区文脉，体现特色和地域精神。塑造丰富变化的城市界面，营造活力公共空间，形成有归属感的场所。结合蕴藻浜建立社区生态水环，扩展都市纹理中的绿色走廊，融合蓝、绿生态环境与社区生活空间。

5. 交通组织——体现密、窄、弯、延

以现有道路为基础，增加路网密度，形成大社区小街坊的宜人空间尺度。依托社区两条水脉增设滨河道路，兼具交通、休憩、景观功能，通过滨河道路串联整个社区生活功能。结合社区中心增设步行道，联系社区文化体育、商业服务多种功能，强调社区公共交往。

四、规划实施

规划于2010年10月由市府经沪府规[2010]129号文批复，规划批准后地区逐步启动了规划建设。

秉承基础设施先行的建设原则，路网和市政设施在积极建设中，金昌西路部分路段建成。宅基地的拆迁工作基本完成。先期启动的动迁安置基地已经实施。

8

9

上海市嘉定区安亭新镇一期JDC30301单元控制性详细规划（修编）

[委托单位]　上海市嘉定区安亭镇人民政府

[项目规模]　2.4km²

[负责人]　刘宇

[参与人员]　邵琢文　庄佳微　刘志坚　何秀秀　李娟　王美飞　周伟

[合作单位]　德国AS&P公司

[完成时间]　2011年12月

[获奖情况]　2013年度上海市优秀城乡规划设计三等奖

1.鸟瞰图
2.基本思路示意图
3.规划评估框架图
4.功能结构分析图
5.土地使用规划图

一、规划背景

　　安亭新镇是上海市"十五"期间重点发展的"一城九镇"中的"九镇"之一，借鉴国际成功经验，实现了高起点规划、高品质建设、高效率管理，构筑各具特色的新型城镇的要求。安亭新镇项目于2002年启动建设，伴随着国际汽车城的开发，新镇发展建设取得了很大的成绩，已成为颇具影响力的特色居住区。但是在开发建设的过程中，也面临人气导入不足、设施配套不完善等问题。伴随着十二五规划的启动，上海城市建设的重点进一步向郊区转移，安亭新镇与安亭组团也同步进入发展提升的关键时期，亟待在新的区域发展背景下，总结经验，与时俱进。

　　新镇的控规修编于2010年5月启动，规划成果完全按照2011年《上海市控制性详细规划管理规定、技术准则和成果规范》的要求进行编制。

二、主要内容

　　规划包括实施评估和规划方案两个阶段。

　　实施评估阶段立足于大量的问卷与访谈，结合踏实的现状踏勘，对项目实施的情况进行研判，总结实施效果，肯定成效的同时分析新镇面临的核心问

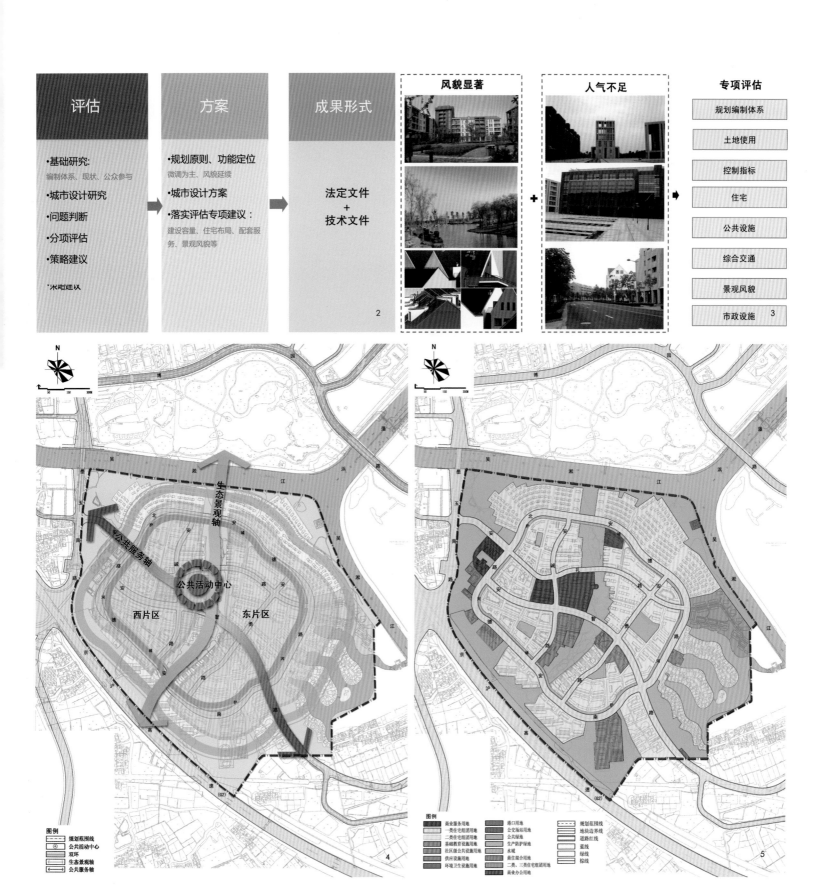

| 评估 | 方案 | 成果形式 | 风貌显著 | 人气不足 | 专项评估 |

规划编制体系
土地使用
控制指标
住宅
公共设施
综合交通
景观风貌
市政设施

·基础研究：
编制体系、现状、公众参与
·城市设计研究
·问题判断
·分项评估
·策略建议

·规划原则、功能定位
微调为主、风貌延续
·城市设计方案
·落实评估专项建议：
建设容量、住宅布局、配套服务、景观风貌等

法定文件
+
技术文件

生态景观轴
公共服务轴
公共活动中心
西片区 东片区

图例
规划范围线
公共活动中心
双环
生态景观轴
公共服务轴

图例
商业服务用地 / 一类住宅组团用地 / 二类住宅组团用地 / 基础教育设施用地 / 社区级公共设施用地 / 供应设施用地 / 环境卫生设施用地 / 道口用地 / 公共场地用地 / 公共绿地 / 生产防护绿地 / 水域 / 商住混合用地 / 二类、三类住宅组团用地 / 商业办公用地 / 规划范围线 / 地块边界线 / 道路红线 / 蓝线 / 绿线 / 棕线

6.公共服务设施规划图
7.空间景观规划图
8.道路系统规划图
9.城市设计总平面图
10.鸟瞰图
11.立面组图

题。着眼于新的区域背景与发展需求，分项评估并提出规划对策。规划评估认为新镇一期实施规划效果良好、风貌特色显著、建设品质较高，但同时也面临着人气不足、配套服务缺失的问题，提出了在建设容量、住宅布局、配套服务、环境品质和规划衔接等方面的规划建议。

规划方案阶段，提出了风貌延续、微调为主、有效衔接、社区生长等规划原则，明确新镇"以居住功能为主、配套设施完善，以特色文化为主导、具有一定区域公共服务职能的综合性社区"的功能定位，重点落实了评估报告中的各项规划建议。

三、规划特色

1.编制体系——系统评估先行

与传统控规编制体系不同，本次规划引入了"先实施评估、后控规方案"的机制。使每一项规划对策都更具针对性和可实施性，同时也符合未来上海市控规管理的趋势。

2.规划方法——深度公众参与

深度、多样的公众参与形式，贯穿了整个规划编制始终。评估阶段，以问卷、访谈、网络调研为主。规划方案阶段，进行了网络和实地的公示。深度的公众参与，提高了规划的透明度，保证了规划决策的科学性与成果的质量。

3.规划理念——全方位延续

（1）工作模式的延续，城市设计与控规编制同步；

（2）设计理念的延续，坚持特色风貌不变；

（3）规划团队的延续，设计、专家和管理团队的一脉相承。

四、规划实施

新镇一期规划修编经沪府规[2011]167文批复。在规划的直接指导下，安亭新镇一期的建设工作已逐步有序开展。目前，东区11号地块项目已经竣工开盘，12号地块处于开工建设阶段。九年一贯制学校、保健康体等社区服务设施也将逐步进入实质性落实阶段。

该规划是嘉定区实行上海市控规新规程的第一个启动实施并通过批复的整单元控规，评估报告和规划方案中涉及的部分技术路线与分析思路已纳入上海市控规编制成果规范中，对于以住宅功能为主导的整单元控规成果规范的完善具有一定的参考价值。

作为"一城九镇"之一的安亭新镇，存在的问题在不同程度上反映了类似城镇的共性问题，而以本次规划为契机的积极探索也必将推进其他城镇的反思，从而有机会引发当年的特色新镇在当下再次焕发生机。

本次修编在执行上海市控规新规程的过程中，其成果包含了从设计方、开发主体到规委专家和管理部门的集体智慧，其中关于街坊尺度、建筑界面等社区建设方面形成的共识，也代表了时下业界和公众的关注重点，在这方面新镇作为先行者将对上海住宅社区的规划建设起到一定的示范作用。

上海市嘉定区黄渡大型居住社区（黄渡春城）JDC30901编制单元控制性详细规划

[委托单位] 上海市嘉定区规划和土地管理局

[项目规模] 总用地面积4.3km²

[负责人] 汪亚

[参与人员] 何秀秀

[合作单位] 上海市城市规划设计研究院

[完成时间] 2012年1月

[获奖情况] 2013年度上海市优秀城乡规划设计二等奖

1.城市设计导引图
2.道路系统规划图
3.空间景观规划图
4.公共服务设施规划图

一、规划背景

该大型居住社区是以廉租房、经济适用房、动迁安置房等保障性住房和面向中低收入阶层的普通商品房为主，重点依托新城和轨道交通建设，有一定建设规模、交通方便、配套良好、多类型住宅混合的居住社区。加快推进大型居住社区的规划建设，是上海市委、市政府为优化本市房地产市场结构，保障民生，促进经济社会健康发展的重大举措。

根据2010年2月上海市政府批准的《上海市大型居住社区第二批选址规划》，嘉定区黄渡大型居住社区属于23块大型居住社区之一。

二、主要内容

规划区功能定位为：以江南水乡环境为特色，以保障性居住为主导，融合就业、游憩等多种功能，兼为国际汽车城及同济大学嘉定校区提供生活配套服务的综合性城市社区。

规划立足现状，遵循和谐社会和以人为本的发展要求，充分借鉴国内外居住社区的建设经验，突出城市社区的整体发展理念，着眼于大型居住社区吸引力的培育，优化居住空间布局。具体体现在以下三点。

（1）规划通过对社区目标人群分析，加强社区产业引导，提供更多的就业机会，吸引各阶层的人口到大社区工作定居；同时社区构建了合理的住房比例结构，社区内部房型以廉租房、经济适用房、动迁安置房等保障性住房和面向中低收入阶层的普通商品房为主，以90m²以下的小户型为主。

（2）倡导公交优先，绿色出行，充分利用现状道路、保留现状树木，加强轨道捷运、优化区域联系，强化东西联系、增加路网密度，促进公交出行、构建慢行系统；注重现有建筑的改造再利用，对工业建筑进行科学评价、合理利用、创新功能、有机更新，对原美国梦幻乐园提出具体保留及再利用策略。

（3）提出特色配套措施，塑造丰富公共空间，营造特色小区环境，为提升保障房地块停车配建标准及节约造价，作为上海市保障房停车方式试点项目，规划拟结合公共绿带上设置半地下停车库、共享平台下设置二层车库、结合学校操场设置地下停车库、地面三层立体停车库；通过围合式商住混合街坊、多层级立体化景观、中心庭院及底层架空等方式，营造特色的小区环境。

三、规划特色

（1）按照"高起点规划、高标准设计"的要求，进一步明确该地区发展的目标理念、功能布局、道路交通、风貌环境、公建配套、居民就业等关键性问题，从而有效促进嘉定黄渡大型居住社区的良好、有序、健康发展，也为推进全市大型居住社区的规划建设起到指导和示范作用。

（2）从创造一个广泛就业、阶层融合的社区，建设一个可持续发展的绿色社区，形成一个有归属感的社区三个方面入手，分别提出"创智引领，融城兴业"、"低碳生态，有机更新"、"汇聚人气，保障宜居"理念，明确产业转型与功能提升、各个开发周期绿化隔离带的建设、产业建筑的改造与再利用、特色配套措施、塑造丰富公共空间等规划对策。

四、规划实施

本规划批文号为沪府规[2012]9号；黄渡大居一期也于2012年12月份正式开工建设。

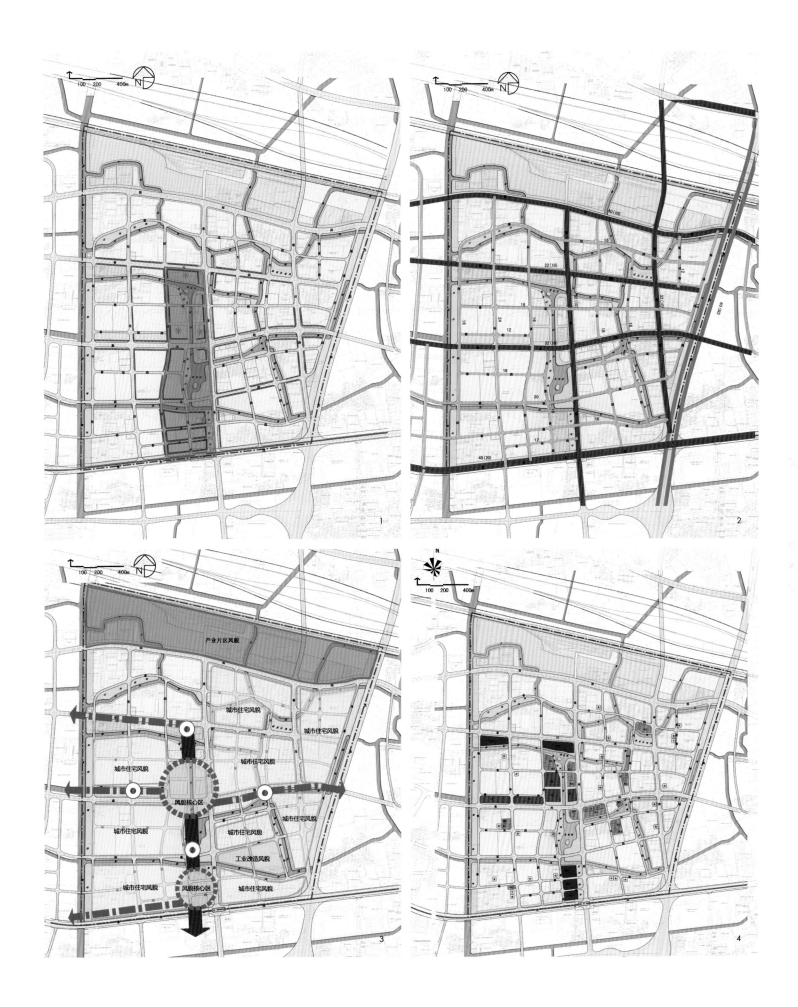

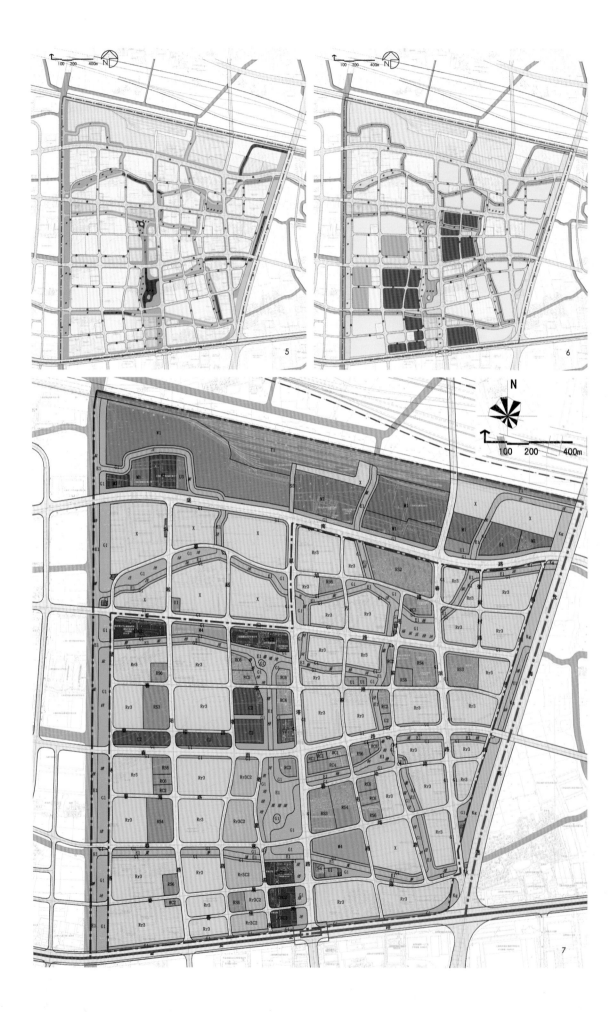

5. 绿地水系统规划图
6. 住宅布局规划图
7. 土地使用规划图
8. 空间形态示意图
9. 总平面示意图

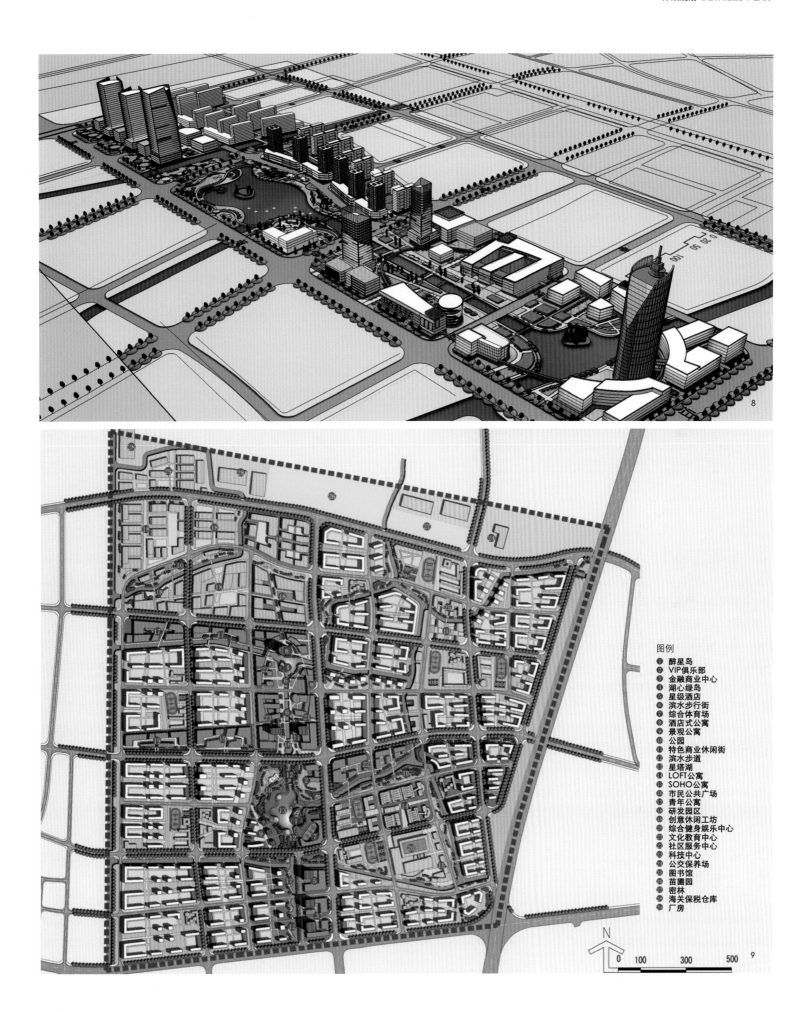

图例
1. 醉星岛
2. VIP俱乐部
3. 金融商业中心
4. 湖心绿岛
5. 星级酒店
6. 滨水步行街
7. 综合体育场
8. 酒店式公寓
9. 景观公寓
10. 公园
11. 特色商业休闲街
12. 滨水步道
13. 星塔湖
14. LOFT公寓
15. SOHO公寓
16. 市民公共广场
17. 青年公寓
18. 研发园区
19. 创意休闲工坊
20. 综合健身娱乐中心
21. 文化教育中心
22. 社区服务中心
23. 科技中心
24. 公交保养场
25. 图书馆
26. 苗圃园
27. 密林
28. 海关保税仓库
29. 厂房

N

0 100 300 500

轨道交通11号线嘉定北站站点及停车场地区控详规划

[委托单位]　上海市嘉定区规划和土地管理局
[项目规模]　41.5hm^2
[负责人]　王超
[参与人员]　何斌 蒋颖 王晓峰 北京城建院人员等
[合作单位]　北京城建设计研究总院有限责任公司
[完成时间]　2005年12月

一、规划背景

　　轨道交通11号线（嘉定段）共设11个站，分别为嘉定北站、嘉定西站、白银路站、嘉定新城站、马陆站、环球乐园站（暂命名）、南翔站、上海赛车场站、昌吉东路站、上海汽车城站、安亭站。其中在嘉定北站北侧设置嘉定停车场。

　　嘉定北站作为主线嘉定区段起点，是轨道交通11号线（嘉定段）首个编制站点地区控制性详细规划的站点。嘉定北站站点地区集商业服务、商务办公、会展博览、科技文化、中档居住、对外交通枢纽功能于一体，将为北部城区和嘉定市级工业区近35km^{2}产业开发区提供公共服务资源。具体功能包括科教、文化娱乐、金融商务办公、商业服务、居住及配套设施、交通设施。交通上主要承载上海面向西北地区的省际长途客运交通功能和P＋R换乘功能，定位为嘉定北部地区重要的综合交通枢纽，配置公交线路约12条，长途客运线路约20条。

二、主要内容

　　嘉定北站站点地区规划结合不同的功能要素，采用"一心、三片区"的规划结构，体现综合开发的规划理念。

　　"一心"即A地块，指轨道站场、公交车站及上盖建筑共同形成的综合交通枢纽核心，不仅作为嘉定新城北部城区重要交通枢纽，承载地区公共交通和P＋R换乘功能；同时结合商业、商务办公、公共建筑形成嘉定新城北部城区的地区中心。

　　"三片区"即B、C、D地块。B地块为长途车站及住宅区，该区位于停车场北侧，通过规划北路与轨道市政设施隔开，城北路长途车站承载上海面向西北地区的省际长途客运交通，车站上部布置旅馆。C地块为商业办公住宅综合片区，该区是老城区进入嘉定北站的入口区域，布置能够突出城市形象、形成视觉冲击力的商住、商办建筑群。D地块为住宅及市政区，该区西靠交通枢纽，东邻北水湾生态公园，具有良好的景观条件，结合轨道回车线顶盖覆土及绿化布置成中高档居住社区。

三、规划特色

　　规划坚持站点地区综合开发的理念，体现交通引导城市发展的规划理念。

1. 交通引导开发（TOD）

　　规划有预见性地把城市发展方向和交通干线建设结合起来，依托大容量、快速交通系统，发展组团式新城；在站点周边步行范围内实施高密度、高质量

1.A地块地上一层开发控制图则
2.A地块地上二层开发控制图则
3.A地块地上三层开发控制图则
4.A地块地上四层开发控制图则

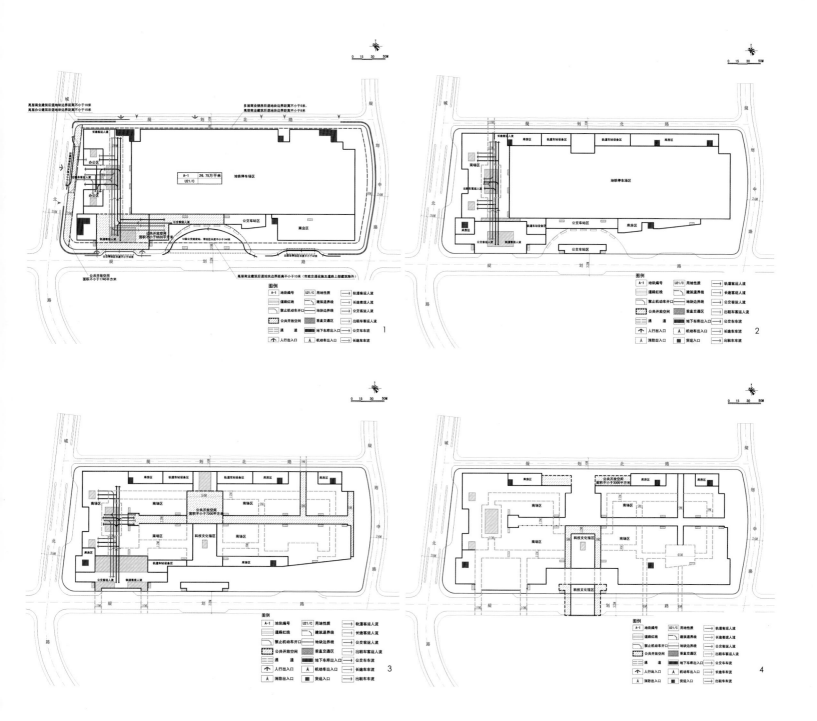

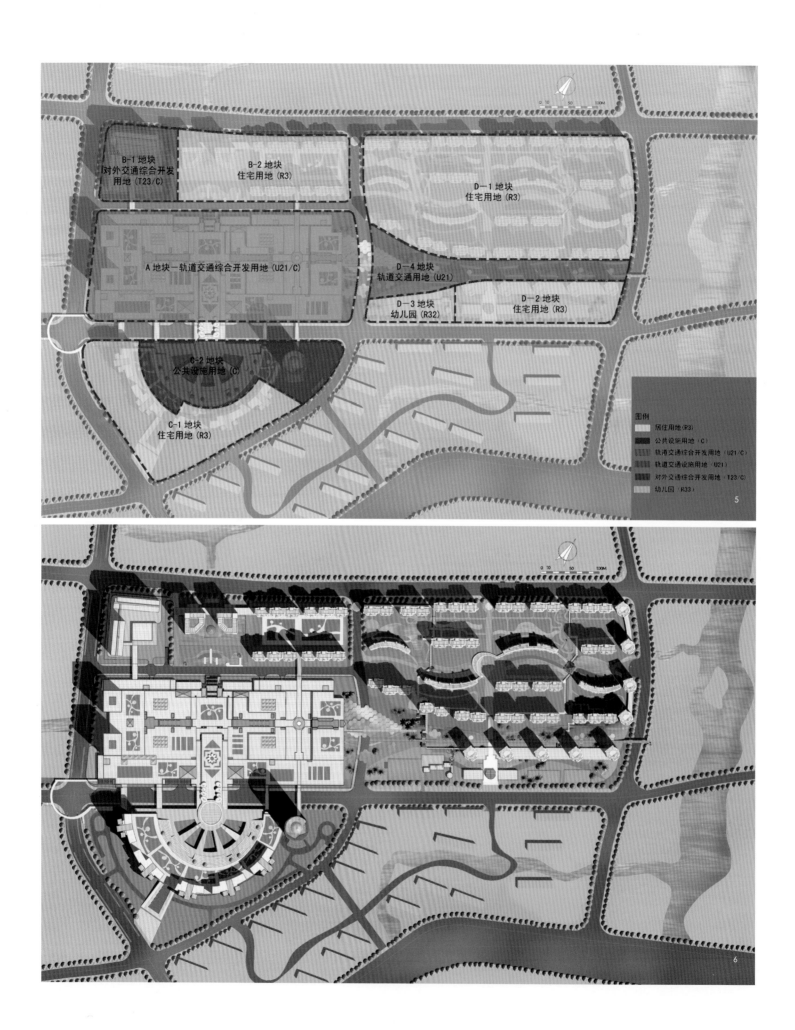

B-1 地块
对外交通综合开发
用地（T23/C）

B-2 地块
住宅用地（R3）

D—1 地块
住宅用地（R3）

A 地块—轨道交通综合开发用地（U21/C）

D—4 地块
轨道交通用地（U21）

D—3 地块
幼儿园（R32）

D—2 地块
住宅用地（R3）

C-2 地块
公共设施用地（C）

C-1 地块
住宅用地（R3）

图例
居住用地（R3）
公共设施用地（C）
轨道交通综合开发用地（U21/C）
轨道交通设施用地（U21）
对外交通综合开发用地（T23/C）
幼儿园（R33）

5

6

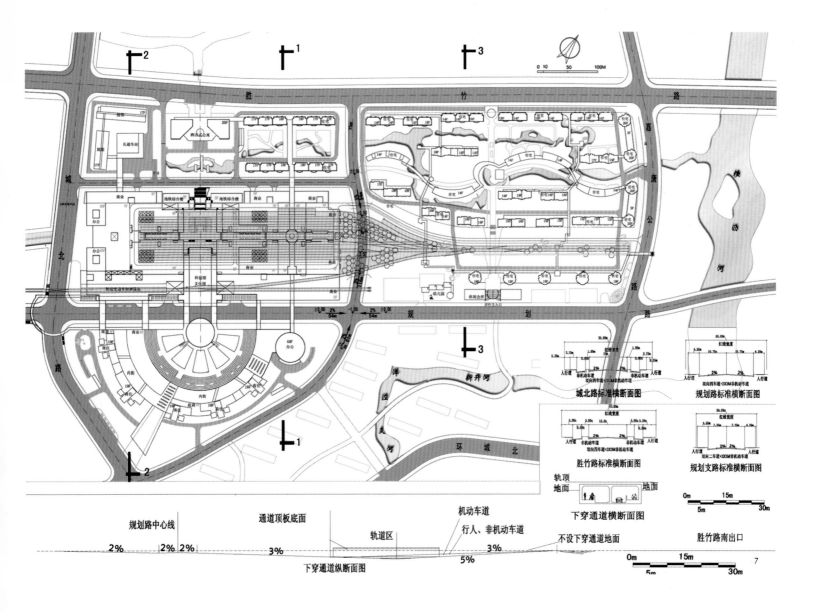

5.用地规划图
6.总平面图一
7.总平面图二

开发，形成集聚效应，合理布局城市空间，形成疏密有度的人居环境；并提高交通系统的可达性和通勤率，有利于城市的可持续发展。

2. 站点地区综合开发（SID）

在满足站点综合交通功能的前提下，结合综合交通枢纽建设嘉定新城北部城区地区中心，将城市交通功能和商业、公共服务功能紧密结合，将站点上盖及周边物业实施一体化规划、建设、开发。优化配置资源，强化规模，提高土地开发利用的集约化程度。综合开发采用立体化的规划布局，通过水平和垂直的公共交通区使不同的城市功能分区紧密结合，系统布置公共开放空间、公共

绿地，创造功能布局合理、人车分流的城市综合开发体。

四、规划实施

该规划于2005年由沪规划[2005]1260号文批复。

097

轨道交通11号线综合交通枢纽控制性详细规划（墨玉路站、马陆站、南翔站）

[委托单位]	上海市嘉定区规划和土地管理局；上海嘉定轨道交通建设投资有限公司
[项目规模]	单个站点用地规模10～15hm²
[负责人]	黄劲松 刘宇
[参与人员]	王晓峰 何斌 杨丽雅 王莉萍 刘志坚
[合作单位]	华东建筑设计院有限责任公司
[完成时间]	2006年8月、2007年5月、2007年12月

1.马陆站总平面图
2.马陆站效果图
3.墨玉路站总平面图
4.墨玉路站效果图
5.南翔站土地使用规划图
6.南翔站鸟瞰图

一、规划背景

轨道交通11号线是连接上海市西北地区与中心城的主干线，也是全国首条跨省轨道交通，嘉定区段共设11个站。为了更加有效地利用轨道交通为城市建设带来的推动力，充分发挥站点周边土地的效益，促进站点地区更加科学、合理地建设，启动编制了轨道交通11号线沿线站点的综合交通枢纽控制性详细规划。

二、规划内容与特色

1. 交通引导开发（TOD）

交通引导开发（TOD）是有预见性地把城市发展方向和交通干线建设结合起来，依托大容量、快速交通系统，发展组团式新城。公共换乘，各站点均设有公交线路和P+R停车场，解决了最后1km的交通问题；功能混合，规划了集商业、办公、住宅、交通设施为一体的综合开发用地；强度提升，在区域总体平衡的原则下，围绕轨道站点形成适当的高强度开发，集约土地、体现区位价值。

2. 站点地区综合开发（SID）

站点地区综合开发（SID）是在满足站点综合交通功能的前提下，综合考虑交通枢纽及其周边地区规划与开发，将城市交通功能和商业、公共服务功能紧密结合，将轨道站点与其周边物业实施一体化规划、建设、开发。规划采用立体化的规划布局，通过水平和垂直的公共交通区使不同的城市功能分区紧密结合，综合解决公共开放空间、公共绿地，创造功能布局合理、人车分流的城市综合开发体。

3. 分层图则的管控方法

轨道站点作为承载大客流交通的城市空间，对公共区域的控制至关重要，尤其对于不在地面层的轨道线路而言。为了更好地保障公共空间的控制与实施，本次规划率先探索了分层图则控制的方法，在对公共换乘空间、公交车站区域、人流疏散通道等基本控制要素全面梳理的基础上，对地面层、站台、站厅、综合开发体公共活动层分别进行分层控制，将规划控制要素通过法定图则的形式落实到地块的开发建设中。

三、规划实施

马陆站、南翔站、墨玉路站轨道交通11号线综合交通枢纽控制性详细规划分别通过沪规划2007[431]号、沪规划2007[1323]号和沪规划2006[734]号批复，现站点已投入运营，综合开发地块的建设也已部分完成。

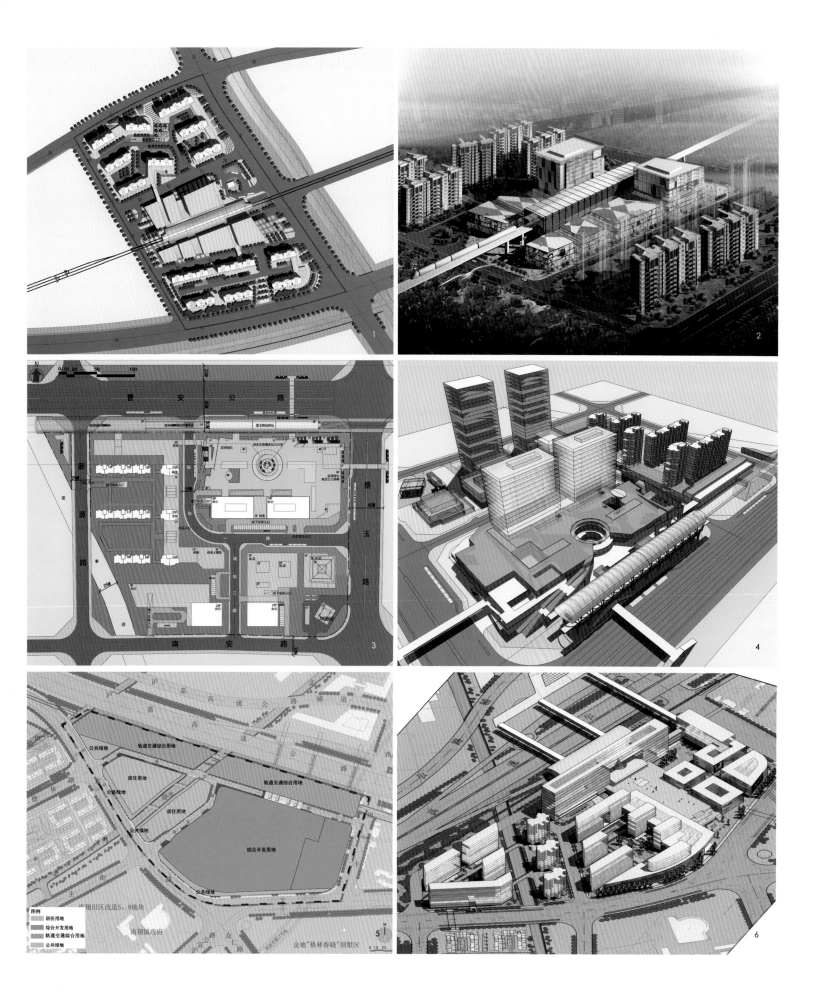

上海市佘山镇佘苑路1号地块控制性详细规划

[委托单位]	上海市松江区人民政府；金光集团
[项目规模]	20.6hm^2
[负责人]	刘宇
[参与人员]	肖闽 王莉萍
[合作单位]	benwood STUDIO SHANGHAI
[完成时间]	2007年9月

1.道路交通规划图
2.土地使用现状图
3.地块控制图则
4.总平面图
5.空间结构规划图
6.内部功能示意图

一、 规划背景

规划地块位于上海市的西北部，属于松江区的佘山镇，其所在区域于1995年被批准为国家旅游度假区，是以山林风光为主的旅游景区。

为配合佘山国家旅游度假区的开发和建设，优化空间布局，受松江区佘山镇人民政府委托，特编制本规划。

二、 规划内容与特色

1. 功能定位

结合周边用地进行统筹研究，在更大的空间范围内对规划地块进行功能定位。规划地块以"回归自然，休闲度假"为愿景，综合考虑会展、会议、星级酒店、商业等相关功能，使度假休闲的附加值最大化。

2. 规划结构

规划形成"一带、两心、两区"的空间结构。

一轴：即度假区依托景观水系形成的南北向景观主轴。

两心：即位于地块南北两端的度假俱乐部。

两区：即由沿景观轴线形成的东西两个分区，每个分区结合水系、绿地布置不同风格的度假套房。

3. 道路交通规划

规划范围内仅涉及一条南北向的市政道路——佘苑路。规划控制佘苑路道路红线宽度24m，两侧绿化带宽度5m。

4. 景观风貌规划

规划贯彻以人为本的理念，构建区域生态系统网络，创造灵秀、幽静的景观格局。强调水绿交融的发展理念，注重整体生态环境的营造，打造一步一景、步移景异的景观体系。

5. 市政基础设施规划

规划通过系统的分析研究，根据规划区的特色和需求，系统的布局市政设施。

三、 规划实施

规划批复以来，相关单位积极推动项目实施，目前地块已整治完毕，即将启动建设。

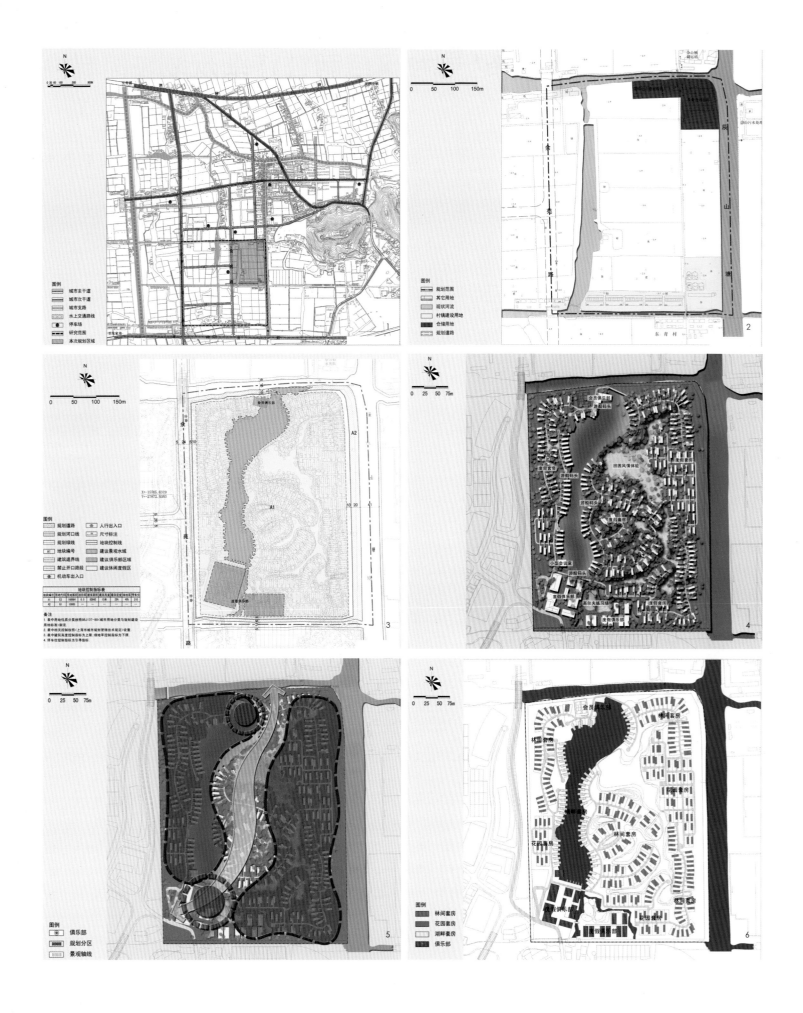

上海市青浦区金泽镇西岑社区练西公路以西地块控制性详细规划

[委托单位]　上海市青浦区规划和土地管理局

[项目规模]　94.1hm²

[负责人]　王超

[参与人员]　刘妍赟 何秀秀

[完成时间]　2009年10月

一、规划背景

2009年，青浦区金泽镇成为上海市10个小城镇发展改革试点之一，成为与现代化国际大都市建设要求相适应的郊区示范城镇。

规划充分利用金泽镇现有良好生态环境景观资源和公共服务设施基础，把握小城镇发展改革和试点机遇，致力于提升地区居住和环境品质，打造服务于金泽镇乃至青西地区的高品质滨水生态居住区。

二、规划内容与特色

1.突出地域自然生态环境的布局结构

为落实和实现规划目标和理念，结合周边建设现状、基地现状和规划情况，形成"一河一湖、河湖相连，三心多岛、生态岛居"的布局结构。

"一河一湖、河湖相连"：规划依托基地中部的鹭岛湖，保留现状自然形成的小岛（白鹭自然栖息地），在鹭岛湖外围，疏通河道形成环河环绕湖面，并与外围淀山湖等周边河湖水系贯通。河湖相连的水系为本区域提供了标志性特色景观和水上娱乐活动空间，也促进地区良好居住环境的形成。

"三心多岛、生态岛居"：结合规划区开发建设的要求，规划形成三处公共活动中心；充分利用滨湖滨河空间，布局了多座住宅组团小岛。小岛相互连通又保持各自独立性，在尊重自然环境的基础上，营造良好生态环境。

2.塑造江南水乡风貌特征的空间形态

从尺度、色彩、材质、建筑形态、空间布局等方面全方位对各项建设进行控制与引导，强调与古镇风貌的协调，并体现新江南水乡的特色风貌形象。同时延续金泽作为江南第一桥乡"一桥对一庙"的布局特色，把握好桥与公共空间的关系。

控制建设尺度，做到疏密有致，建设地块在开发上确保足够的密度，外部公共空间组织体现开阔疏朗的田园水乡小城镇风貌，保证整体的空间环境质量。

恢复临水居住，规划力求恢复江南水乡与水紧密联系的居住布局特色，并采取点状——临水独立型、带状——序列依水型、团状——水心环绕型等多元布局方式。

发展水上交通，有效利用现状河湖水系资源，积极发展水上公交和游览线，并尽力实现水陆交通的便捷换乘。

三、规划实施

该规划由青府发[2009]113号文批复。

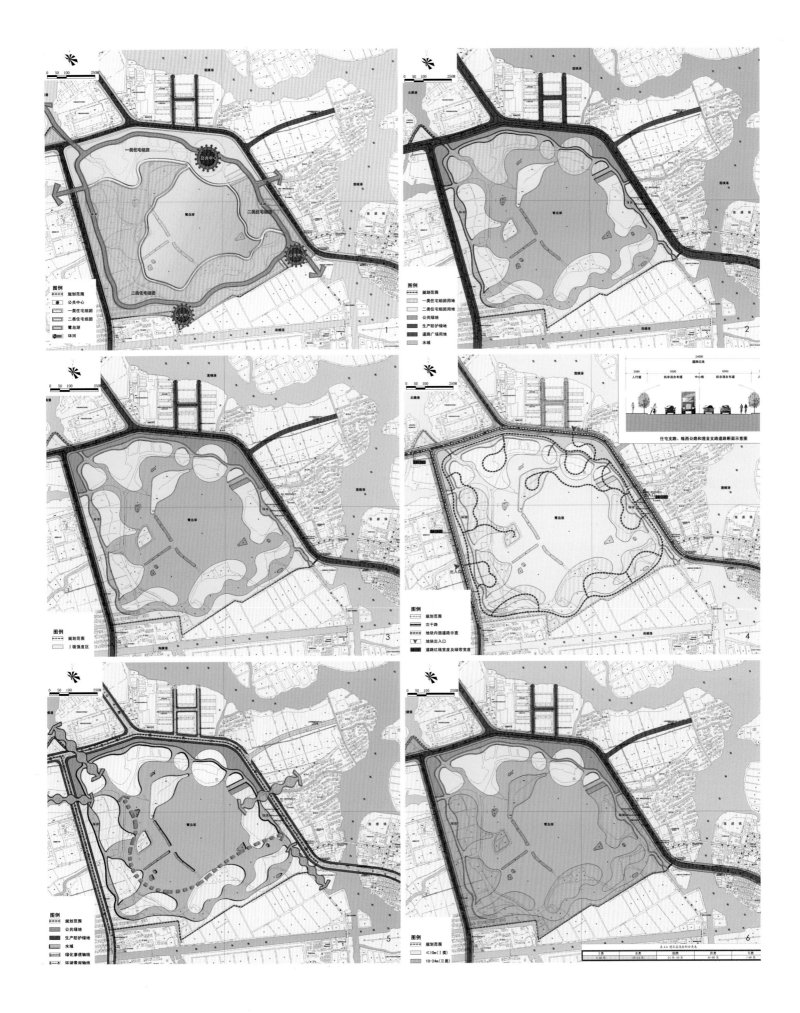

上海市嘉定区国际汽车城核心区JD030201单元控制性详细规划（修编）

[委托单位] 上海市嘉定区人民政府；上海市规划和国土资源管理局

[项目规模] 834.5hm²

[负责人] 刘宇

[参与人员] 王晓峰 陈晓勤 刘志坚 何秀秀 邢斌

[合作单位] 中国城市规划设计研究院

[完成时间] 2010年12月

一、规划背景

经过近10年的建设，汽车城的发展面临着许多新的背景和机遇，汽车产业的转型、管理体制的调整、区域结构的转变、轨道交通的建成通车等新的变化给汽车城核心区的发展提出了新的要求。这导致核心区在开发建设过程中面临着诸多问题和挑战，规划控制要求和实际建设需求之间出现了一些差异，如城市土地开发利用集约度不够、核心区只有汽车没有人、公共服务设施配套严重匮乏等。因而有必要对核心区规划的编制、管理、实施情况进行全面系统的评价，提出更好地对接上位规划、适度调整原有控规的措施。

二、规划内容与特色

上海国际汽车城核心区功能以汽车研发贸易功能、商业服务功能、商务办公功能和生活居住功能为主。形成主题鲜明、使用便捷、功能完善的综合性活力核心区。体现在以下两个方面。

1. 建设汽车研发文化中心，打造区域标识名片

承担服务汽车产业转型的重要空间载体职能。通过重要的研发服务平台、多领域的商贸平台、商务总部在核心区空间的积聚，使核心片区汽车产业高端价值链积聚提升。为安亭国际汽车城品牌塑造提供空间上的载体，成为国际汽车城对外展示的重要节点地区，成为功能、景观、形象、场所等诸多要素的集聚点。

主要包括两大职能：

（1）汽车博览职能。保持现状已有的汽车展示博览职能，通过提升空间开放度和可达性，使之成为提升公众对汽车产业、对汽车城发展历史关注度的重要载体。

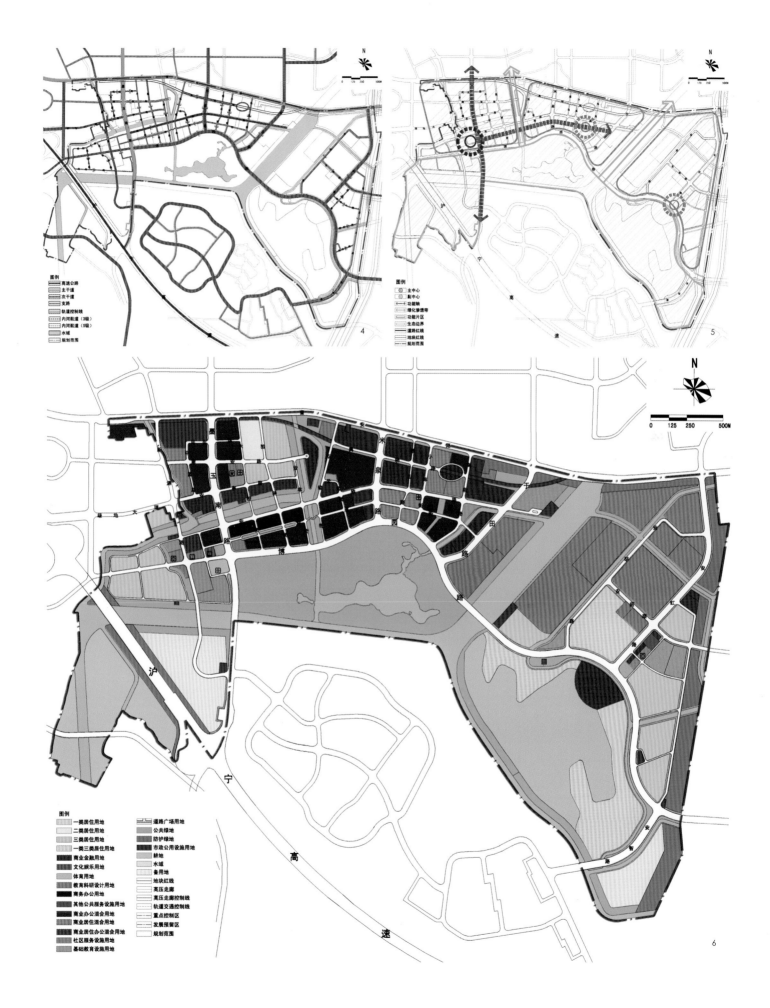

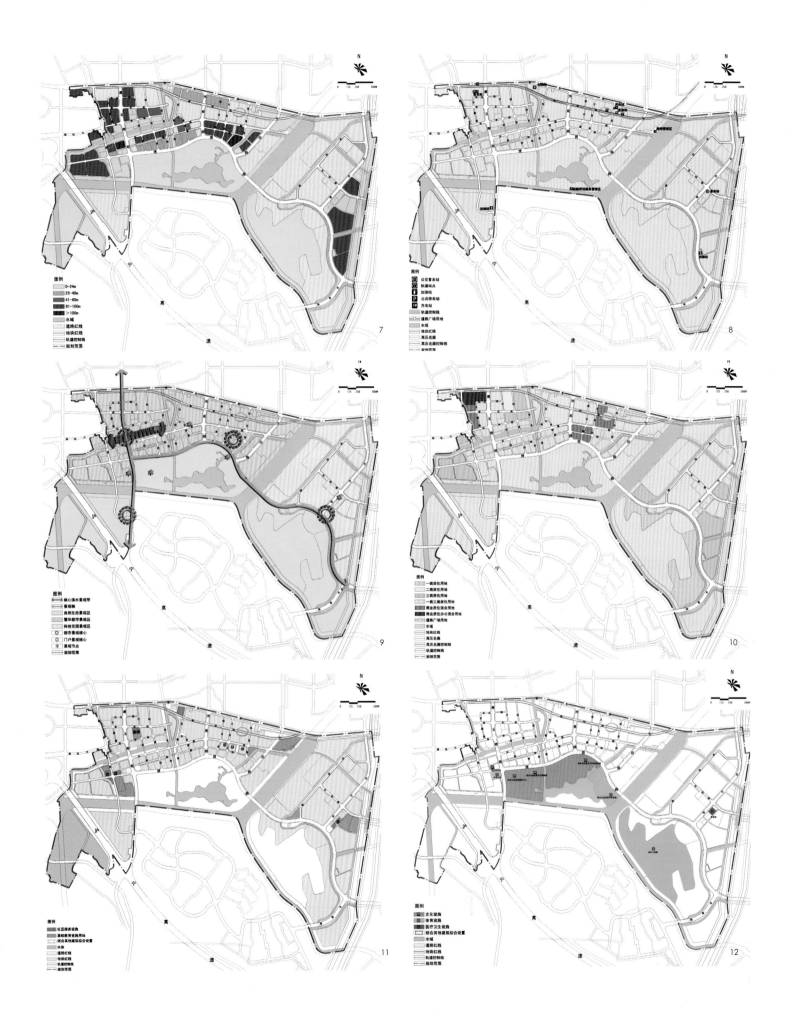

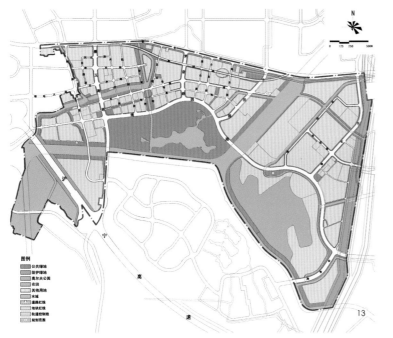

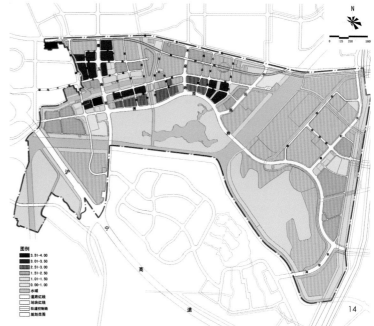

7.建筑高度控制图　　　11.社区级公共服务设施规划图图
8.交通设施规划图　　　12.社区级社会设施规划图
9.景观系统分析图　　　13.绿地系统规划图
10.居住用地规划图　　　14.开发强度控制图

　　（2）汽车研发职能。强化现状核心区研发板块的集聚和开发，重点引入国家级研发服务平台，国内外知名研发企业与机构，使之和同济大学提供的平台结合，共同推进环同济地区以研发为主题的产业功能发展。

2. 打造公共服务中心

　　核心片区应该成为服务于整个国际汽车城的公共一级中心，通过多层次的公共设施布局、多层次的公共空间组织、多样化的人群活动引导塑造活力核心。

　　城市居住职能方面：规划在核心区引入恰当业态和规模的居住功能，通过留住本地就业人口和周边地区人口导入，从根本上改变整个核心区只有产业没有城的现状问题，为打造公共中心形成最为直接的功能支撑。

　　娱乐休闲职能方面：重点规划在核心区引入恰当业态和娱乐休闲设施场所，通过一定品质特色的城市娱乐休闲功能组织，满足白领人际交流、生活品质提升层面的需求，使核心区真正成为人群乐于集聚活动的魅力空间节点所在。

　　生活服务职能方面：根据公共设施级配的标准，提供能够保障居住和就业人群日常生活多方面需求各个层级包括医疗、教育在内的公益性服务设施，由此为吸引人气提供最根本的支撑。

　　商务服务职能方面：面向汽车城产业发展，联动花桥国际商务板块，依托区域轨道和路网建设，规划并预留充足城市商务服务职能，为汽车城核心区真正塑造地区性中心奠定基础。

三、规划实施

　　《上海市嘉定区国际汽车城核心区JD030201单元控制性详细规划（修编）》于2010年12月6日由上海市人民政府批复同意，批复号：沪府规[2010]156号。

上海市嘉定老城特定区控制性详细规划

[委托单位] 上海市嘉定区规划和土地管理局
[项目规模] 392.5hm²
[负责人] 刘宇
[参与人员] 李名禾 刘志坚 邵琢文 庄佳微 何秀秀
[合作单位] 上海市城市规划设计研究院；上海同济城市规划设计研究院
[完成时间] 2011年05月

1.规划结构分析图
2.道路系统规划图
3.土地使用规划图

一、规划背景

嘉定老城区是嘉定经济、文化中心，保存着古城格局和众多传统产业。随着上海西郊新城崛起战略的推进，嘉定老城区的区位条件发生了重大变化，优势更加明显，区域中心的功能更加突出。

编制本规划是为了有序推进和有效引导嘉定老城特定区的开发建设和城市更新、促进嘉定新城"新老联动"发展，促进土地高效利用，优化城市空间、提升城市功能、保护古城特色，进一步深化、细化《嘉定新城主城区总体规划》，以更好地规范和指导嘉定老城区的城市发展和各项建设，为政府部门的规划管理提供技术依据。

二、规划内容与特色

以打造为文化之都、时尚之城为目标，培育"古老与现代交融"的城市气质，注重古城保护与城市更新所需的综合功能。主要包括以下4个方面。

1. 风貌保护

将个别风貌区的保护延伸至整个老城，将公共空间体系与风貌区相连；提升当地居民的生活质量与水平，使风貌区形成文化中心；改变单一的功能现状，以人的活动组织为主，发展慢行交通网络，改善步行环境。

风貌结构：通过主要街道、传统街道、步行休憩通道以及滨水景观岸线的连续性设计，以点带线、以线促面，形成整体风貌系统。

竖向高度：迎园及其周边地块的高度适当增加，其他地块应控制在24m以下。滨水沿岸20～30m内的地块高度原则上不超过24m或不超过现状高度。

分区引导：从建筑形式、公共空间和地块间连接三方面进行风貌引导。

突出街道：街道是老城整体风貌发展的最好载体。将城中路（温宿路至塔城路）定义为连接若干公共设施活动节点的车行林荫道，对绿化景观、非机动车道与人行道、建筑立面、相关设施进行改造。

2. 水绿开放空间

开放空间整体风貌结构：突出老城十字加环的结构，点、线结合，沿主要河道串联几个主要绿地，形成开放空间节点。

水绿体系风貌主题演绎：一线、一轴和一环。一线：练祁河——历史画卷；一轴：横沥河——文化轴；一环：护城河——都市休闲环。

3. 道路交通

遵从现状，保持老城现有的城市肌理；完善"环+放射"的路网形式，增强老城内部向外围的疏解能力，新增各方向向外的切线；协调道路系统与城市功能片区的关系，主要解决南北向过境交通的联系；考虑环城河慢性交通系统和跨河通道；具有可操作性，考虑现状红线与规划红线的差距以及实施的可能性，新增道路以街巷、总弄为主。

4. 公共服务设施

区域级公共活动副中心依托州桥历史风貌区建设，集商业服务、商务办公、文化博览、休闲旅游、特色居住等多种功能为一体，是服务嘉定主城区北部城区的核心区域。

规划结合街道办事处设置一处社区级公共活动中心，服务于嘉定老城区，主要配置居住区级公共服务设施。

规划布局三处邻里生活中心：李园邻里生活中心、桃园邻里生活中心、塔城路邻里生活中心，主要配置居住小区级公共服务设施。

根据嘉定老城区用地布局及人口规模，规划配置合理的基础教育设施，并预留有一定的用地。

三、规划实施

《嘉定老城特定区控制性详细规划》于2011年5月30日由上海市人民政府批复同意，批复号：沪府规[2011]65号。

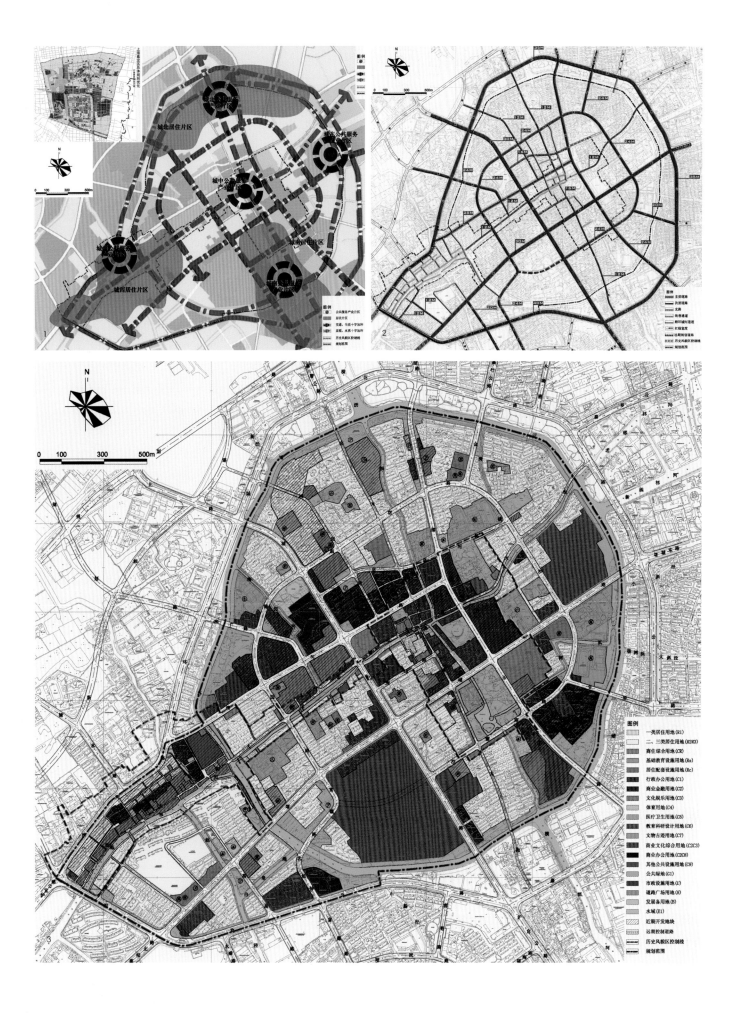

上海市崇明县城桥新城CMC10303单元控制性详细规划

[委托单位]　上海市崇明县规划和土地管理局
[项目规模]　2.8km²
[负责人]　庞静珠
[参与人员]　吴文昕 李开明 汪亚 徐益青
[完成时间]　2011年7月

一、规划背景

规划区西侧为城桥新城近期重点开发的新城中区，东侧为远期开发的新城东区，规划区是承接城桥新城近远期发展的重点区域。规划旨在优化土地使用、完善社区公共设施、优化地区交通组织、营造宜人的公共环境，为规划管理和开发控制提供充分依据。

二、规划内容与特色

1. 规划关注重点

（1）路网梳理和优化的同时，最大化利用轨道站点的带动作用，提升地区活力，创造开发动力，将规划区塑造成为交通便捷的活力社区。

（2）对现状肌理及景观河流体系进行合理地利用及延续，创造出蓝脉绿网的生态社区。

（3）充分承接中区的发展，并对其公共服务设施进行补充完善，利用公共服务设施的集聚带动效应打造出配套齐全的宜居社区。

2. 规划形成"两心两轴三区"的布局结构

"两心"是指以轨道站点为核心的地区公共活动中心，以及崇明大道北侧的地区商业商务中心，通过两心及其周边用地的复合，为地区提供发展动力，创造富有活力的社区；"两轴"是指沿崇明大道的城市发展轴及沿海天路的社区级公共服务设施发展轴；"三区"则是由瀛洲路与崇明大道分隔而成的三大居住组团，同时于各组团内设置集中绿地，确保良好的生态景观效益。

3. 在上位总规基础上，规划进行了综合交通、公建配套两方面的专题研究

交通方面，首先总规中控制的干路网密度及用地面积，相对于地区开发强度而言偏高，因此规划对干路网断面形式提出了优化建议；其次，明确了支路网延续中区"窄、密、弯"的路网布局形式，为东侧远期发展预留接口；第三，充分利用轨道站点的带动效应进行开发，通过加密支路网等方式优化站点周边交通。

公建配套方面，从整个协调组出发，在满足规划区自身需求的基础上对中区公共服务设施进行补充完善，并考虑与远期发展区的对接。

三、规划实施

该规划由沪府规[2011]76号文批复。

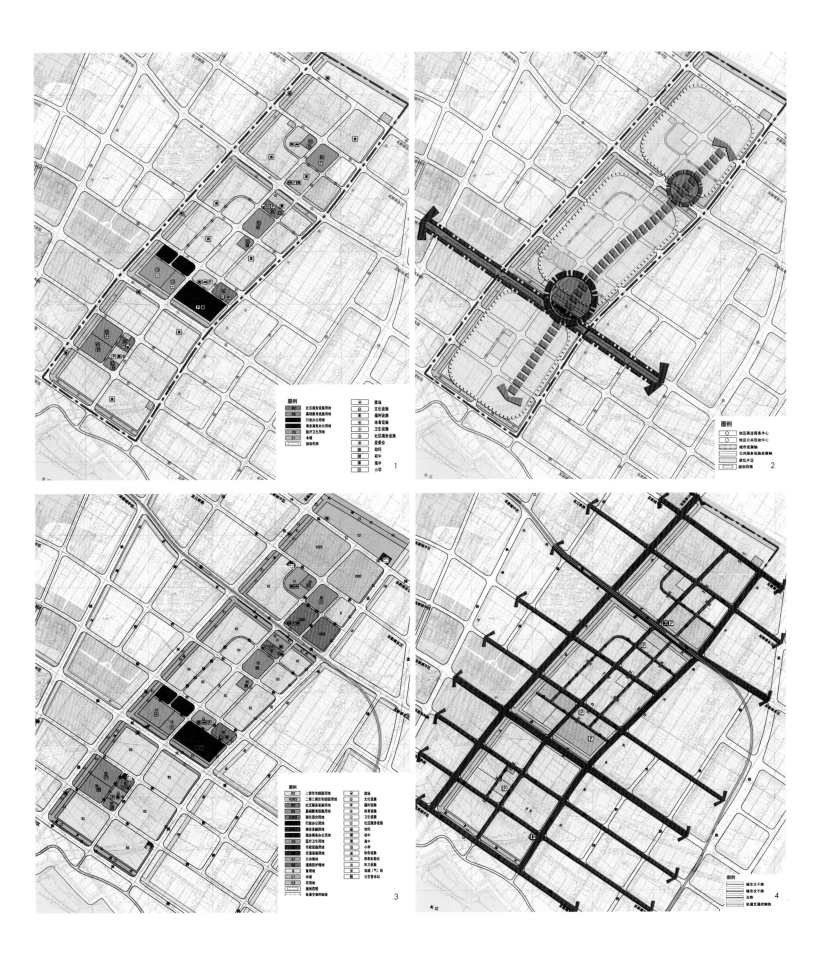

上海市金山新城JSC10201单元控制性详细规划

[委托单位] 上海市金山区规划和土地管理局；上海市金山区金山卫镇人民政府
[项目规模] 4.09km²
[负责人] 王超
[参与人员] 李开明 肖闽 王美飞 李娟 汪亚 孟华
[完成时间] 2012年1月

一、规划背景

规划区东临金山新城核心区，南临金山卫老镇区，是未来新城建设发展的重点。随着老镇区人口进一步向北疏散、新镇区建设出现一系列问题，有必要从规划角度全局统筹，明确地区整体发展方向，综合平衡地区可持续发展与资源、环境承载力的关系。

二、主要内容

规划策略：区域统筹，促进融合发展；整合提升，构筑人本社区。以公共交通为引擎，以金山新城发展为依托，以西侧产业园区发展为支撑，建设多元融合、整体协调的居住社区。

用地布局：形成"一环连四团，条带发展；一轴串绿园，点轴并进"的结构。沿龙皓路、海帆路、南阳湾路、南阳浜形成带状公共服务设施环，串联起一个公共服务设施组团和三个居住组团。公共服务设施组团内设置社区级公共服务设施，集商业、文化、体育、医疗、社会服务等功能为一体；三个居住组团内部引入邻里中心的概念，形成小区生活中心，提供便捷生活服务。通过水系及滨河绿带串联集中绿地，结合内部散布的多处点状绿地，完善社区绿化体系。

三、规划特色

1.规划理念

秉持"外融内合"的规划理念，注重"新老融合"、"城镇融合"、"产

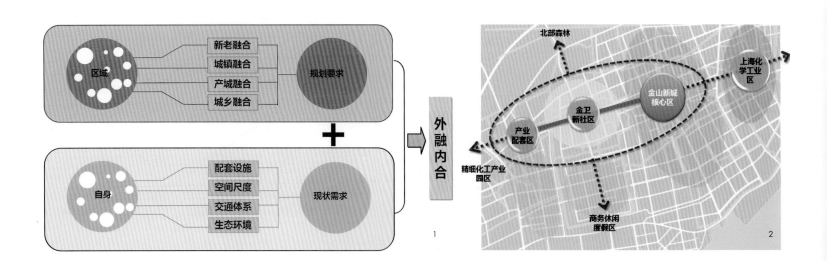

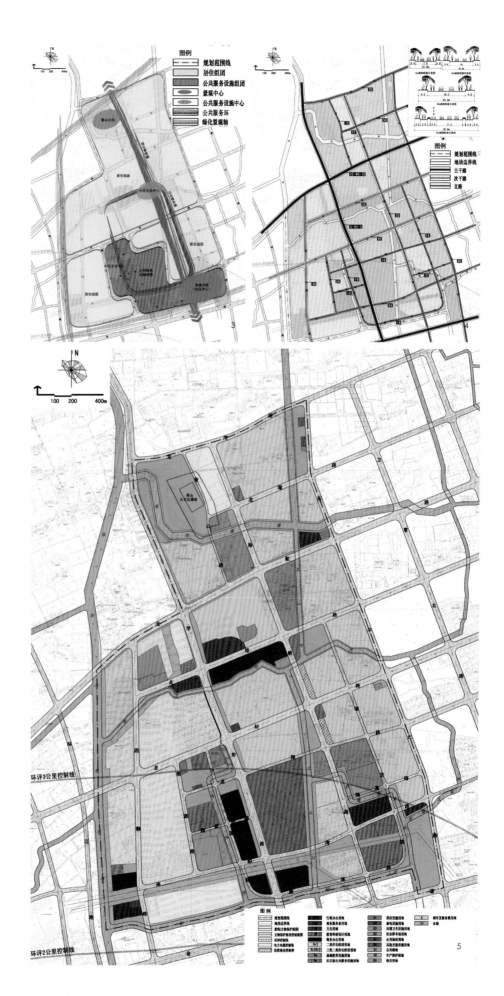

城融合"、"城乡融合"发展。

2. 社区配套

采用"邻里中心+街区商业"模式，不仅体现社区性、中心感，同时通过宜人的街区尺度、丰富的街区界面，引领街道生活的回归。

3. 城市尺度

体现"小街坊、小尺度、密窄弯"的规划理念，塑造宜人尺度，强调慢行优先。

4. 绿化景观

均衡布局，便捷可达；显山露水，重点塑造，与新城、公建结合，整合现状要素，塑造城市界面。

四、规划实施

本规划于2012年1月21日由上海市政府批准（沪府规[2012]103号）。目前，龙航路、龙浩路、龙轩路已建成通行，基本形成方格网式复合型路网；绿地金卫新家园、蔷薇四季、金康花苑、卫康花园等居住小区已全部建成，周边配套设施也在逐步完善中。

上海市嘉定区南翔东部社区（JDC20301，JDC20302单元）控制性详细规划（修编）

[委托单位]　上海市嘉定区南翔镇人民政府
[项目规模]　461.6hm²
[负责人]　庞静珠
[参与人员]　徐益青 吴文昕 林升 何秀秀
[完成时间]　2012年6月

1.空间形态示意图
2.总平面图
3.规划结构分析图
4.土地使用规划图

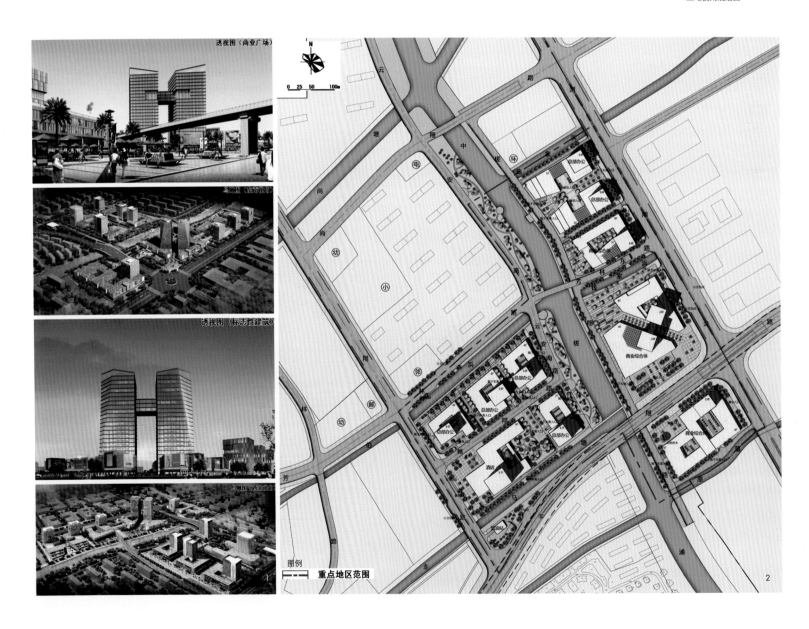

图例
━━ 重点地区范围

一、规划背景

东部社区作为南翔组团的居住功能片区之一，自身区域位置显著，交通条件优越。规划区自2003年开始启动建设，2009年《南翔东部社区（单元编号JD020301，JD020302）控制性详细规划》（沪府规[2009]140号）批复生效。随着虹桥商务区的确定，南翔地区"退二进三"的展开，嘉定区南部地区面临新的发展契机，本次规划修编基于现状建设情况和区域发展趋势，总结经验、与时俱进，使规划区既符合区域发展控制要求，又满足地区发展建设需求。

二、主要内容

1. 原控规的全面评估

在规划回顾和实施概况梳理的基础上，剖析实施背景和现时发展机遇，结合对片区居民、开发商的深入访谈，全面评估原控规的控制指标系统、用地布局、住宅建设、公共服务设施建设、综合交通、绿地水系及市政公用设施等内容，对控规修编需要重要重点解决的问题进行研究。

2. 控制性详细规划编制

在评估基础上，结合片区具体发展条件和发展设想，对片区土地使用、功能布局、设施配套、交通组织、绿地系统等内容进行统筹安排，落实到规划布局和管理控制体系。

3. 城市设计研究及附加图则编制

研究划示重点地区范围和类型等级，通过城市设计研究，对重点地区用地进行深化与细化调整，对地块划分、高度、容量等控制性要素进行调整落实，并通过附加图则落实空间管制和引导要求。

三、规划特色

项目探索了附加图则在控规编制中的应用，将轨道交通20号线浏翔公路站周边地区确定为商业商务办公用地，划定为三级重点地区。规划对该区域进行了城市设计研究，并与控规同步编制了附加图则，对功能业态、建筑形态、公共空间系统、道路交通组织等方面进行了详细的控制和引导，以适应精细化管理的要求。

四、规划实施

该控制性详细规划已经由沪府规[2012]127号批复生效。

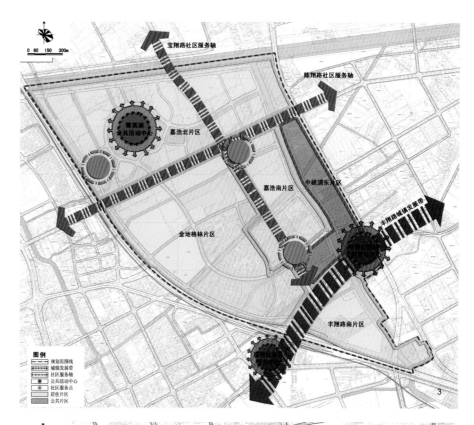

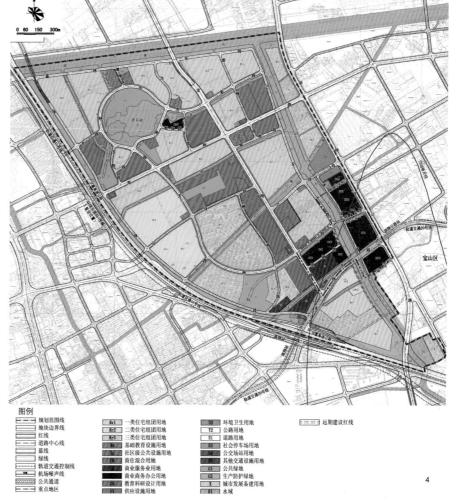

上海市青浦区白鹤工业园区BH02单元控制性详细规划

[委托单位] 上海市青浦区白鹤镇人民政府

[项目规模] 3.7km²

[负责人] 刘宇

[参与人员] 周伟 张春美 刘志坚 孟华 王美飞 徐滨

[完成时间] 2012年8月

一、规划背景

启动本工业园区控规修编有两个方面原因：一是根据青浦区白鹤镇土地利用总体规划，白鹤工业园区所处的产业区块范围较原规划有所扩大；二是经过多年建设，规划区的发展面临诸多新的机遇和挑战，产业的转型与提升、土地集约化使用、周边配套设施建设、道路交通建设及工业区员工住宿等问题，给规划区的发展提出了新的要求。园区控规修编既为衔接上位规划，同时也是适应园区自身的发展需要，以更好地规范和指导规划区的发展和各项建设。

二、主要内容

产业定位：逐步培育汽车零部件、现代纺织业、装备制造业为主导产业，将农副产品加工业及相应配套项目作为特色培育产业发展。远期可适当引进总部型、研发型、科技型、环保型及生产销售于一体的企业类型。

发展目标：围绕上海市主导产业，大力发展绿色低碳经济，加快传统制造转型升级，培育壮大优势产业集群，逐步提升产业能级、优化产业结构，激活土地存量，成为青浦区重要的先进制造业基地。

功能布局：规划形成"两心、两片、三轴"的功能布局结构。

三、规划特色

白鹤工业园区属于典型的上海郊区城镇传统工业区，一方面产业类型分散，产能较低，竞争力弱；另一方面园区内交通、环境等现状复杂，如上海绕城高速、外青松公路等干道分割用地，厂、村混杂等，因此，对于规划的编制提出了更高的要求。

针对园区现状特点，规划对产业发展和综合交通两个系统作了专题研究，以支撑规划方案。

1.产业发展专题

重点研究研发类产业发展布局，探寻产业转型在空间上的引导。通过借鉴相关案例，从区位、配套支撑、产业适应性等方面论证园区内研发类产业发展的可行性，并对具体的空间布局作了建议引导。

2.综合交通专题

基于"尊重现状但又不迁就现状"的原则，从对外交通和内部路网两个方面进行梳理，研究建议从提升道路等级、增加路网密度、缩小街坊尺度等方面完善优化路网系统。同时对于重要区域的交通组织（如纪鹤公路沿线辅道的设置）进行了规划研究。

四、规划实施

规划于2012年以沪府规[2012]173号文批复。同时，园区内道路建设、招商引资、公共配套等各项工作也相继展开。

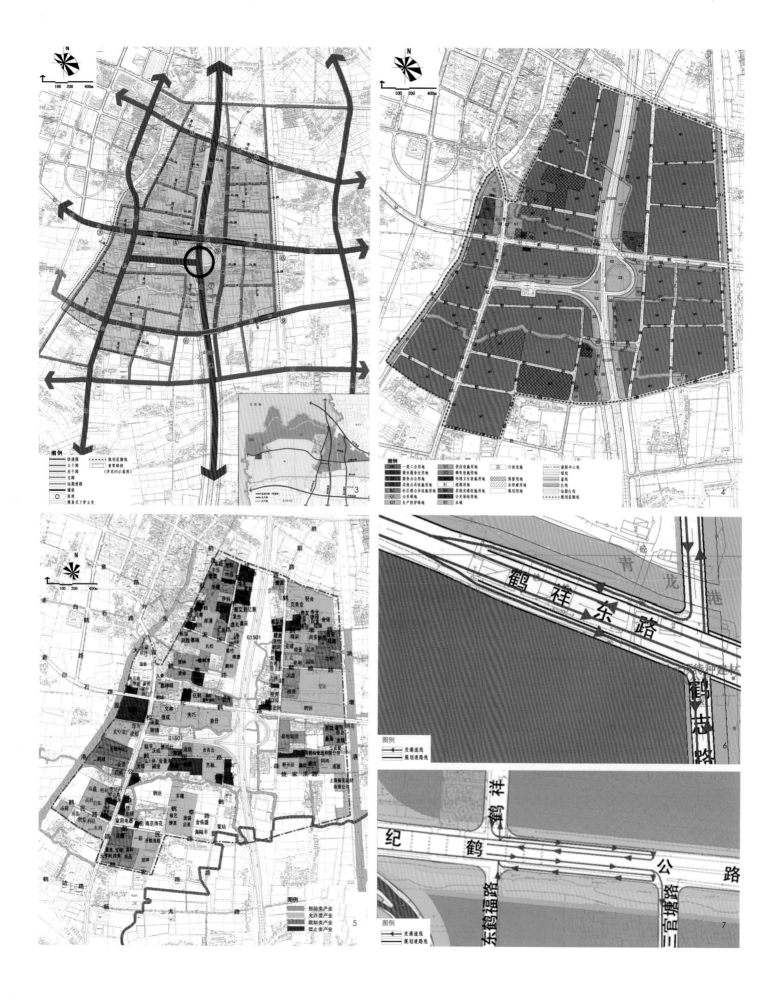

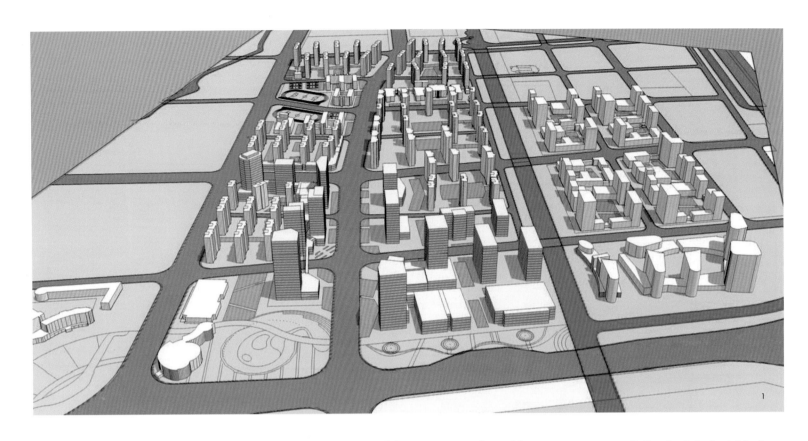

上海市嘉定新城JDC10502单元（复华园区）控制性详细规划

[委托单位] 上海市嘉定区规划和土地管理局；上海市嘉定区马陆镇人民政府
[项目规模] 2.31km²
[负责人] 王超
[参与人员] 肖闽 李开明 王美飞 李娟 孟华
[完成时间] 2012年9月

一、规划背景

规划区位于嘉定新城、老城区、工业区南区及戬浜老集镇交接地带。区内重要功能区块——复华园区发展进入停滞期，园区发展面临定位不明、发展动力不足等问题。在嘉定新城积极推进产业转型、加速推进城市化进程中，规划区急需推动产业结构转型，明确地区功能定位，与嘉定主城区良好结合，共同发展。

二、主要内容与特色

1. 明确发展导向，强调功能混合

规划目标：建设嘉定新城北部居住环境良好、开放度高、竞争力强、环境品质佳的综合性城市片区。

功能定位上强调地区功能融合，由单一的工业园区转为集研发教育、商务办公、居住生活为一体，具有科技人文精神和独特城市魅力的综合型创新城

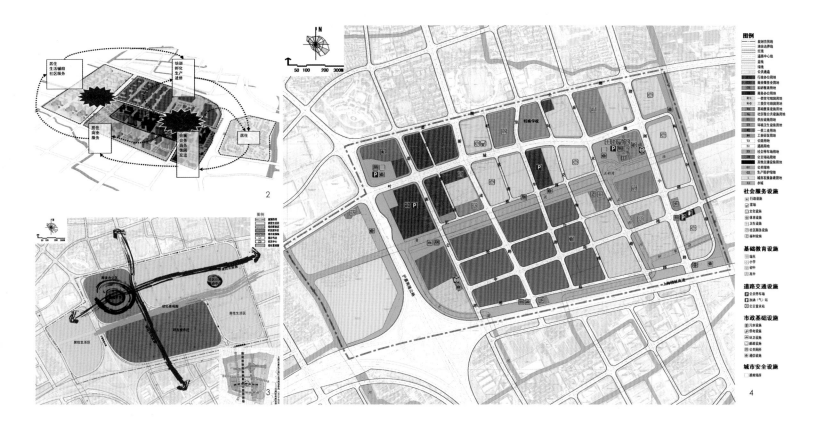

1.鸟瞰效果图
2.空间结构分析图
3.规划结构分析图
4.土地使用规划图

区；重视地块内部业态混合，引导商业、酒店、办公、研发、居住等多功能综合设置，实现横向用地性质上的混合及纵向建筑功能上的拼合。

2. 梳理空间布局，完善配套设施

以总体规划宏观导向为基础，提出了"综合配套区、研发提升区、居住生活区"三大分区。在沪嘉高速公路入口东片区设置商办用地；黄泥泾南片区保留现有产业用地并适当提升其能级；黄泥泾北侧、茹水南路东侧设置居住用地，同时完善配套设施。

在公共服务设施配置上，引入"大社区"的理念，将规划区与北面新成路街道及东面的戬浜纳入一个公建协调组，教育设施及社区服务设施统筹考虑，综合布局，补齐地区配套。

3. 细化土地使用，塑造公共空间

将功能细化为业态，综合平衡业态与强度，引入城市设计的手法，引导公共空间塑造，形成富有韵律的城市空间界面，塑造与功能协调的公共空间，引导近期开发。

重点打造高速公路入城口综合商务办公中心形象，强调地区门户的开放性、服务性、集聚性，以区域性商务办公为主、地区性集中商业为辅，以绿化

空间为载体，水绿一体，营造开敞景观，展示城市门户节点的地标形象。

三、规划实施

本规划已于2012年9月5日由上海市政府批准实施（沪府规[2012]164号）。区内嘉房置业广场、爱丽舍花园小区后期、馥华里小区已建成投入使用，沿沪嘉高速两侧违建农房基本拆除，初步建成高速公路入城口地段综合商务办公新中心。

上海市嘉定区安亭老镇（JDC3—0501单元）控制性详细规划

[委托单位]　上海市嘉定区规划和国土资源管理局
[项目规模]　4.10km²
[负 责 人]　刘宇
[参与人员]　邵琢文 庄佳微 刘志坚 李娟 汪亚
[完成时间]　2013年2月

1.道路系统规划图
2.规划结构分析图
3.交通设施规划图
4.历史资源与公共空间关系示意图
5.土地使用规划图

一、规划背景

安亭老镇历史悠久，自古便是区域文化、行政及居住的中心。目前作为安亭组团规模最大的居住社区，是安亭产业基地公共服务配套的重要依托，发挥了不可或缺的作用。近年来随着区域一体化的发展，老镇周边的城市格局已发生了变化。安亭老镇该如何在城市竞争中体现自身的城市特色，形成宜居宜业、具有地域文化认同感和归属感、产城融合、具有活力的城区成为本次控规编制的重要出发点。

二、主要内容

规划区形成"两轴三片一带四心"的结构。

"两轴"指依托曹安公路和墨玉路沿线形成的城镇发展轴，安亭老镇在发展轴上应体现区域的公共服务职能。

"三片"为以和静路为界分为的南北两片区及以安亭老街传统风貌为主的中部片区。南部片区重点围绕轨道站点进行综合开发，形成商务办公集聚。北部片区考虑工业地块的功能置换，积极主动地构建镇区的商业服务、社区服务体系。中部片区指依托安亭泾、泗泾发展的安亭老街，传承江南水乡"路一河一桥一街"的线性布局模式，未来通过周边用地的复合使用，增强老街的活力。

"一带"指新源路商业街，进一步形成浓厚的以居住商业服务为主的社区氛围。

"四心"为依托轨交安亭站的地区公共服务中心，结合现状的镇区文体休闲中心，依托镇政府、社区事务受理服务中心、税务局形成的行政管理服务中心及依托菩提寺、严泗桥等历史文物建筑及安亭老街形成的老街休闲活动中心。

三、规划特色

1. 把控城市风貌，延续老镇气脉

安亭泾和泗泾形成的具有特色的 "十"字骨架，是老镇历史发源的主线和承载基础。风貌上，规划控制了沿河通道与建筑高度，并对建筑形式、色彩、建筑界面、景观视线等进行了引导。功能上，沿泗泾增加了商业、社区级服务设施、集中绿地等节点，通过慢行步道串联，使之重焕活力，成为公共空间体系的组成部分。

2. 构建生态绿网，提升环境品质

由于规划区现状建成度高、可开发空间有限，考虑可操作性及使用效益，规划一方面梳理水绿关系，沿河新增绿色廊道，留出生态骨架；另一方面通过功能置换、见缝插针等方式增加集中绿地，并结合周边的商业公共设施作整体开发。总体上形成了高效复合、可达性强、舒适宜人的特色开放体系。

3. 延续巷弄体系，疏通活动经脉

通过增加支路、沿河通道等方式，规划延续了老镇里弄式的小街坊、尺度宜人的慢行特色，同时也提高了镇区联系及公共空间的可达性。

四、规划实施

本规划由沪府规[2013]44号文批复。在规划的指导下，安亭老镇的土地出让及各项建设逐步落实，形成以居住功能为主、配套设施完善、具有一定区域公共服务只能的综合性宜居社区。

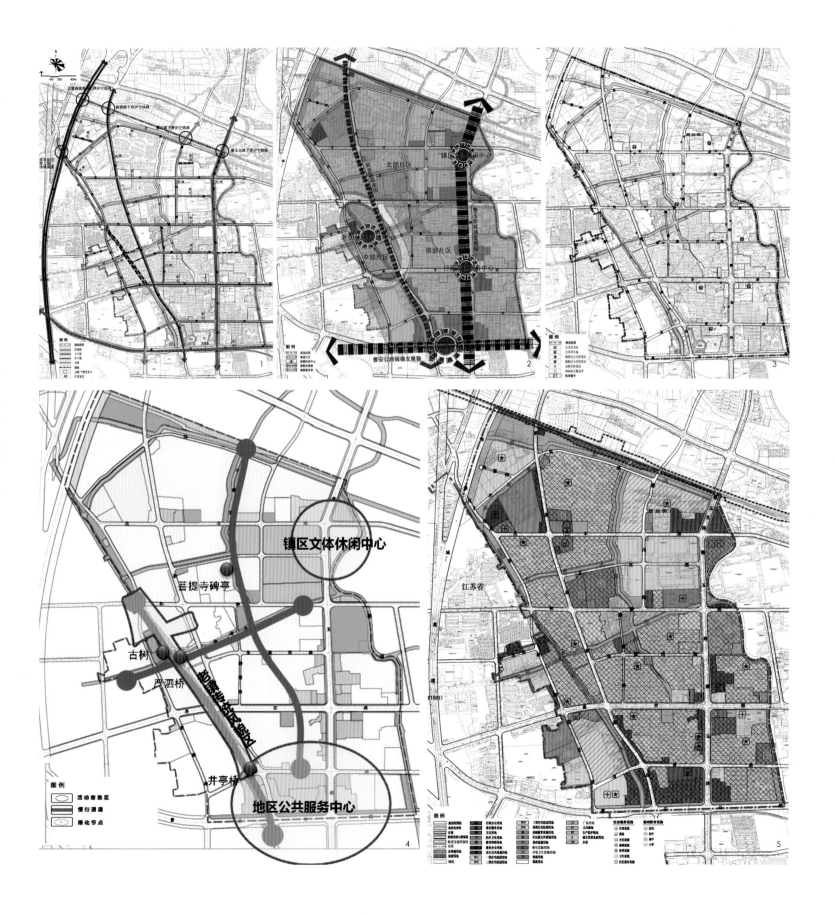

上海市嘉定区南翔东部工业园区JDC2—0401单元控制性详细规划

[委托单位] 上海市嘉定区南翔镇人民政府

[项目规模] 用地总面积约3.36km²

[负责人] 吴佳

[参与人员] 黄旭东 吴庆楠 邱娟 魏佳逸 何秀秀 李娟

[完成时间] 2013年5月

一、规划背景

随着"退二进三"产业转型步伐加大，南翔镇凭借其优良的地理区位以及交通条件，成为郊区新城中最具吸引力与潜力的版块之一。规划区作为南翔镇重要的产业集聚板块，因其靠近中心城区的特殊区位及未来沪翔高速（S6）、轨交20号线浏翔路站对外部交通条件的极大提升，规划区将迎来转型发展的新契机。

二、主要内容与特色

本规划区内具有较多企业明确提出了转型提升的发展诉求，且规划区临近中心城区，兼有承接中心城区产业转移、自身产业转型提升的双重发展趋势，因此本次规划的目标注重以下三点：前瞻性，研究内部需求与发展趋势，明确发展导向；整体性，建构总体格局与发展框架；操作性，明确现状保留、近期实施与远期控制地块，协调平衡企业诉求与地区公共利益。

1.整体提升，分类引导

通过对现状产业的疏导，明确规划区整体上面临二次开发、由现状以制造型产业向研发型产业转型提升的总体方向。通过完善河网水系、公共绿地、道路交通及服务配套，整体提升园区环境的发展框架。

针对不同的企业发展基础和现实诉求，结合实际规划操作，在规划用地中明确了就地转型、整理提升和控制预留三种类型，分类引导。

2.交通支撑，注重整合

在对外交通上，重点梳理规划区与东社区、宝山都市工业园的交通衔接，奠定良好的协同发展框架。在内部道路交通上，对原道路系统进行梳理整合，按照创意科研产业与产城融合的要求进行道路交通配置，形成与研发创意功能相匹配、偏城区特性的道路系统。

3.配套综合，预留空间

引导相关配套集聚，进行整体集中配套，在配套类型上，结合产业的创意研发特征进行综合配套，如结合轨交站、蕴藻浜浏翔公路交汇点等关键节点，布局商业商务配套等。同时结合创意研发类产业配套类型具有专业化、多元化、业态多变的特点，在发展空间上进行预留，便于配套内容的及时增补完善和灵活调整。

4.空间引导，体现场所

充分利用南部轨交站点商业商务功能节点、蕴藻浜北侧轻游戏产业园及相关配套，通过范西泾和其两岸绿地形成高品质的带状开放空间，在浏翔公路与昌翔路之间形成产业提升的集中区域。其中，浏翔公路蕴藻浜交汇处，结合嘉定蕴藻浜沿线空间规划，形成集商业商务、休闲活动为一体的门户节点；丰翔路两侧地块，结合轨交站点形成商业服务节点。

三、规划实施

规划已于2014年4月由上海市政府批准。

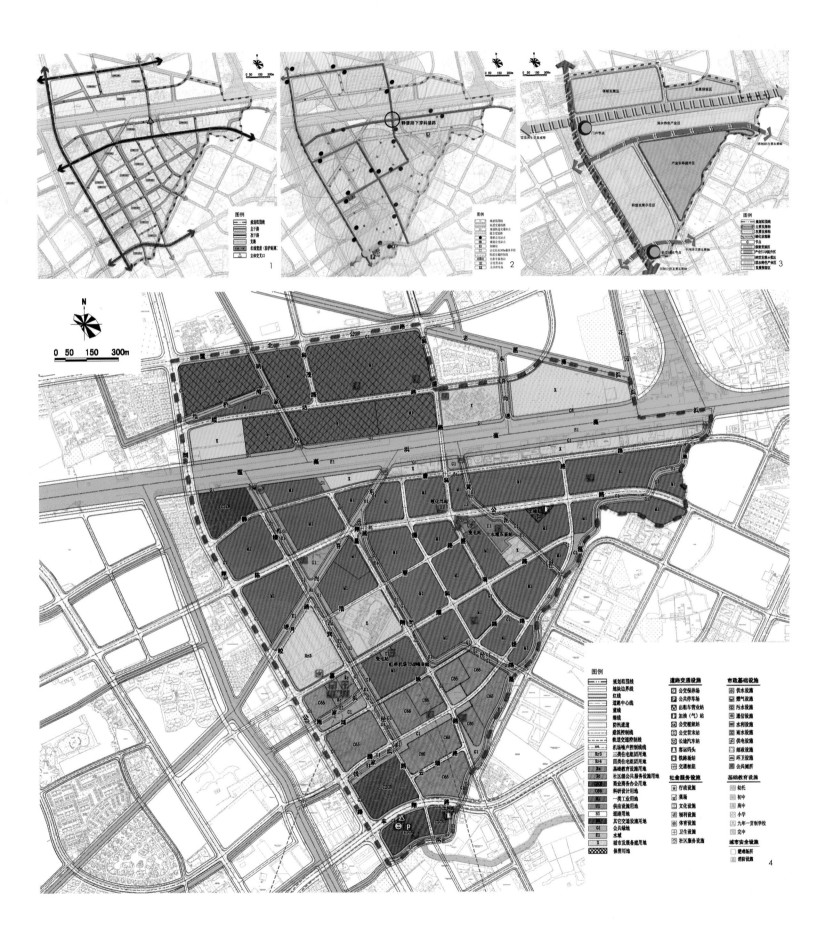

上海市金山第二工业区（JSC11101单元）控制性详细规划（修编）

[委托单位]	上海市金山区规划和土地管理局
[项目规模]	857.67hm²
[负责人]	王超
[参与人员]	张强 孟华 李娟
[完成时间]	2013年9月

1.土地价值分析图
2.地块开发动态图
3.绿地系统规划图
4.土地使用规划图
5.道路系统规划图

一、规划背景

外部形势引领：金山第二工业区集中建设区范围从10.8km²缩小为8.6km²，工业用地面积相应缩小。金山第二工业区迫切需要重新思考空间布局问题，加强集聚发展。

内部需求推动："十二五"期间，规划区的产业定位已确定为以精细化工产业作为重点发展产业，促进传统化工产业向化学原料、有机化学新材料等产业转型。同时，规划区内已进驻企业的发展需求、新进企业产业用地的需求及周边区域发展态势也逐步发生了变化，原控规和局部调整已经不能满足地区发展的需求，急需编制新一轮控规，从而进一步促进规划区的功能提升与产业发展。

二、主要内容

1. 发展目标

规划区的发展目标为重点发展高附加值、高技术含量的石油深加工产品、精细化工产品、专用化工产品和高新技术材料，与上海石化上下游结合、产业互补、利益共享，努力建设成为以中下游化工产业为特色、生产与生态平衡、可持续发展的精品化学工业园区。

2. 用地布局

规划在对现状产业用地调研和筛选的基础上，充分考虑地区的区域条件分析，结合杭州湾沿岸化工石化集中区区域环保线控制要求，以黄姑塘为界形成

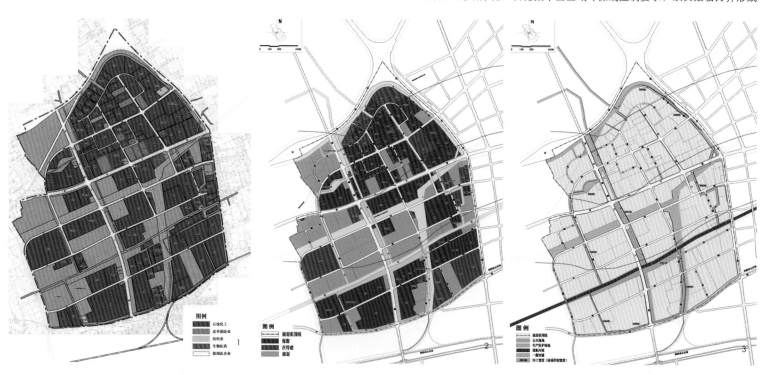

124

南北二类、三类工业两大功能片区。

按照集约、节约使用土地的原则，通过区域统筹，结合金山新城JSC10101单元的规划建设，将单元内原规划的行政、商业、研发等功能集中设置于JSC10101单元内，形成生产性服务集聚组团区域分工合作，满足产业发展过程中的动态发展需求。同时，通过腾笼换鸟、挖掘用地，打造高效的产业园区。

3. 规划结构

规划区总体形成"两轴三区功能网络、四横三纵生态轴线"的总体结构。

三、规划特色

1. 符合园区持续发展的开发强度体系

由于精细化工生产工业需要大量的室外装备及场地，基本上企业的容积率均在0.8以下，均值在0.3～0.5之间。结合上海市产业用地指南和实际建设情况分析后，规划建议突破上海产业开发强度意见，建议容积率上限1.5、下限0.3控制实施。

2. 合理确定企业用地规模，优化工业地块细分

近年引进企业用地规模多在5～20hm²，同时由于企业用地规模和效益正相关，后续待引进的大型优质企业用地需求和可开发用地有限的矛盾已日趋明显。在腾笼换鸟、淘汰污染及不符合园区产业导向企业的基础上，根据对现状企业面积及预计引进企业面积的分析，我们认为3hm²左右的开发单元基本能够满足企业开发需求，据此对可开发工业用地进行划分（如金石南路西地块），合理控制企业的用地规模。

3. 客、货运分离，强化危险品通道建设的安全交通体系

规划区路网系统已基本形成，本次规划以完善为主。规划重点强化客货分离，区分道路服务范围，保障交通安全：公共交通方面强化园区与商贸物流区内行政、办公及员工宿舍联系，货运主要通过干路网疏解，同时通过时段通行管控，错时组织货运与客运交通；根据涉危企业、重大危险源及仓储物流情况整合，组织危险品通道，通过金瓯路、金石南路—卫八路连通至沪杭公路、新卫高速，实现危险品对外输出、原料运输等操作。

4. 环保监控管理、安全防护体系

规划加大环保监管和治理力度，加强空气环境、声环境、土壤环境的监控管理，设置应急事故水闸，采用中水回用，确保各项污染物达标排放。同时对引进项目合理布局、污染源按环境敏感度梯度分布，都是对园区生态环境的保护，对园区可持续发展提供坚实基础。

四、规划实施

规划于2013年9月由市府沪府规[2013]189号文批复。

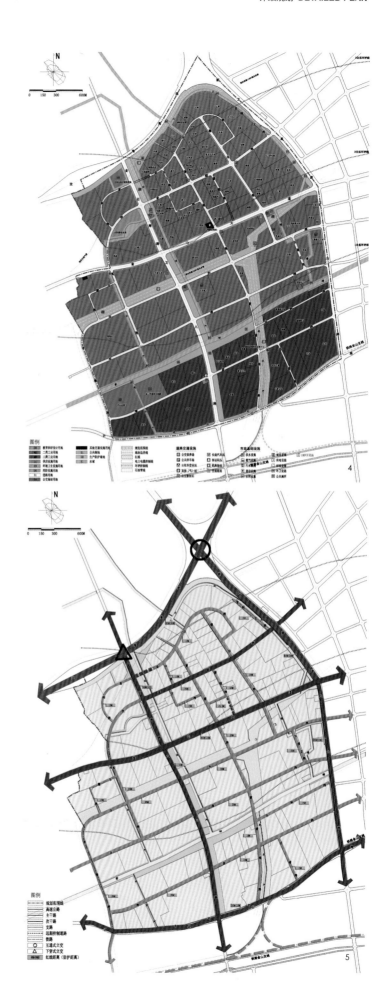

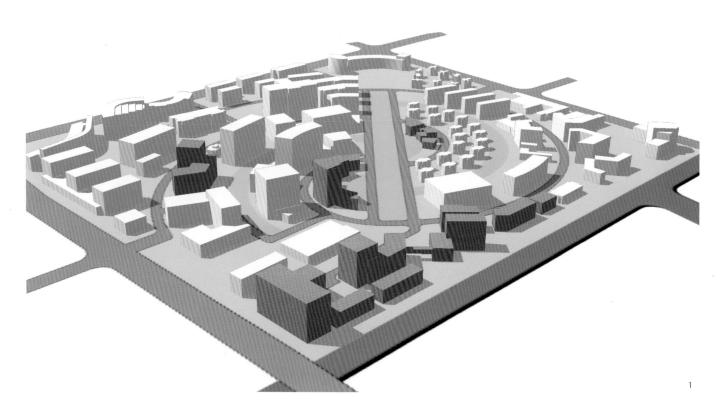

上海市闵行区863产业园控制性详细规划调整

[委托单位]   上海市闵行区浦江镇人民政府

[项目规模]   58hm²

[负责人]   刘宇

[参与人员]   庄佳微 张春美 刁世龙

[完成时间]   2014年1月

1.鸟瞰效果图
2.调整前总平面图
3.调整后总平面图

一、规划背景

规划区位于上海漕河泾开发区浦江高科技园南区，是以集研发、孵化、产业于一体的第三代专业孵化器，是上海市六家规模软件园区之一。近年来，园区发展迅速，园区内集聚了多家高科技企业（如万达、116所等），并有多个重点项目获得国家政策和资金的扶持。园区的快速发展，使其对土地集约、配套服务、道路交通及整体空间环境等方面提出了更高的要求。为促进存量土地的二次开发、促进地区发展，对原控规G2街坊进行局部调整。

二、主要内容与特色

1.开发容量

规划在评估的基础上，对现状土地使用动态、土地用地权属做了详尽调查。兼顾地区发展和建设的实际需求，在不突破原规划总量控制要求的前提下，对园区进行整体开发容量控制。对地块容量进行适当调整，满足产业升级需求。

2. 公共服务设施配套

为适应园区的发展，适度增加配套服务设施，优化园区服务能力，提升园区的整体品质，使之与园区发展相协调。

3. 绿化景观

延续原规划花园式园区理念，充分传承园区在空间形态、建筑风格及景观环境上的特色。规划保持了中央绿地"点+线"的基本绿化格局，最大限度地释放公共空间，结合配套设置户外活动场所和休闲空间，提升品质、集聚人气。局部地块的形态方案吸收了法国园林的特点并加以提炼，被纳入园区整体风貌。

4. 道路交通

优化完善园区路网系统，加强同周边城市道路的衔接，均衡机动车交通，加强可达性。结合公共绿地增设慢行道，打造步行化园区。

三、规划实施

规划经沪府规2014[20]文批复，园区食堂、便利店、体育场地等与员工生活密切相关的生活配套得到补充、路网交通体系得到完善，重点企业的运营能力也随着容量的适当提升而得到发挥。园内重点企业万达地块已进行开工建设，其重点项目上海医保数据中心即将在2014年投入使用，企业将增设测试、培训、运营等技术中心。

轨道交通5号线（奉贤段）站点周边综合开发研究

[委托单位] 上海市奉贤区轨道交通建设投资有限公司

[项目规模] 16.5km²

[负 责 人] 肖闽

[参与人员] 刘志坚 王美飞 戴琦 曹琪斌 王占涛 马玮彤 吴佳 王林林 李娟 何继平 刘潇雅 孟华

[完成时间] 2014年7月

1.土地使用规划图

一、规划背景

轨道交通5号线原线起讫莘庄、闵行，衔接1号线，已建成运营。为加强奉贤区南桥新城与中心城的客运联系，推动新城建设，市政府决定将该线路向南延伸至南桥新城，南延伸段设9座车站，奉贤区内涉及8个站点分别为西渡站、肖塘站、奉浦站、环城东路站、望园路站、金海湖站、南桥新城站、平庄公路站（预留站）并计划2014年12月全面开工，在2017年年底建设完成。

站点所在单元的控规基本已编制完成（部分正在编制），但缺少对轨道站点辐射影响的系统性分析，难以指导站点周边地块近期的开发建设。各个站点已由各开发主体分别委托设计单位进行策划、城市设计工作，但在全线层面缺少统筹规划，各站点定位不清晰、功能类型趋同、特色不明显。

本次规划研究旨在解决以上出现的问题，对轨道5号线（奉贤段）各站点影响范围、功能构成及规划控制要素等内容进行全面系统的研究，并将研究成果纳入控制性详细规划，指导站点及其周边影响地块的建设。

二、主要内容

1. 辐射范围

为了区分出轨道站点辐射影响力多大为宜，其辐射半径大小主要从适宜出行的距离、政策扶持的空间、距离与业态的关系三个方面考量。明确站点800m范围内的完整街坊作为站点联动开发区范围，站点300m范围内的完整地块作为站点综合开发地块范围。

2. 能级定位

根据各站点城市功能及交通功能，本次研究建议将轨道站点分为三个级别。

一级轨道站点：位于城市空间结构重要节点和城市发展重要地区的枢纽站点，和位于地区级或专业中心周边的核心枢纽或重要枢纽；二级轨道站点：位于地区级或专业中心周边的一般枢纽站点，和位于城市发展一般地区的重要枢纽；三级轨道站点：位于城市发展一般地区的一般枢纽站点。

3. 建设引导

功能构成：一级轨道站点金海湖站、南桥新城站、平庄公路站的综合开发地块公建比例不低于60%，居住不高于40%；二级轨道站点奉浦站、望园路站的综合开发地块公建及居住比例均控制在50%左右；三级轨道站点西渡站、肖塘站、环城东路站的综合开发地块公建比例不超过30%，居住比例不低于70%。

开发强度：鉴于轨道站点对于周围300m范围内物业增值显著，按照TOD引导布局的原则，研究建议300m范围内的综合开发地块要按所在强度区的特定强度控制，其他综合开发地块按所在强度区的基本强度控制。

建筑高度：轨道站点两侧利用楼之错落、轨道之律动形成自然而流畅、跌

图例

	综合开发地块范围		商务办公用地	U1	供应设施用地		其它交通设施用地
	联动开发区范围	C9	其它公共设施用地	U3	环境卫生设施用地	G1	公共绿地
	红线	Rr1	一类住宅组团用地	W1	普通仓储用地	D1	军事用地
C1	行政办公用地	Rr2	二类住宅组团用地	T1	铁路用地	X	城市发展备建用地
C2	商业服务业用地	Rr3	三类住宅组团用地	S1	道路用地	E1	水域
C6	教育科研设计用地	Rs	基础教育设施用地	S3	社会停车场用地		轨道交通5号线
C7	文物古迹用地	Rc	社区级公共设施用地	S4	公交场站用地		

三、规划特色

多方合作，协同规划。在项目期间一方面与当地规划土地管理局进行多次交流沟通，另一方面与不同专业的多个设计单位、设计所合作，研究成果体现了多专业综合协同的要求。

开发经验，指导传承。研究过程中分析了上海市1、2、3、11号线建设中的经验及不足，吸纳香港、台湾等地区案例的成功经验，并予以本土化。

四、规划实施

研究报告经评审后，相关成果已纳入各站点控规编制任务书，指导后续控规编制。

2.轨道交通站点图
3.道路系统规划图
4.土地开发动态图
5.交通设施规划图

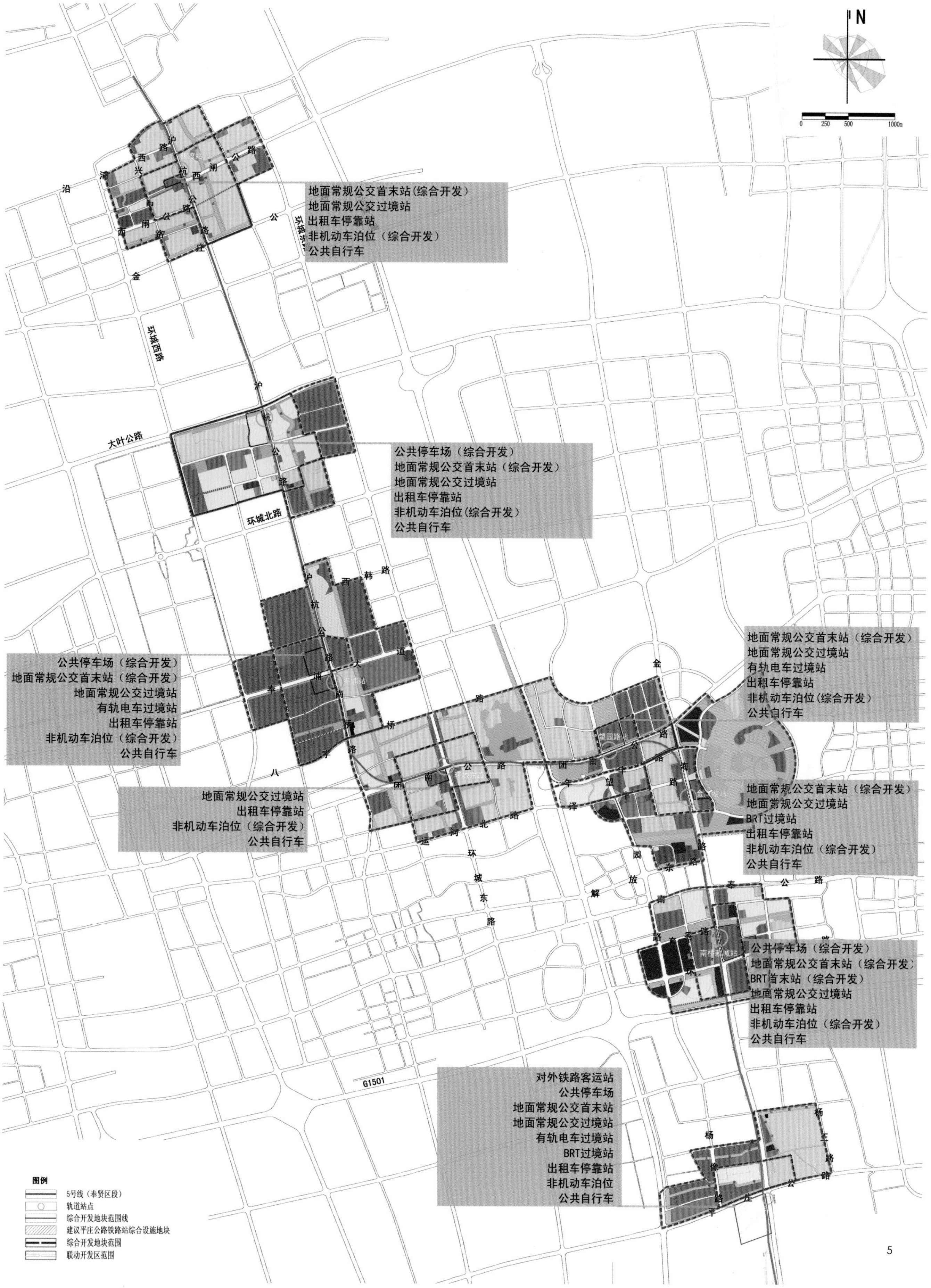

N

0 250 500   1000m

地面常规公交首末站(综合开发)
地面常规公交过境站
出租车停靠站
非机动车泊位（综合开发）
公共自行车

公共停车场（综合开发）
地面常规公交首末站（综合开发）
地面常规公交过境站
出租车停靠站
非机动车泊位（综合开发）
公共自行车

公共停车场（综合开发）
地面常规公交首末站（综合开发）
地面常规公交过境站
有轨电车过境站
出租车停靠站
非机动车泊位（综合开发）
公共自行车

地面常规公交首末站（综合开发）
地面常规公交过境站
有轨电车过境站
非机动车泊位（综合开发）
公共自行车

地面常规公交过境站
出租车停靠站
非机动车泊位（综合开发）
公共自行车

地面常规公交首末站（综合开发）
地面常规公交过境站
BRT过境站
出租车停靠站
非机动车泊位（综合开发）
公共自行车

公共停车场（综合开发）
地面常规公交首末站（综合开发）
BRT首末站（综合开发）
地面常规公交过境站
出租车停靠站
非机动车泊位（综合开发）
公共自行车

对外铁路客运站
公共停车场
地面常规公交首末站
地面常规公交过境站
有轨电车过境站
BRT过境站
出租车停靠站
非机动车泊位
公共自行车

图例
5号线（奉贤区段）
轨道站点
综合开发地块范围线
建议平庄公路铁路站综合设施地块
综合开发地块范围
联动开发区范围

5

131

上海市嘉定新城安亭组团JDC3-0201、JDC3-0202、JDC3-0203单元（零配件园区）控制性详细规划

[委托单位]	上海市嘉定区规划和土地管理局；上海市嘉定区安亭镇人民政府
[项目规模]	11.14km²
[负责人]	肖闽
[参与人员]	王美飞 李开明 刘志坚 王占涛 周吟 李娟 何秀秀
[完成时间]	初步方案阶段

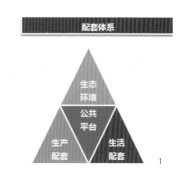

一、规划背景

"十二五"期间，上海提出"创新驱动、转型发展"的总体要求，注重对存量建设用地的再开发利用。规划区为传统工业园区，现状建成率高，土地资源紧缺，增量空间有限，发展动力不足，亟需明确方向、挖掘存量、转型发展。

二、主要内容

1.发展策略

区域协同、资源共享：优化服务设施布局，实现资源共享。

高效利用、集约发展：优化高压走廊空间，强调土地多元开发；优化工业用地布局和流线组织，提高区域的整体运行效率。

弹性生长、预留空间：明确产业发展导向，提出存量用地改造计划，预留弹性生长空间。

2.功能定位

"制造向智造转化，生产与服务融合"：以汽车零部件产业为特色，集高端制造、生产性服务业、总部研发为一体，配套服务设施完善、生态环境宜人的创新型园区。

3.规划结构

"一心、两轴、五片区、多点"：规划一处园区综合服务中心，便捷服务设施均匀布局；依托宝安公路、百安公路形成两条园区发展轴；依托现状，创新发展，规划形成五大片区，分别为产城融合片区、先进制造片区、物流制造片区、商办研发片区、试车场片区。

三、规划特色

1.企业综合评估新方式

综合考虑产值、税收、产业导向、发展潜力、环境评价等因素，分四梯度梳理现状企业，区分保留工业地块与建议转型工业地块。

2.空间优化开发新模式

针对高压走廊控制区，明确可利用区域，控制绿化通廊空间，结合需求，化不利为有利，分段设置停车、娱乐等特色功能。

3.园区转型发展新思路

通过以点带面的方式，在条件成熟处形成转型发展示范区，以宜人环境、完善配套为支点，撬动转型发展序幕。先进制造片区现状企业综合效益较好，近期以保留为主，远期进行逐步的转型提升；产城融合片区区位条件较好，作为先期转型示范区，强化与西面城际铁组图的产业互动，局部地块先行转向商办业态；物流制造片区重点优化汽车物流流线，减少对园区交通的影响；商办研发片区作为重点转型区域，现状工业地块较小，企业效益不佳，转型条件比较好，重点塑造环境优美的创研智造办公区。

1.产业发展策略
2.零配件园区功能分区图
3.零配件园区公共服务设施规划图
4.零配件园区景观系统规划图
5.土地使用规划图

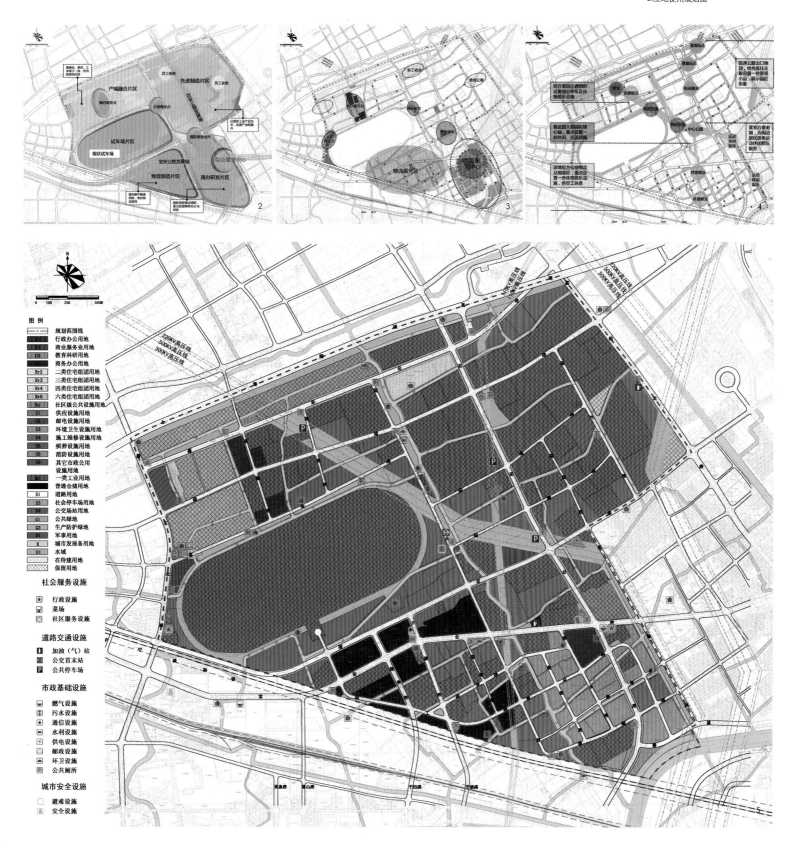

上海市嘉定区城北大型居住社区市级经济适用房基地修建性详细规划

[委托单位] 上海市嘉定城北置业有限公司
[项目规模] 29.98hm²
[负 责 人] 刘宇
[参与人员] 刘宇 邵琢文 何秀秀 庄佳微 刘志坚 周伟 刘沪光 张彧咏 严继林 张洛玲 黄鹏程 朱渝哲
[合作单位] 英国LA国际建筑设计有限公司
[完成时间] 2011年5月
[获奖情况] 2011年度上海市优秀城乡规划设计一等奖

一、规划背景

嘉定区作为上海市保障房建设的重点区县,在全市第二轮保障性住房规划选址中,进一步深化确定了包括城北大型社区在内的三处选址。本案为嘉定三个大型社区中第一个启动的项目,同时也是全市第二轮大型社区建设中第一个启动的项目。

基地位于嘉定城北大型社区内,用地面积近30hm²,规划以"回归街道、回归自然"为目标,摒弃以往保障性社区功能单一、规模过大、忽视环境等建设通病,探索如何在经适房建设中实现环境融合、社区和谐等现代居住理念的途径。

二、主要内容

空间布局上,形成"两轴、八组团"的规划格局。"两轴"是指依托现状河道形成的滨水景观轴;"八组团"是指被道路和河道划分形成的八个住宅组团,打造街坊式社区。

道路交通上,将社区道路纳入城市道路网络,基本形成100m×200m街坊尺度。同时合理安排动静态交通,组团内部严格按照人车分流进行交通组织,机动车采用地面停车与地下停车相结合的方式,弹性停车。

生活配套上,设置了邻里级、社区级的公共服务配套体系。同时,打造三级物管体系,增强社区的安全感和认同感。

空间景观上,将东侧河道沿岸景观与商业街统一规划,达到自然生态与人工景观的完美结合。对沿西侧高速公路界面的住宅进行立面设计,提升社区形象,丰富城市天际线。

房型设计上,达到功能的完善性、居住的舒适性、空间的紧凑性、经济的合理性。

三、规划特色

1.尺度适宜,建构街坊式社区

本次规划采用"小尺度、开放式"的布局模式,基于嘉定老城区以及活力新城区的街坊规模研究,划定社区道路,将住宅街坊的用地规模控制在

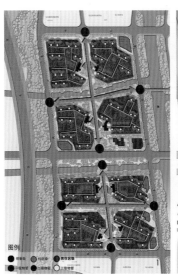

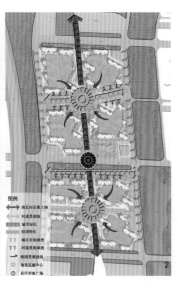

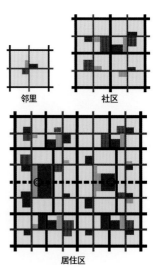

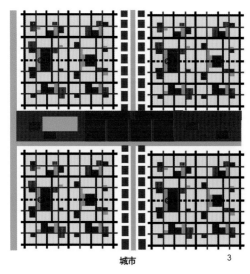

1～2hm²之间，创造宜人的步行街区。

2. 功能复合，增添城市活力

规划采用有机分散式布局。规划以邻里为最小单元，分别设置了邻里级、社区级以及居住区级三个层面的服务设施，达到"微距服务"，实现便民利民的最大化。同时，建筑功能上的复合通过公益性服务设施与商业服务设施混合设置，方便居民使用，提高社会效益。

3. 空间多样，营造可识别性场所

基于"室外交互空间"理念，规划设计了三个层次的公共空间，分别是结合自然水系设置的滨水公共空间、沿街道设置的半公共空间、组团内集中绿地中的秀气空间。各层次的公共空间相互融合、渗透，使社区更为开放和整体，便于居民共享。

4. 混合居住，创建融合性社区

本次规划通过户型大小以及每个街坊户数的控制，促进不同人群之间的邻里融合。规划4种户型，同时要求每个街坊的户型至少有2种以上。

5. 地下空间一体化开发

规划采取了多种停车方式最大限度的满足居民的停车需求。首先，停车位突破了一般按地块容量配建的常规作法，用需求总量进行通盘考虑。同时，将相邻的同期开发地块的地下空间连通。其次，各开发地块均采用了地面机械停车与地下停车相结合的方式，并提出沿街坊道路设置灵活的路边停车带，供夜间和临时停车，错时使用。

四、规划实施

本修建性详细规划已经沪规土资详[2011]277号批准。在规划的指导下，进一步开展了环境影响评估研究、市政综合管线规划等相关的规划研究，项目建设的前期工作和市政道路的修建已经启动。

1.公共服务设施分析图
2.空间景观分析图
3.土地符合使用分析图
4.鸟瞰效果图
5.规划总平面图

轨道交通11号线安亭站（原墨玉路站）地块修建性详细规划

[委托单位] 上海国际汽车城新安亭联合发展有限公司
[项目规模] 8.2hm²
[负责人] 蒋颖
[参与人员] 庞静珠 周伟 邢斌 何秀秀
[完成时间] 2009年5月

1.墨玉南路立面图
2-3.建筑剖面图
4.总平面图
5.鸟瞰效果图

一、规划背景

轨道交通11号线安亭站（原墨玉路站，现更名为安亭站）地块项目位于嘉定新城安亭组团汽车城核心区。作为轨道交通11号线支线段的末站，安亭站综合交通枢纽以商业办公、上海与外省市交通换乘为主要功能，服务对象是以安亭及江苏省的人群为主。

根据区域发展规划，安亭站未来作为连接南京、无锡、苏州等地进入上海的一个门户节点，通过修建性详细规划编制，研究地铁站周边商业、办公与住宅的结合方式，服务周边区域，适应目前及未来市场需求。

二、主要内容与特色

1.总体布局

安亭站综合交通枢纽以商业办公、上海与外省市交通换乘为主要功能，地铁站周边商业、办公与住宅结合以更好体现项目特色。

项目布局以站点综合体引导开发（SID）为核心理念，在满足站点综合交通功能的前提下，将站点上盖及周边地区实施一体化规划、建设与开发。

规划商业办公建筑集中布置在轨道站点南侧，以提升曹安公路与墨玉南路沿线的城市景观形象，完善该地区的商业形态，使之成为未来区域发展的中心。规划住宅结合地块特点，并根据日照、通风和退界要求，由1幢多层、3幢高层及1幢公共设施用房住宅围合中央花园组成。

2.交通组织

项目在交通组织上主动的、有预见性的把地块规划布局和交通干线建设结合起来，重点解决综合交通枢纽有关的衔接、分流问题。

（1）道路交通组织

根据地形特点与空间布局，基地内设置一条环通式道路，沿路设置两个单向出入口，就近入地停车，减少车辆对人行的影响。商办地块设有双向四车道的内部车行通道，连通各项公共交通。

（2）出入口

商办区出入口：墨玉南路出入口为商业与办公区的主要车行出入口；曹安公路的出入口为次要出入口，同时为公交枢纽站的进口；新源路的出入口为货运服务车辆的出入口以及公交枢纽站的出口。居住区：规划在内部道路上设置居住区的主要车行出入口；新源路的出入口仅为出口。

（3）公共交通

轨道站地面一层为架空层，地面二层为轨道站点的站厅层，地面三层为站台层。公交枢纽站规划设置在商办地块1#楼的一层架空层，其西侧为非机动车停车与出租车候车区，实现"轨道交通—公交—出租车—自行车—小汽车"不同交通流的换乘。

3.步行系统

（1）与轨道站点的衔接

轨道11号线安亭站站厅层与商业建筑群通过轨道二层预留的两个出入口与公共平台的拼接，顺利将人流导入基地内的商业、办公及住宅小区。

（2）与公交首末站的衔接

在地面二层通过公共平台连接自动扶梯快速到达公交枢纽、出租车停泊站进行换乘，实现轨道交通、常规公交与出租车换乘。

三、规划实施

项目于2010年初开工建设，在2012年2月基本建成，是安亭首个大型区域性城市综合体，由嘉亭荟城市生活广场以及嘉亭菁苑组成。

上海市嘉定新城中心区示范性高级中学修建性详细规划

[委 托 单 位]　上海嘉定新城发展有限公司

[项 目 规 模]　13.27hm²

[负 责 人]　蒋颖

[参 与 人 员]　徐益青　汪亚

[合 作 单 位]　都市实践建筑事务所

[完 成 时 间]　2010年3月

1.总平面图
2.鸟瞰效果图

一、规划背景

为加快推进嘉定新城建设，完善新城城市职能，使嘉定新城中心区示范性高级中学的开发建设更加科学、合理，同时为该地区的城市规划管理和发展建设提供技术法规依据，本项目受上海嘉定新城发展有限公司委托编制。

二、主要内容与特色

1. 场地分析

嘉定新城中心区示范性高级中学位于嘉定新城中心区北部，距离有轨交通11号线白银路站约800m，交通条件优越。

示范高中所在地块被规划云谷路自然分割为东西两个地块，在设计中需妥善解决跨路交通问题；地块北侧与绕城高速之间有宽约50m的绿带，噪音影响不明显，但绿带可使用性较差，仅起到景观与噪音隔离的作用。地块东侧合作路近城固路口设有绕城高速上下匝道口，对外交通联系紧密。地块西侧有现状加油站一处，对地块整体布局较为不利。

2. 总体布局

由于项目所在地块被规划云谷路自然分割为东西两个地块，西侧为交通主干道，因此西侧地块拟建文体活动区，包括操场、音乐厅、室内体育场、游泳馆等。建成后体育活动场地以及设施向社区开放，成为新城中心区一个社区活动场所，东侧地块较为安静，拟建学校教学楼、实验楼、办公楼等综合教学区。总体形成"一心、两轴、四区"的总体布局。

"一心"——以中心绿化广场及图书馆为主体的校园核心。

"两轴"——联系示范高中内部各个功能区的主、次两条轴线。

"四区"——四个功能区，即文体区、中心共享区、国际高中区和示范高中区。

3. 流线组织

学校由云谷路划分为东西两部分，形成两个可分可合的内部环形交通流线，地块内部实行完全的人车分流，没有机动交通穿越。交通环线的主要出入口均位于洪德路，跨云谷路有机动交通联系。

在流线组织中提出校区"廊道共享"的概念，在保证各功能区块独立设置的基础上，通过"廊道"，将各功能区块串联起来，方便教师和学生的日常活动。"廊道"包括一层公共连廊、架空连廊以及过街天桥三种方式。

三、规划实施

项目2010年三月经嘉府[2010]39号批复，2012年正式建成上海交通大学附属中学嘉定分校，该校是与本部实行一体化运作，实施教育资源共享、教学管理方法同步、整体综合联动的实验性中学。

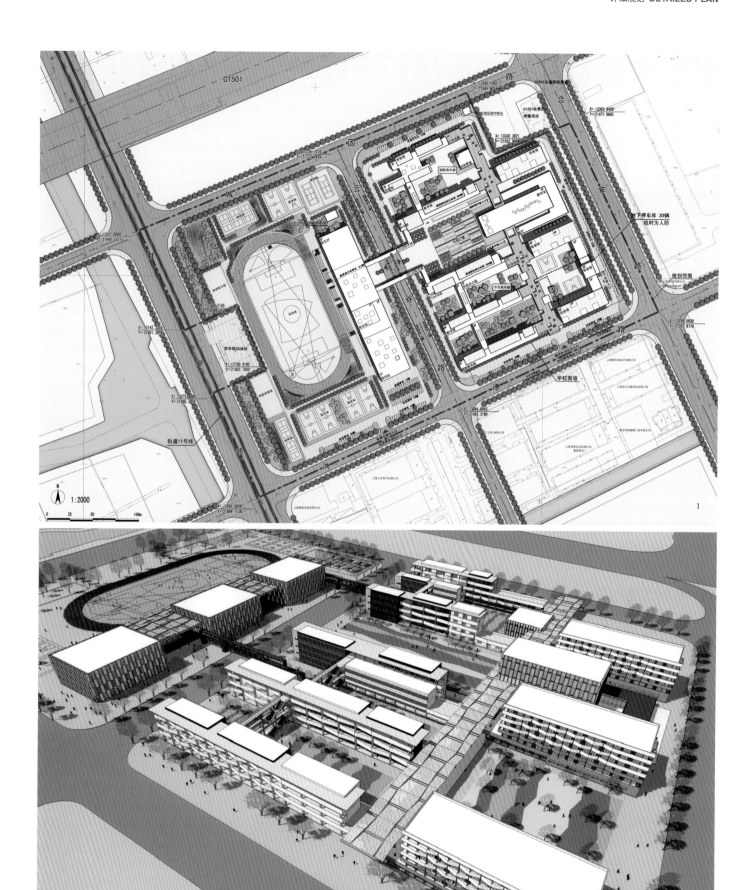

上海市嘉定新城中心区西云楼地块修建性详细规划

[委托单位] 上海市嘉定区规划和土地管理局
[项目规模] 9.90hm²
[负责人] 王超
[参与人员] 张强 李开明 孟华
[完成时间] 2010年10月

1.功能结构分区图
2.交通系统分析图
3.总平面图
4.鸟瞰效果图

一、规划背景

西云楼地块位于嘉定新城中心区东北侧，是新城中心区公共服务设施系统的重要组成部分，交通区位优势明显，东侧与上海中心城区保持密切交通联系；西侧与嘉定新城主城区其他片区形成顺畅交通对接。地块内现状地势较平坦，平均高程为3.7m，基本为空地，建成率较低。规划应充分挖掘并借鉴地块所处区域历史文化特征，使之成为中心区集商业、办公、休闲、旅游为一体，彰显建筑与自然景观和谐之美的现代商业区，推进中心区城市建设进程、完善公共服务设施系统配套、提升城市形象。

二、主要内容与特色

1.空间结构

结合场地特征和周边环境，形成"一心、一轴、多片"的结构。"一心"为由商业组团内部广场、绿地形成的景观绿心；"一轴"沿西云河形成的滨水景观轴，是规划地块内部最为重要的景观轴线；"多片"为被规划西云河分割形成的六个组团，其中东侧一个组团为商办混合组团，其余五个组团为商业组团。

2.总体布局

通过建筑和功能布局，创造多样性的开放空间，提供便捷、舒适的公共活动系统。同时通过建筑类型、业态、形态的多样化组合，形成和谐、有序的空间序列，塑造流动的空间效果。

3.场所营造

充分利用规划地块内部水体景观资源，注重对水乡文化的营造和滨河风情的塑造，为使用者创造宜人的滨水环境。通过移建、复建具有人文或历史特征的老建筑，增强规划地块的识别性和特征性，营造规划地块的场所精神。

4.慢行系统

商业建筑布局强调使用者的"便捷性"和"舒适性"，通过对动线的合理组织，缩短使用者的步行距离，提高购物的效率；同时营造愉悦的购物环境，提高购物的舒适性。

三、规划实施

日前，西云楼文化休闲商业步行街桩基工程已完成60%，准备进入基础施工阶段，预计该项目年底前完成地下结构部分的施工工程。

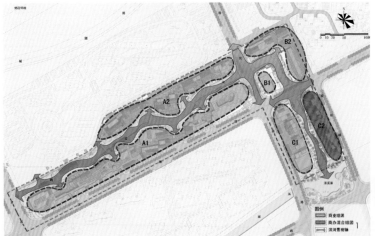

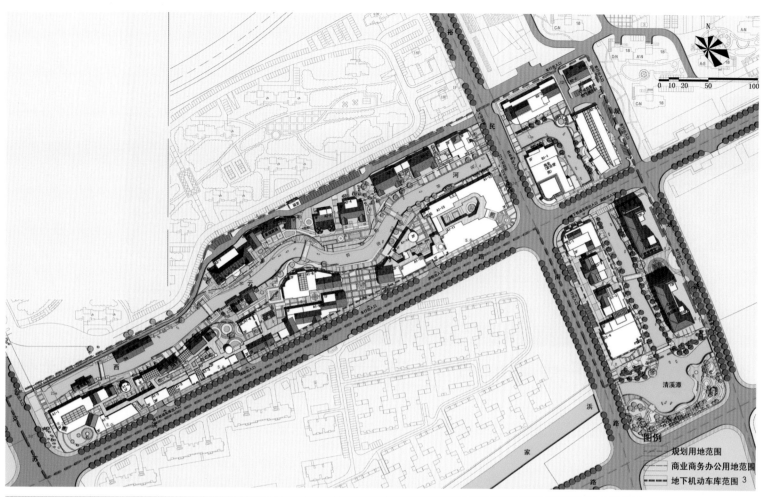

图例
　规划用地范围
　商业商务办公用地范围
　地下机动车库范围　3

4

上海市青浦新城一站大型居住社区动迁基地修建性详细规划

[委托单位]　上海市青浦区规划和土地管理局

[项目规模]　8.2hm²

[负 责 人]　蒋颖

[参与人员]　庞静珠　徐益青　吴文昕　汪亚

[完成时间]　2010年11月

1.鸟瞰效果图
2.总平面图

一、规划背景

青浦新城一站大型居住社区动迁基地位于青浦新城东片区中部，总用地约35.19hm²，是上海市第二批大型居住社区的一部分。

为尽快推进青浦新城一站大型居住社区的实施建设，妥善处理大型居住社区内现状居民的搬迁工作，青浦区拟将规划地块建设成为以动迁安置住宅为主、附带商业服务设施的动迁安置地块。

二、主要内容与特色

规划总体形成"一带、一心、六组团"的总体布局。"一带"指沿青湖路、大风车河形成的公共服务设施带。"一心"指设置于青湖路以北C地块内的新江南水乡风格的公共服务设施中心。"六组团"是指被城市道路和河道分割形成的六个住宅组团。

住宅总体采用行列式的布局模式，平行于城市道路设置，以提高空间的使用效率。各住宅组团通过住宅的围合在内部形成大块集中绿地，供组团内部居民使用。住宅层数为13层至18层，以期形成高低错落的天际线效果。

规划沿青湖路北侧布置社区公共活动中心，设置商业服务设施及公益性服务设施功能。块状的社区中心布局为创造安全、舒适的步行环境、提供多样性的场所空间提供了可能性，并很大程度减轻了城市干道噪声对街坊内部居住环境的干扰。

商业设施的布置注重利用大风车河这一景观河道优势，通过公共活动连接、场所塑造、景观视廊控制的方法，突出了大风车河滨河空间景观，加强了商业服务设施与大风车河的联系，提升了社区公共活动中心的品质。

三、规划实施

项目于2010年11月经沪规土资详[2010]975号批复。其中，青湖轩是新城一站大型居住区首个竣工交付的动迁项目，由16幢小高层组成，该楼盘以良好的设计和质量荣获了上海建筑行业的"白玉兰奖"。

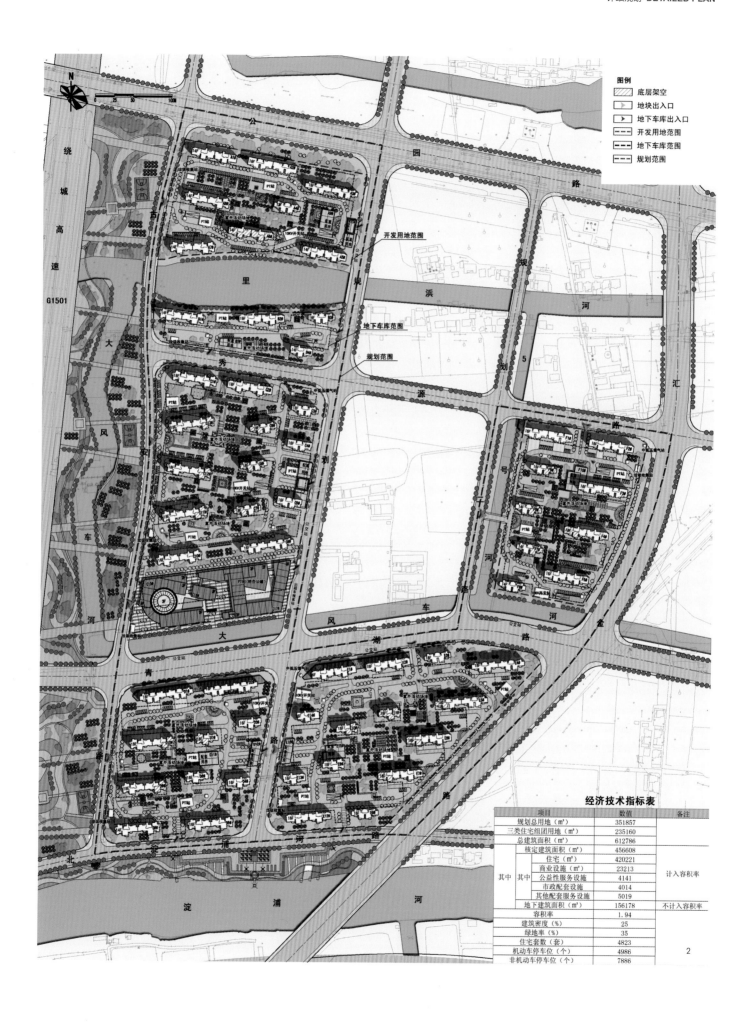

图例

底层架空	
地块出入口	
地下车库出入口	
开发用地范围	
地下车库范围	
规划范围	

经济技术指标表

项目		数值	备注
规划总用地（m²）		351857	
三类住宅组团用地（m²）		235160	
总建筑面积（m²）		612786	
核定建筑面积（m²）		456608	
其中	住宅（m²）	420221	计入容积率
	商业设施（m²）	23213	
	公益性服务设施	4141	
	市政配套设施	4014	
	其他配套服务设施	5019	
地下建筑面积（m²）		156178	不计入容积率
容积率		1.94	
建筑密度（%）		25	
绿地率（%）		35	
住宅套数（套）		4823	
机动车停车位（个）		4986	
非机动车停车位（个）		7886	

2

143

轨道交通11号线嘉定北站综合开发区修建性详细规划

[委托单位]　上海鼎嘉房地产开发有限公司
[项目规模]　用地面积约42hm²
[负责人]　刘宇
[参与人员]　李名禾　邵琢文　尤佳　何秀秀
[完成时间]　2010年12月

1.土地使用规划图
2.功能结构分析图
3.总平面图
4.鸟瞰效果图

一、规划背景

轨道交通11号线是连接上海市西北地区到中心城的主干线，本次规划的嘉定北站即为北段主线的终点站和停车场。规划编制时值规划范围内各地块已经出让，亟待通过此次规划的编制，整合地块建筑初步方案，验证上位规划的设计条件，落实精细化管理要求，推进嘉定北站综合开发地块科学、合理地建设。

二、主要内容

规划对北站地块所在区域的上位控规、土地出让合同设计条件进行详细的梳理和比对，基于综合开发、以人为本的设计理念，从整体空间视角对建筑高度、建筑密度、停车配建等指标进行了必要的优化和完善，并根据修建性详细规划的编制要求，进一步明确了地块控制、建筑及容量控制、市政工程和环境保护等控制要求。

三、规划特色

规划提出空间耦合、综合开发的理念。轨道交通网络与城市空间的相互作用，使得两者之间的合力场效应最大化，轨道交通站点与城市公共活动中心这

两类节点在空间上耦合是作用的必然结果。本规划在上位规划的指导下，力图通过功能、交通、空间设计等方面促成、优化和完善两者之间的耦合。

功能耦合方面，形成功能业态的多元混合，站点地区集商业服务、商务办公、会展博览、科技文化、居住和公共交通枢纽功能于一体，形成北部城区地区级中心的核心区域。

交通耦合方面，形成以公共交通为主导的交通体系，紧密结合城市空间，在轨道站点300m服务半径之内预留公交场站与公交设施用地，同时配备P+R停车，有效地解决最后1km的问题。

空间耦合方面，在综合开发的理念下，将交通功能、共服功能及开敞空间系统进行一体化设计，不仅通过地面通道、过街天桥形成水平空间上综合开发地块之间的联系，而且通过立体化的规划布局，将公共交通区与其他城市功能区紧密结合，形成垂直方向上的联系。同时，开敞空间体系、绿地景观体系也与其同步规划，从而实现交通功能主导下的空间与效益平衡，并与周边环境协调开发。

四、规划实施

该规划已通过嘉府2010[163]号批复，现站点已经投入使用，周边综合开发地块也处于全面建设之中。

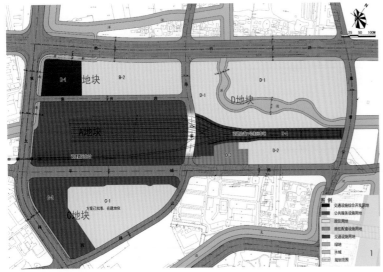

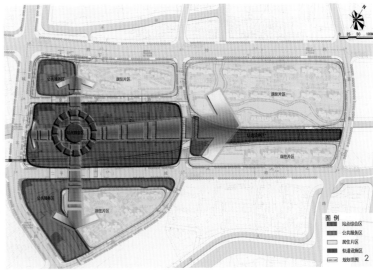

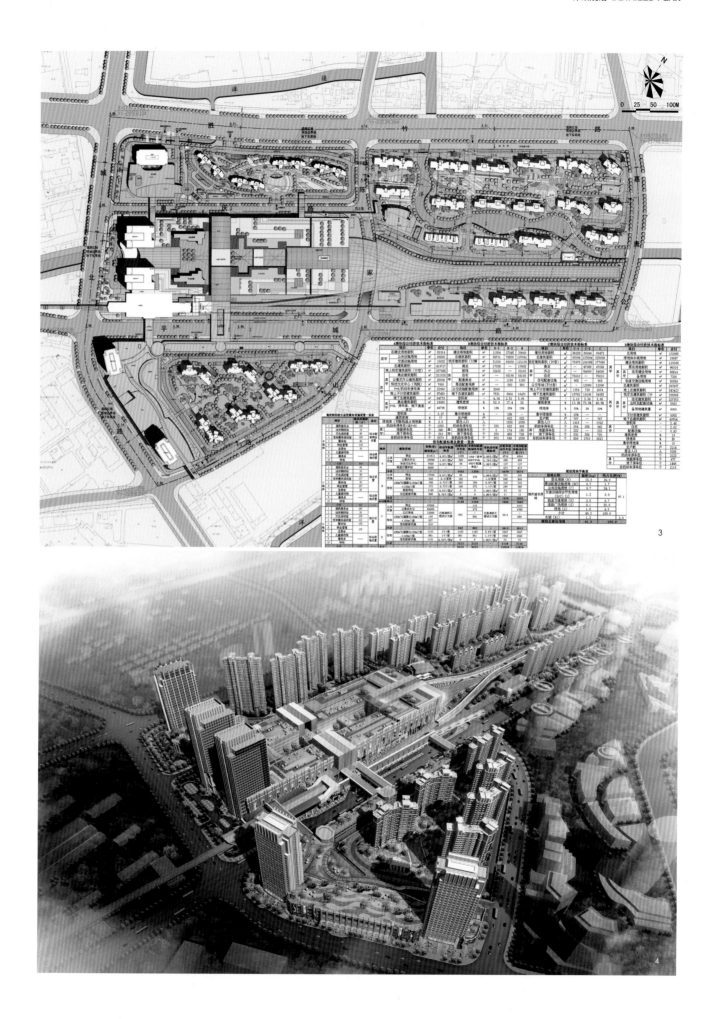

城市设计

上海市嘉定新城中心区（伊宁路南：JDC1—1902单元）控制性详细规划F01、F02等街坊（总部园区）增补普适图则及附加图则

[委托单位]　上海嘉定新城发展有限公司

[项目规模]　42.12hm²

[负责人]　徐峰　王超

[参与人员]　王林林　吴佳　李世忠　黄旭东　何秀秀　邱娟　徐益青　林升；何海涛　何凯　何涛　钱栋　周文晖（合作单位）

[合作单位]　上海大秩城城市规划设计咨询有限公司、上海建筑设计研究院有限公司

[完成时间]　2013年5月

[获奖情况]　2013年度上海市优秀城乡规划设计奖一等奖

1.公共开放空间规划图
2.控制总图则
3.编制过程及工作组织示意图
4.各阶段工作目标示意图

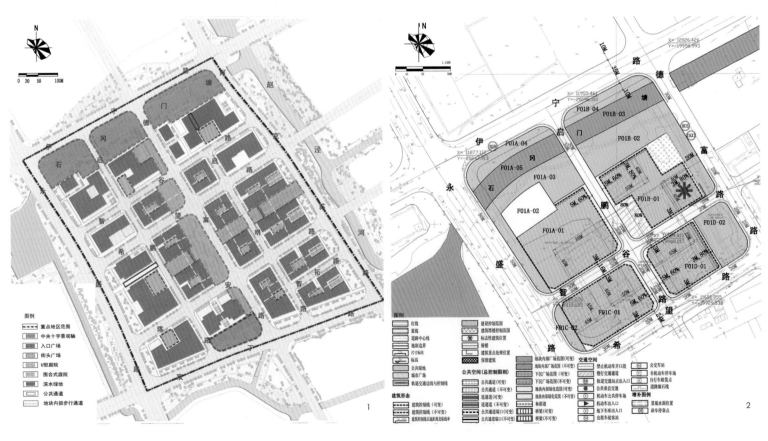

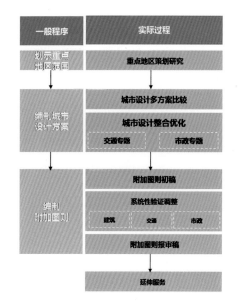

一、规划背景

嘉定新城中心区是新城"产城融合",打造经济发展和空间景观新亮点、新品牌的关键区域。规划区位于嘉定区中心区中部,在2009年编制的《嘉定新城中心区(伊宁路南:JDC1—1902单元)控制性详细规划》中被划为发展预留区。中心区发展已初具规模,本规划旨在明确规划区的发展导向和控制要求,进一步完善嘉定新城中心区的公共服务功能。

二、主要内容

规划充分研究了基地对外交通、区域功能等外部发展因素。通过"城区化总部地区"的案例研究,确定了"四高"的空间设计策略,强调总部区的高混合度功能、高密度路网、高开放度公共空间及高连续度街道界面。基于以上定位,城市设计提出了生态绿谷、水轴串联;宜人街坊、步行网络的整体构架,并通过两片三点核心建筑群形成地标特色。最终融入嘉定新城中心区的整体规划方案中。

按照"地块出让,市场开发为主"的实施模式,将城市设计方案中的功能布局、空间管制、交通组织等控制体系转译为附加图则。附加图则表达的设计控制要素分为刚性和弹性两类,弹性控制要素一般都设定了弹性控制范围。

三、规划特色

本项目是上海市将城市设计纳入控制性详细规划阶段管理的案列,重点地区通过城市设计研究,提出控制性详细规划的增补图则及附加图则。城市设计方案经过多轮比选,并作了交通影响分析、建筑验证,经决策者、管理方、运营方等多方协调,以确保实施操作。项目编制体现了多主体协调和多专业协作的特征。

在项目编制过程进行了探索和创新,主要体现在三个方面。

(1)通过建筑验证确保控制的合理性。具体可总结为三个验证、两个分析,即建筑概念平面验证、地块交通流线验证、空间体量与功能验证;两个分析分别为消防分析与贴线率分析。建筑验证可充分检验规划控制要求在建筑设计层面的潜在问题,通过验证反馈得以优化。

(2)通过可变控制增加控制要素的操作弹性。考虑土地出让先后顺序并不确定,对于涉及2个或2个以上地块的控制要素,通过弹性可变的方式进行控制,例如地下连通道、10kV开关站等。

(3)结合多专业研究,提出创新思路。如对可变车道的使用进行了探索,经与交警部门协调,可变车道方案将作为远期交通量上升后的问题解决备案。同时在分布式能源站的研究中,通过深化设计研究,最终确定两管制供热方式,缓解了市政管线空间矛盾。

四、规划实施

规划在2013年5月经沪府规[2013]115号批复,本项目的后续实施价值首先体现在与土地出让环节的衔接上,即将附加图则相关内容纳入土地出让合同。应对运营方、新城发展公司的需要,项目组对所有开发地块的控制要点进行全面梳理,经规划管理部门整理,最终优化为地块出让附加条件,为后续招商及地块出让提供延伸服务。同时也为附加图则相关内容纳入土地出让合同,切实发挥规划实效性奠定基础。

5.中央景观鸟瞰图
6.整体鸟瞰图
7.协调区总平面图
8.总平面图

图例
▭▭▭ 重点地区范围

上海市嘉定现代农业园核心区详细规划

[委托单位] 上海市嘉定区华亭镇人民政府
[项目规模] 用地面积约107.3hm²
[负 责 人] 刘宇
[参与人员] 刘爱萍 王晓峰
[完成时间] 2006年8月

1.结构分区图
2.配套设施规划图
3.方案总平面图

一、规划背景

在建设社会主义新农村的发展背景下，上海市的农业园区得到了蓬勃的发展。嘉定区于2006年启动了《上海嘉定现代农业园区总体规划（2006—2020）》的编制，明确了嘉定现代农业园区是以发展生态型高效农业为基础，具有生产、研发、商贸、生活、休闲旅游等综合功能的现代农业园区，是上海大都市建设的重要节点，国家农业产业的示范区。本次规划的农业园核心区即为现代农业园的一期。

二、主要内容与特色

本次规划植根于地区农业发展优势，充分尊重基地的地形地貌、道路水系、生态肌理等现状要素，以生态性、前瞻性、参与性、特色性、文化性为原则，进一步深化细化了规划区的功能定位，围绕着农业生产和生活，在循环经济、科技孵化、文化展示、生态体验等方面提出了具体的发展设想，在土地使用方案的基础上，进行了园区的空间布局、分区引导和重要节点的景观设计。

发展定位：以自然为舞台，以传统文化为内涵，以农业科研、产品展示、生产示范为核心内容，以休闲、求知、观光、采摘等活动为载体，运用乡土植物和地方材料，形成简洁、质朴、美观的现代农业示范区。

功能布局：形成一湖、两环、九区的总体结构，一湖是以中央景观湖为核心，两环指贯穿全园的环道，九区包括综合服务区、农业自由港、农业文化区、温室展示区、果品展示区、农业硅谷、水产养殖区、水稻种植区和林果园区。

分区引导：在功能分区的基础上，规划结合案例借鉴与实地考察，顺应

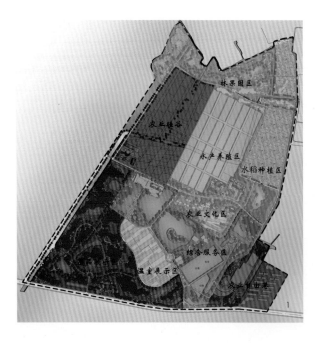

图例
1 出入口
2 停车场
3 园区标识
4 园区标志
5 大棚餐厅
6 学农基地
7 鱼塘
8 运动场地
9 湖心岛
10 景观大道
11 有机蔬菜及特色种植
12 亲水广场
13 游船码头
14 观赏草坡
15 家畜岛
16 百年老宅
17 民俗广场
18 管理中心
19 锦鲤基地
20 水稻种植
21 名人林
22 饮水思源
23 百年老桥
24 界碑
25 太空育种中心
26 哈密瓜种植
27 露地植栽
28 葡萄种植
29 配套用房

老宅改造景观平面图

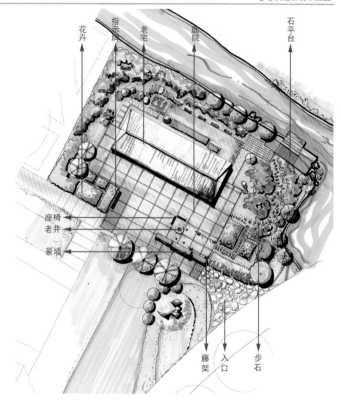

花卉
指示牌
老宅
庭院
石平台

座椅
老井
景墙

藤架
入口
步石

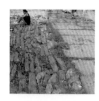

以恢复建筑的原有本色及满足作为展示功能的空间为出发点，并对建筑周围环境进行整体的设计，恢复农家小院的温馨悠然的乐趣。深灰色的铺装、老式水井、爬满瓜果的花架，极目远眺时也可欣赏层层如梯田般的田园风情的远景。老宅前设计大量的铺装以满足将来集散的功能，建筑后的竹子保留，增加瓜果类植物和色叶植物增加其空间的可观赏性。

老宅改造景观节点 -- 复旧如旧（一）

主入口景观平面图

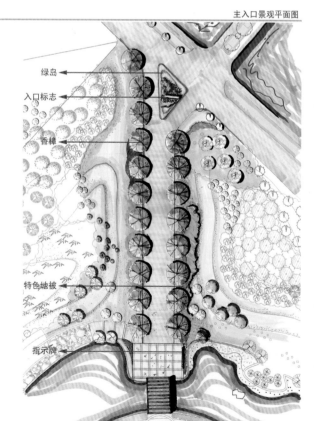

绿岛
入口标志
香樟

特色地被

指示牌

主入口现状图

基于现状的主入口比较空旷、缺少点景的主题标志，并且道路宽度不够等原因，特设入口标志起到开门见山突出园区特色的作用；另一方面选择大规格的轮廓清晰、树干高大的香樟作为行道树并将道路拓宽到 10 米，形成大气简洁园区的特色，最终起到由开放的城市工业到类似于乡村农业的视野空间的过渡。

主入口景观节点 — 简洁静谧（一）

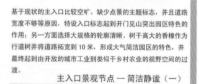

图例
1 紫藤清幽
2 三潭映月
3 湖心小筑
4 田家耕作
5 旧里民俗
6 旧宅轶事
7 绿坡春色
8 古道石碑
9 双桥月影
10 饮水思源
11 桔林深处
12 家禽天地

图例
园区主要道路
园区次要道路
园区支路
园区出入口
功能分区出入口
P 停车场

规划控制河道

图例
绿化节点
活动节点

4.节点设计—老宅改造   7.景点布局示意图
5.节点设计—主入口   8.水系规划图
6.道路系统规划图   9.景观系统规划图

农业发展趋势、挖掘地域文化特色，针对各个分区提出了实施性较强的建设内容，指导后续项目的引入。

节点设计：为了配合规划区的开园建设，本次规划还对主要入口区、景观草坡、百年老宅等近期节点进行了景观节点设计。

10月开园，满足了城市居民亲近田园、体验农业、回归自然、享受野趣的时尚需求，同年被评为全国农业旅游示范点、上海市民喜爱的乡村旅游景点。

三、规划实施

在本次规划的直接指导下，农业园核心区一期的建设基本完成，于2006年

上海市嘉定西门地区改造规划

1.效果图
2.土地使用规划图
3.功能分区示意图
4.方案总平面图

[委托单位]	上海市嘉定老城区保护改造暨开发推进协调联席会议办公室
[项目规模]	43.2hm²
[负责人]	刘宇
[参与人员]	王茵 肖旻 王晓峰 何秀秀
[完成时间]	2007年2月

一、规划背景

西门老街历史风貌区保护性改造，是嘉定"十一五"期间北部城区重点推进的项目之一，旨在加快西门地区老城改造的步伐，与新城建设联动发展，打造"古朴繁华"的传统江南水乡特色。时值《上海市嘉定西门历史文化风貌区保护规划》刚刚编制完成，保护区内部的风貌管控要求已经明确，但与其紧密相邻的周边地区亟待通过本次规划的编制与之对接，使文脉的传承能够融入到整个西门地区，形成地域整体的城市印象。同时，规划范围内设有轨道交通11号线嘉定西站，也需要通过TOD模式的引导，推动城市功能的完善、提升地区价值。

二、主要内容与特色

功能定位：以轨道交通枢纽为依托，打造体现历史韵味、文化内涵的集居住、商贸办公、文化、休闲娱乐为一体的功能复合型城区，打造嘉定老城和菊园新区的城市门户节点和地区公共活动中心。

设计理念：千年练祁、江南风情。规划通过整合区域资源，完善配套，塑造公共中心；通过挖掘地区文化内涵，营造个性生活；通过功能复合开发，融合商办、居住、娱乐，建设具有人气的活力城区。

布局结构：以城市更新的方法，促进新旧融合。形成以休闲娱乐为主导功能、以老街符号为空间特质的怀旧西门；以综合商业为主导的印象西门，反映工业时代西门的特色；以商务办公为主导的时尚西门，反映西门作为嘉定西部门户的崭新时代风貌。

三、规划实施

该规划已通过嘉府[2007]26号批复。

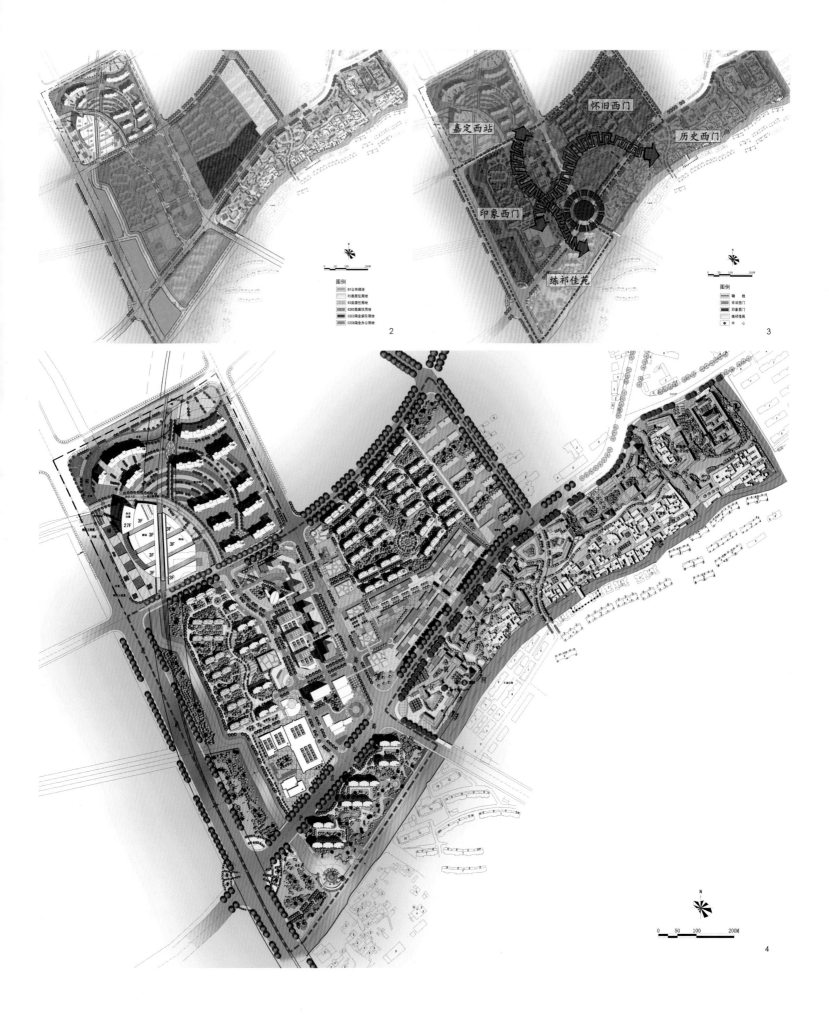

嘉定西站

怀旧西门

历史西门

印象西门

练祁佳苑

上海市嘉定区"迎世博600天"道路专项整治方案

[委 托 单 位] 上海市嘉定区人民政府
[项 目 规 模] 沪宜公里、沪嘉高速公路等道路
[负 责 人] 黄劲松
[参 与 人 员] 周伟 肖闵 李开明
[完 成 时 间] 2009年3月

一、规划背景

在城市的舞台中，道路毫无疑问是重要的布景，形形色色的路人甲和乙，流光溢彩的城市景观，都依托于道路这一城市公共走廊。为了迎接世博盛会，嘉定区开展了一系列城市环境整治活动，对沪宜公路、沪嘉高速公路等主要城市交通走廊进行道路专项整治。本方案是对上述规划的回顾和总结，对不同层次方案及具体整治措施进行归纳，力争将样板段实施过程中的经验进行推广，向"重塑城市走廊"的目标前进。

二、主要内容

在沿街立面整治方面，主要从建筑立面、景观绿化、设施标识三个方面对城市走廊进行更新。

（1）建筑立面的整治目标是在一定区域路段内沿街新建、扩建、改建的建筑物（构筑物），其立面色彩、材质、空间关系等应相协调统一，涉及主要内容有立面形式、色彩色调、围墙栏杆。

（2）在景观绿化方面，保留现有街道行道树以保护现有风貌，根据规划功能定位，补充多样化的绿化形式，丰富绿化景观，体现迎世博绿化景观要求。

（3）设施标识以保护现存特色氛围，空间尺度和景观的整体性为前提，控制广告标识和道路设施标识的位置、形式、数量等。协调建筑物立面于外墙广告的关系，避免影响特色建筑立面的美观，设置形式与该地区的整体风貌协调统一。

在道路功能整合方面，从道路使用现状、断面设计、道路设施、停车场地、绿化配置等方面进行深入研究，提出符合地区发展的道路断面型式，结合路外土地使用情况，对道路设施、停车场地设置位置进行优化组织，并对道路的绿化配置提出优化方案。

三、规划特色

规划从两个层面着手。第一层面，针对功能定位明确、现状运行良好的道路运用城市设计的手法，对沿街立面进行整合，形成和谐统一的城市展示界面；第二层面是对那些现状使用状况较差、各项功能设置不合理的道路从道路定位、断面设计、设施布局入手，分析道路与周边土地使用情况，先进行功能和资源整合再到沿街立面整治，力求达到表里合一的效果。

在设计手法上，采用新建、增加绿化的方式对街道做加法，对违章建筑物和构筑物进行彻底拆减，对逾期、影响美观的广告牌等设施予以拆除，对街道进行清理。同时，将沿街立面进行整理，统一风格。通过城市设计的加减乘除，来重塑城市走廊空间的魅力。具体到设计手法和整治内容的结合，对建筑物及其立面形式，多采用新建、拆减、移除和美化的设计手法；设施标识多采用移除和补充，对景观绿化主要采用补绿和美化两种设计手法。通过不同的手法和内容组合，城市空间展现出焕然一新的面貌。

四、规划实施

在专项整治方案的引导下，部分路段的整体形象得到明显改观，为迎接世博会的到来创造了整洁美观的城市界面。

158

1.嘉戬支路道路及景观设计
2.改造措施
3.大治路道路及景观设计

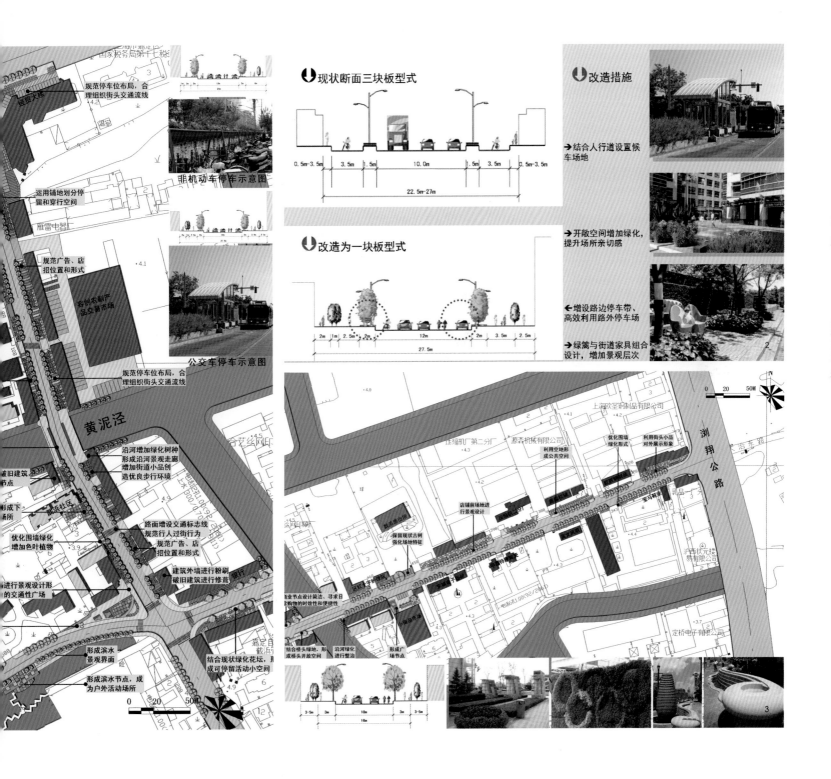

规范停车位布局,合
理组织街头交通流线

运用铺地划分停
留和穿行空间

非机动车停车示意图

规范广告、店
招位置和形式

公交车停车示意图

规范停车位布局,合
理组织街头交通流线

🔵现状断面三块板型式

0.5m-3.5m | 3.5m | 1.5m | 10.0m | 1.5m | 3.5m | 0.5m-3.5m
22.5m-27m

🔵改造为一块板型式

2m 1m 2.5m 2m | 12m | 2m 3.5m 2.5m
27.5m

🔵改造措施

→结合人行道设置候
车场地

→开敞空间增加绿化,
提升场所亲切感

←增设路边停车带、
高效利用路外停车场

→绿篱与街道家具组合
设计,增加景观层次

黄泥泾

沿河增加绿化树种
形成沿河景观走廊
增加街道小品创
造优良步行环境

优化围墙绿化
增加色叶植物

路面增设交通标志线
规范行人过街行为
规范广告、店
招位置和形式

建筑外墙进行粉刷
破旧建筑进行修葺

进行景观设计形成
的交通性广场

形成滨水
景观界面

形成滨水节点,成
为户外活动场所

结合现状绿化花坛,
成可停留活动小空间

结合桥头绿地,形
成桥头开放空间

沿河绿化
进行整治

形成广
场节点

0 20 50M

3-5m | 10m | 3-5m
16m

优化围墙
绿化形式

利用街头小品
对外展示形象

店铺前场地进
行景观设计

保留现状古树
强化场地特征

0 20 50M

159

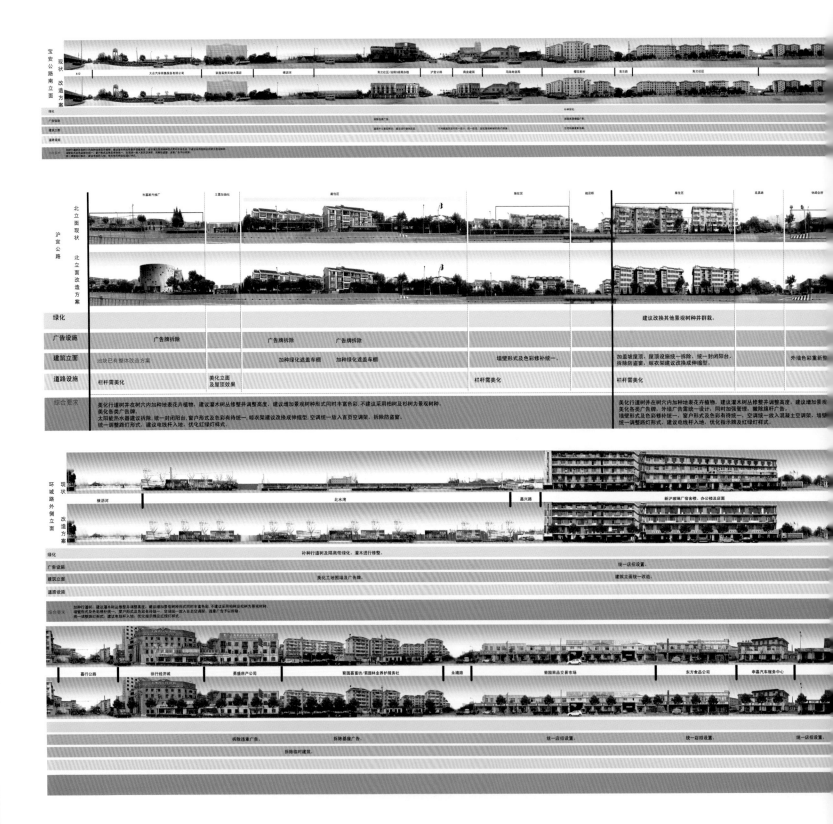

4.宝安公路南立面现状与方案
5.沪宜公路北立面现状与方案
6-7.环城路外侧现状与方案

上海市嘉定新城东部实践新区策划及城市设计概念规划

[委托单位] 上海市嘉定区规划和土地管理局

[项目规模] 策划范围总用地约为933hm², 城市设计范围总用地约为671hm²

[负责人] 王超

[参与人员] 张强 刘妍赟

[完成时间] 2010年12月

一、规划背景

　　未来的嘉定新城主城区需要落实严格的保护制度和节约用地制度,以用地结构调整推动产业结构调整,统筹地区近期建设和长远可持续发展用地平衡。嘉定新城东部实践新区位于沪嘉和嘉宝新城发展轴线上,同时又处于中心区拓展区域,片区空间上的交叉性决定了其功能的复合性,其产业转型将结合新城建设从制造走向服务,由制造转为创造。为确保嘉定新城整体城市目标实现、产业持续发展,城东片区需要立足宏观定位、提升产业功能、整合空间结构、彰显新城风貌。

二、主要内容

1. 发展定位——创新智谷

　　整合地区的禀赋要素,融入嘉定新城整体,汇聚生产力、文化力、创新

162

1.效果鸟瞰图
2.规划结构图
3.土地使用规划图

力、生态力。

动力创智湾——科创智汇，产业联动引导的动力之源；

活力信息带——网聚物联，人文多元交流的活力之带；

魅力水绿城——水环绿拥，生态低碳持续的魅力之城。

2. 产业转型—产城融合

两大提升：由制造向创造提升，由制造到服务提升。

两大融合：文化、信息、创意融合——文化信息产业，商贸与信息融合——电子商务。

三大激发：物联网——促进传统信息产业的跨越，新能源——促进传统能源产业的跨越，新材料——促进传统材料产业的跨越。

3. 形象转型—品牌营造

地区作为嘉定新城重要的城市粘合剂，应积极推进"功能互补，产城融合"的发展目标，建设以战略性新兴产业、创新产业和现代服务业为主导，集

信息网络、科技研发和体验经济等功能为一体的现代化、生态型、文明和谐的新城综合功能区。

4. 生态转型—水乡特质

城东片区延伸新城"海"字远香湖区域结构，代表着和谐、文明、海纳百川，更延续了新城发展的动力源和文化源。嘉定新城更多地表现为一个"宜居之城"，城东片区则表现为"创新之城"的知城形象。在郊区环线与丰登路之间，其核心区采用中国传统城市的九宫格形式，围以景观水系，命名为"新智慧之湖"，塑造"围水而生"的设计主题。

三、规划特色

1. 产业与城市的关系——互动

功能互动：城东片区需要与新城功能相融合的产业，对现有产业合理取舍、改造提升；积极导入新兴产业和服务业。

4.核心区平面图
5.智慧核鸟瞰图
6.商务区鸟瞰图

空间互动：城东片区空间上对接主城区多个功能片区，空间互动和融合发展体现复合城市导向。

2. 片区与整体的关系——联动

错位互补、分工合作：城东片区与新城中心区高端商务办公、与南门工业区产业提升、与菊园科技资源集聚有所错位，错位的实质是为了正位。

整合优势、一体发展：将城东片区融入中心区综合考虑，作为一个整体集聚规模、扩展空间，提高能级、联动发展，建设成为健康发展的新城。

3. 功能与空间的关系——生动

生动的水：城东片区延续新城中心区"千米一湖"的新城水系网络，将生动的水引入城区内部，塑造活力亲水形象。

生动的绿：城东片区加大新城"百米一林"的延展建设，将生动的绿整体融入嘉定绕城森林，创建"新城绿廊"。

生动的城：城东片区植根本土，延续新城发展动力源和文化源，积极表现创智创新的具有自身品牌的特色知城形象。

4. 继承与创新的关系——感动

延续历史脉络、叠合城市功能：保留企业，产业提升；保留建筑，合理改造利用；重构城市空间，体现新时期要求。

植根历史、承前启后：内涵丰富，根基深厚；基于现实，形象生动，焕发活力；紧跟时代，引领未来。

上海市嘉定区黄渡大型居住社区概念性规划方案

[委 托 单 位]　上海市嘉定区规划和土地管理局；上海市嘉定区安亭镇人民政府
[项 目 规 模]　用地面积3.9km²
[负 责 人]　王超
[参 与 人 员]　刘妍赟
[完 成 时 间]　2011年7月

一、规划背景

嘉定黄渡大型居住社区，是上海市第二批大型居住社区之一。2011年5月上海市规划与国土资源管理局对"嘉定区黄渡大型居住社区概念性规划方案"项目进行招标，要求在考虑黄渡大型居住社区与嘉定新城发展合理衔接，分析未来居住对象生活需求基础上，营造社会融合、功能完善、交通便捷、环境优美的城市居住社区，为推进全市大型居住社区规划建设起到指导和示范作用。

二、主要内容

1. 发展策略

规划重点关注：片区与整体的关系处理，产业园区到大型社区的转变方式，新功能的承载平台构造途径，地区文化特色的复兴路径。提出了"多元居

住、功能交融、低碳宜居的汽车城东部综合居住社区"的规划目标。

（1）社区与周边一体发展：社区与汽车城各功能片区交通衔接、轴线对接、一体化发展。

（2）产业与城市互动发展：依托同济科研教育资源，转型提升现有产业、产城融合、互动发展。

（3）功能与环境协同发展：依托黄渡水资源条件、回归自然、回归生态，建设生动、和谐、宜居的新社区。

（4）传承与创新融合发展：在社区中营造体现"黄渡社团文化"传承创新、汇聚人文交流的空间场所。

2. 功能结构

规划将研发、商办、居住三大功能相互对接和交织，水网、绿网两大脉络互相衔接和融合，紧密依托景观核心，以及沿桃浦路物流片区、沿春雨路科研

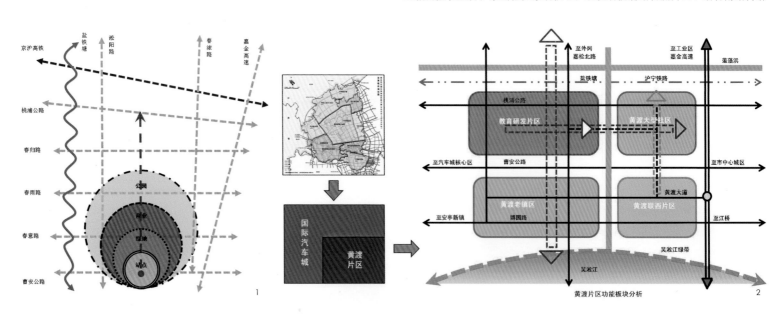

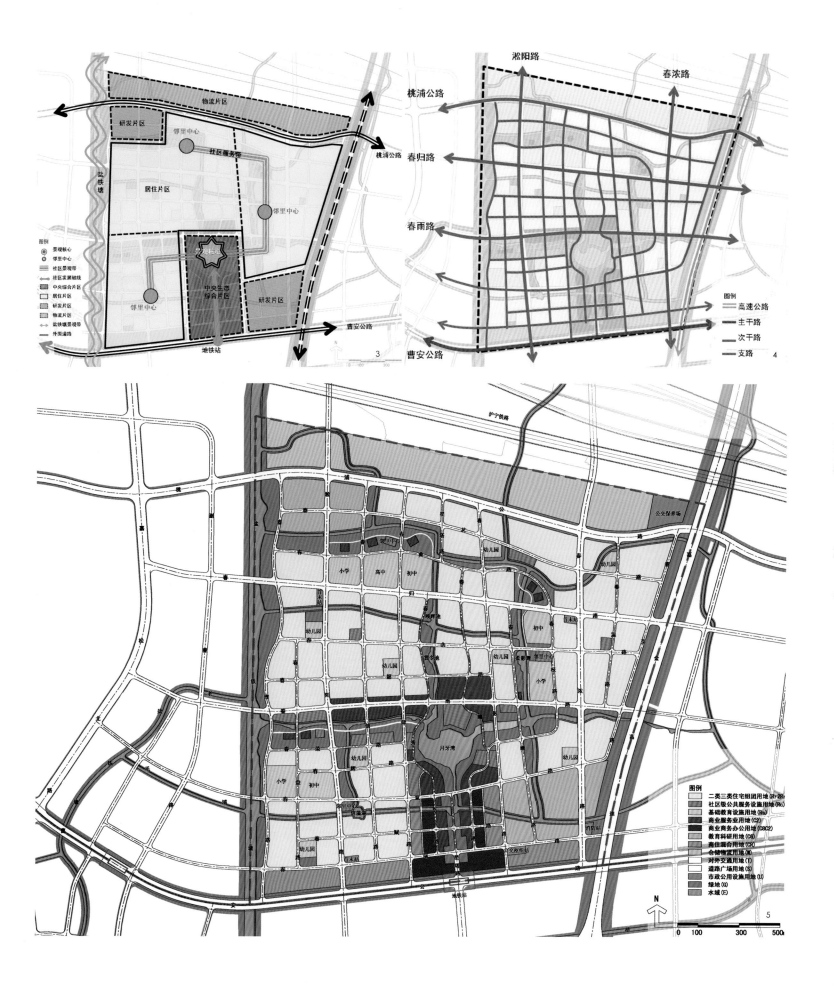

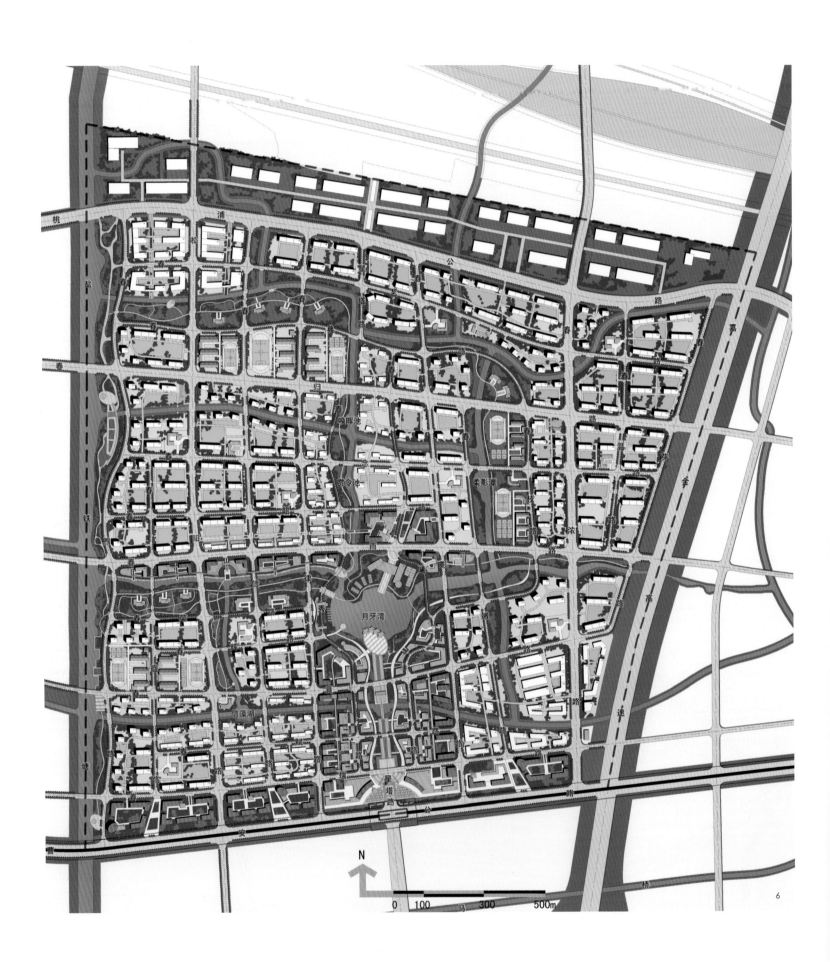

月牙湾

情藻湖

N

0　100　　300　　500m

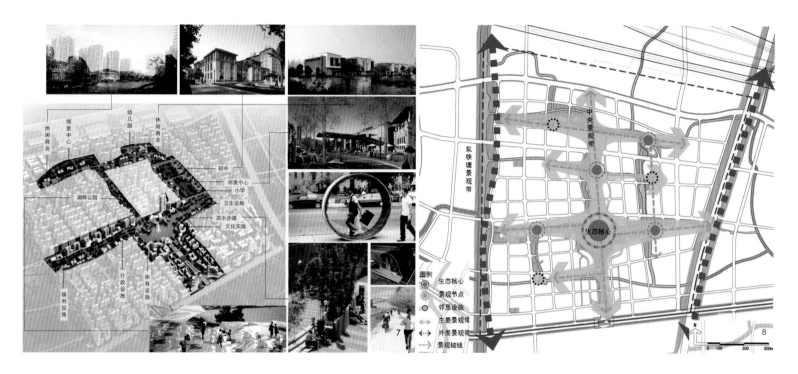

6.总平面图
7.空间特色示意图
8.景观系统规划图

片区、沿曹安路综合商务区、基地内部居住片区形成"一核四片区"。

3. 空间特色

春雨路界面以休闲商业、社区设施、滨水公园等综合功能，展示繁华的社区空间；曹安公路以大型商业、酒店式公寓等业态，展示城市发展的速度和高度；沿盐铁塘道路设计为曲线道路，并且以点式、板式住宅结合来打造生动的滨河空间；中央综合片区道路设计为曲线型，限制机动车车速，倡导慢行交通，打造舒适、生态的大社区核心的氛围。

三、规划特色

1. 产城融合、互动发展

在居住主导功能基础上，结合现有优质企业保留，通过产业功能提升，融入科研教育功能，形成与教育研发区互动、互补，多元、多样的城市生活片区。

2. TOD导向的空间分布模式

依托轨交14号线站点，在基地中部构筑南北向的都市服务设施集中带，布置步行绿带、商业服务设施、商住混合街区、中央生态公园等功能。在形成主要城市形象的同时，可以保证周边居住组团得到均等的公共服务设施和社区发展机会。

3. 生态复合的社区空间肌理

保持基底原有绿地及水体，建立"U"形社区绿带，将基地与盐铁塘西侧的同济大学嘉定校区及其周边地区串联起来，并在功能上予以对接。在社区绿带中布置公共服务设施、小游园等，形成社区的"U"形公共服务磁力带，促使公共资源的效益最大化。

上海市嘉定新城菊园社区城市设计

[委托单位]　上海市嘉定区规划和土地管理局
[项目规模]　87.96hm²
[负 责 人]　王超
[参与人员]　张强 王林林
[完成时间]　2012年12月

1.单元规划结构图
2.用地功能混合导向示意图
3.周边开发示意图
4.功能结构示意图
5.道路交通规划图
6.总平面图

一、规划背景

　　嘉定新城菊园社区位于嘉定老城区北部，是嘉定新城主城区北部重要的居住功能片区和公共活动中心区域。随着张江高科园研发办公集聚区落户该区域和重点科研机构、功能性项目的建设，菊园社区高新技术园区将作为国家级科研院所集聚板块西地块建设，是菊园社区创新驱动、科技领航、产城融合的核心载体。菊园社区将以张江高科园研发办公集聚区建设为契机，依托轨道交通站点和北水湾开发，拓展科技研发、商业金融、文化教育、商务办公等多种功能，有效提升菊园地区服务能级，突出公共活动职能，辐射服务于北部城区。

二、主要内容与特色

1.发展目标

　　研究区域位于张江高科技园菊园片区，轨道交通11号线嘉定北站和嘉定西

站周边，依托地区科技研发优势及良好的区位交通条件，地区确定发展目标：完善配套服务功能，强化商办综合功能集聚，优化公共空间和环境景观，形成以人为本、环境良好的创新研发功能区。

2.空间景观构架

　　规划地区的整体空间结构为"一轴、两带、三点、三区"。
　　"一轴"即为陈家山路城市综合发展轴。
　　"两带"即为两条步行滨水活动带。
　　"三点"即为三个公共活动节点，和硕路公共广场、科技文化中心广场、项泾生态节点。
　　"三片区"即为综合商务办公片区、科技研发片区、教育科研片区。

3.空间意象

　　规划地区为张江高科技园嘉定园内的重要节点，处于平城路—陈家山路公

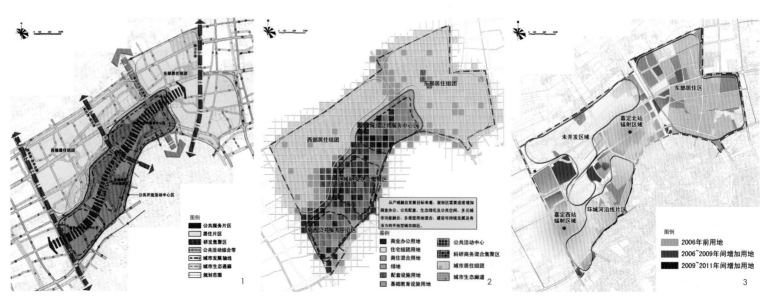

共活动综合带上，联系嘉定北站、北水湾公共服务中心区和菊西公共服务中心区两大公共组团。城市设计着重加强该公共活动带的城市意象。

（1）规划以营造活力开放的新型高科园区为目标，着重打造具有创新科技空间和城市公共空间的商业商务综合体，吸引科技活动和轨道交通带来的人流。并以此为地区空间标志，与轨道站点和北水湾商业商务中心区一起形成地区活力中心。

（2）方案建议加强和硕路、盘安路、平城路、陈家山路沿线城市界面的塑造。通过天际线的变化、沿街建筑贴线率的控制及景观活动场所的营造，打造尺度适宜、元素丰富、景观优美的城市界面。

（3）盘安路西侧沿街界面结合菊西体育公园形成向公众开放的连续商业界面；沿环城路、平城路等主要城市道路形成错落有致、活力有趣的城市天际线，具有较好的秩序感和韵律感；沿项泾形成整齐的建筑界面，结合滨水开放空间，形成宜人的慢行空间。

4. 公共开放空间

规划地区内结合建筑主要出入口、公共通道及景观轴线设置有多处开放空间，是规划地区内活动空间的拓展和集散。公共开放空间系统包括三个公共活动节点和两个滨水步行活动带。

结合地区内丰富的水系形成滨水走廊；结合王家宅河、项泾、庞家村河形成适合人行、环境优美的慢行空间；结合街坊内河道形成开敞式的绿化活动空间，沿用地边界形成公共通道，供地块内部车辆和行人使用，形成兼有交通功能的滨水走廊。

三、规划实施

研究区域位于菊园社区，成果完成后纳入到《嘉定新城菊园社区JDC1—0402、JDC1—0403、JDC1—0404、JDC1—0501单元控制性详细规划（修编）》。修编控规于2013年2月由市府经沪府规[2013]51号文批复。

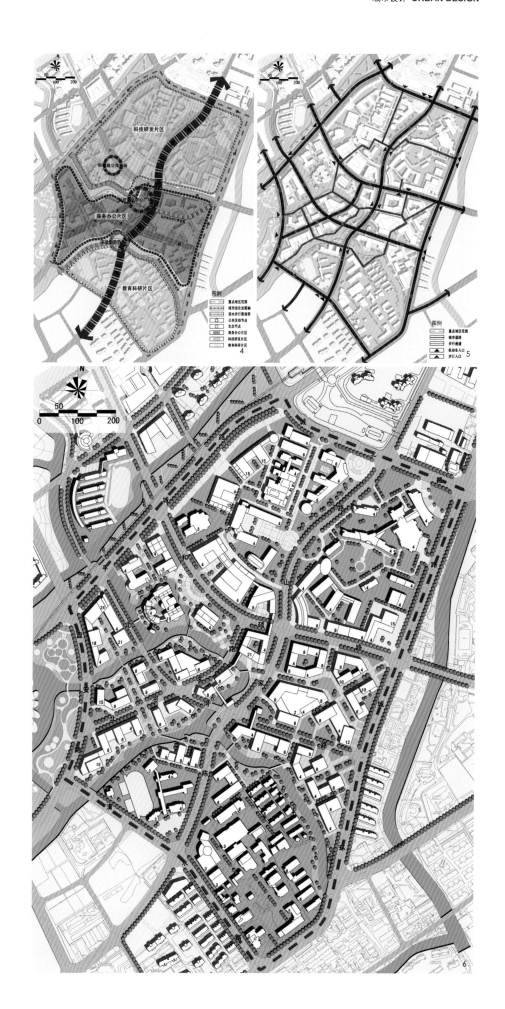

"国家千人计划"产业园（余姚）核心示范区概念城市设计

[委托单位] 浙江省余姚经济开发区管理委员会

[项目规模] 83.9hm²

[负责人] 吴佳

[参与人员] 王林林 李世忠 吴庆楠 黄旭东

[完成时间] 2013年6月

1.设计构思示意图
2.功能结构分析图
3.公共空间分析图
4.整体鸟瞰图

一、规划背景

余姚"国家千人计划"产业园作为落实国家千人计划、对接宁波产业发展的重要项目，受到余姚市各级领导的重视，2012年中，余姚确定了千人计划产业园的总体规划，明确了整个产业园由孵化基地、中试基地及产业化基地三部分组成。项目设计范围为产业化基地的启动区，设计目的是为了深化研究启动区的定位、功能，特别是形象空间特色，并做好市场推广工作。

二、主要内容

1. 总体定位

综合在城市发展格局、区域产业发展角色与地位及现状本底资源，产业化基地启动区定位为：千人计划成果的产业化示范基地；区域先进制造落户的首选目的地；彰显余姚人文特色的先进产业区。

2. 特色分析

项目内容重点强化了对当地山水景观特征的分析，总结了"群山南北，两河纵横"的地区山水环境特征，同时通过案例研究，增加了对新型产业地区发展趋势分析，提出产业化基地不仅仅是生产基地，需要强化产业服务和生活服务的综合职能，在土地、交通、基本配套等基础要素之外，需要加强环境要素、服务要素及与目标产业相匹配要素的配置。

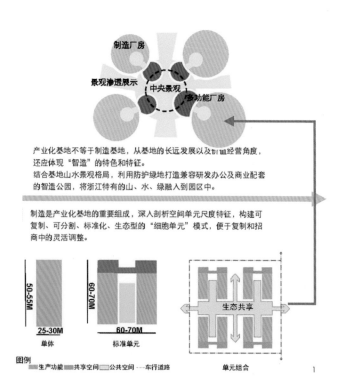

智造公园
生态细胞

制造厂房
景观渗透展示
中央景观
多功能厂房

产业化基地不等于制造基地，从基地的长远发展以及可组经营角度，还应体现"智造"的特色和特征。

结合基地山水景观格局，利用防护绿地打造兼容研发办公及商业配套的智造公园，将浙江特有的山、水、绿融入到园区中。

制造是产业化基地的重要组成，深入剖析空间单元尺度特征，构建可复制、可分割、标准化、生态型的"细胞单元"模式，便于复制和招商中的灵活调整。

50-55M
60-70M
25-30M
60-70M
单体
标准单元
生态共享
单元组合

图例
生产功能 共享空间 公共空间 车行道路

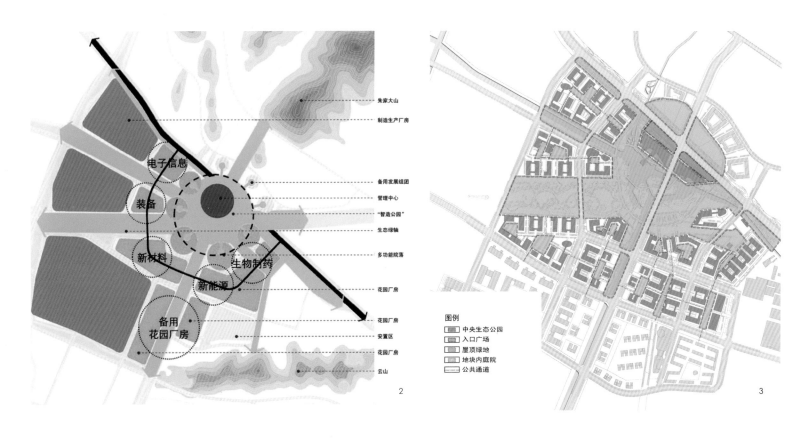

朱家大山
制造生产厂房
电子信息
备用发展组团
装备
管理中心
"智造公园"
生态绿轴
新材料
多功能院落
生物制药
新能源
花园厂房
花园厂房
安置区
备用花园厂房
花园厂房
云山

2

图例
中央生态公园
入口广场
屋顶绿地
地块内庭院
公共通道

3

4

朱家大山

微波

净水湿地

发展备用地

花园厂房

多功能院落

管理服务中心　门户广场

园区入口

水榭亭台

观景平台

中央景观湖面

生态绿岛

61　套道

滨水景观带

花园厂房

110kv高压线

500kv高压走廊
景观生态绿轴

散步径

运动公园

10kv云山
变电站

征地范围线

多功能院落

多功能院落

景观厂房

企业独栋

花园厂房

缙云线

花园厂房

生产厂房

生产管理区

景观厂房

企业独栋

物流配送区

浦宁不锈钢

企业独栋

配套商业

安置与集中宿舍

兴福寺

征地范围线

魏家桥

N

0　100　200　　　　500m

云　山

174

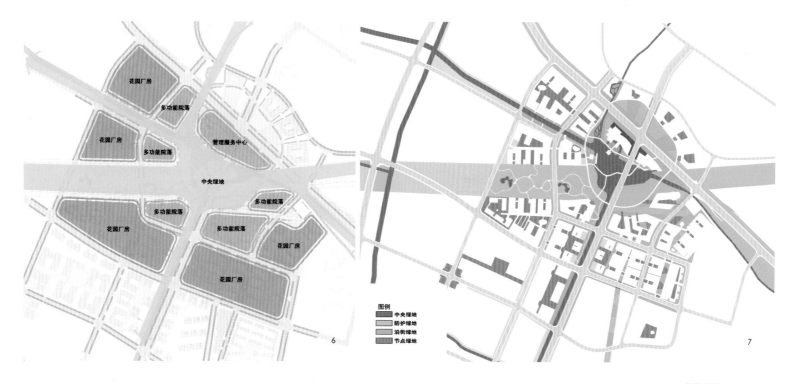

图例
■ 中央绿地
□ 防护绿地
■ 沿街绿地
■ 节点绿地

6

7

5.总平面图
6.功能分区图
7.绿地系统分析图

3. 空间布局

设计利用高压线走廊、内部水系等空间要素，整合形成园区核心绿地，规整园区地块形状，形成了核心绿地—多功能院落—花园厂房—制造园区的圈层模式，在核心绿地和多功能院落区域鼓励科技办公、公寓配套等功能兼容。

4. 设计意向

在后续整体概念设计部分，强化了对于既有规划的调整，而在重点地区设计中，强化了建设意象表达，为后续深化设计和建设实施提供参考。

三、规划特色

由于启动区仅仅明确了"千人计划"的主题，即引进掌握核心自主技术的创业人才，通过产业孵化，带动自主创业，期望形成具有竞争力和高成长性的新型产业，因此具体的产业类型和空间要求均不明确。

因此，概念城市设计将环境资源提升、强化配套服务和空间弹性预留作为核心设计思路，结合案例借鉴和空间模式，提出了"智造公园、生态细胞"的设计理念。

智造公园即从启动区的环境营造出发，提出产业化基地不等于制造基地，从基地的长远发展及价值经营角度，还应体现"智造"的特色和特征。设计方案结合基地山水景观格局，利用高压线防护绿地，变不利为有利，打造兼容研发办公及商业配套的智造公园，将浙江特有的山、水、绿融入到园区中。

生态细胞即从如何兼容不确定产业类型角度出发，深入剖析产业空间单元的尺度特征，构建可复制、可分割、标准化、生态型的"细胞单元"模式，便于复制和招商中的灵活调整以及后续实施的灵活分期。

四、规划实施

概念城市设计在2013年2月向余姚市市委的汇报，获得通过，之后，由余姚市规划院在城市设计方案基础上深化落实为控制性详细规划，推动启动区东部地区的发展建设。

上海市闵行区浦江社区MHPO—1316单元轨道交通8号线沈杜公路站西侧街坊控制性详细规划

[委托单位]　上海市闵行区规划和土地管理局
[项目规模]　112.21hm²
[负责人]　　吴佳
[参与人员]　王林林 黄旭东 吴庆楠 李世忠 洪叶
[完成时间]　2014年7月

1.思路框架图
2.功能业态策划
3.空间形态示意图
4.总平面图

一、规划背景

本项目位于闵行区浦江镇姚家浜两岸，浦江郊野公园内，毗邻闵东工业区，属沈杜公路地铁站核心范围，是浦江镇南向发展的重要节点，未来浦江镇公共中心的核心组成及浦江郊野公园的门户服务中心。

随着浦江镇城市建设的持续深化，规划区周边城市化水平的不断提升；地铁站附近的土地价值不断升温，开发需求日趋强烈。因此，亟需通过规划设计明确建设用地功能业态及空间布局，统筹地区生态环境与城市功能发展的共同需求；集约节约利用土地资源，提升郊野地区生态空间功能，推进城市节点功能落实，并落实控规编制，实现与具体开发实施的对接，为规划管理提供参考和依据。

二、主要内容

1.功能业态策划

深入分析规划区区位特征及资源潜力，结合上海郊野公园建设相关政策与导向，借鉴国内外成功经验，对规划区相关功能、细化业态、开发模式等进行策划研究，确定城市设计工作的基础。

2.整体设计框架构建

梳理相关规划资料，了解相关管理部门意见。从整体镇域层面研究片区设计框架及功能布局，处理局部与整体的协调关系，同时协调已有郊野公园发展设想。

3.空间设计详细方案

对具体功能及建筑风格、产品定位进行研究，优化业态布局，明确具体的产品定位。

在上述基础上，因地制宜，以价值为导向进行详细的方案设计。明确城市设计层面的控制要素（如高度、密度、开放空间系统、界面引导等），并进行初步的建筑单体选型，在平面布局及空间设计等方面进行适当深化，为后续的设计提供参考。

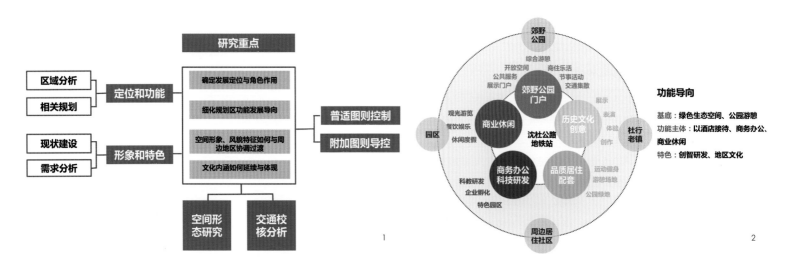

5

5.整体鸟瞰图
6.开放空间图
7.规划结构图
8.土地使用规划图
9.重点地区附加图则

4. 交通分析及容量评估

基于城市设计方案及郊野公园的交通需求分析，对出让地块的建设容量、容量分布、路网格局、出入口设置等内容进行分析和容量评估，并对静态交通、公共交通、地块内部交通流线等内容提出改善措施。

5. 控规编制

完成控规编制与报批，对用地进行深化与细化调整，对地块划分、高度、容量等控制性要素进行明确落实，为后续规划管理提供依据。

三、规划特色

1. 整体化的方案设计

本次规划关注了开发建设地块与公园，开发建设地块之间的联系，在空间形态把握、交通组织、开放空间系统构建及配套设施设置等方面进行了整体性安排。

2. 区别化的地块控制

考虑到各开发建设地块与公园的空间关系不同，与各区域性结构要素（河道、干路等）的关系不同，在具体的地块控制中对开发强度、建筑高度、公共空间等进行区别化考虑。

四、规划实施

项目在2014年7月通过闵行区政府审批。目前正在向市政府报备过程中。

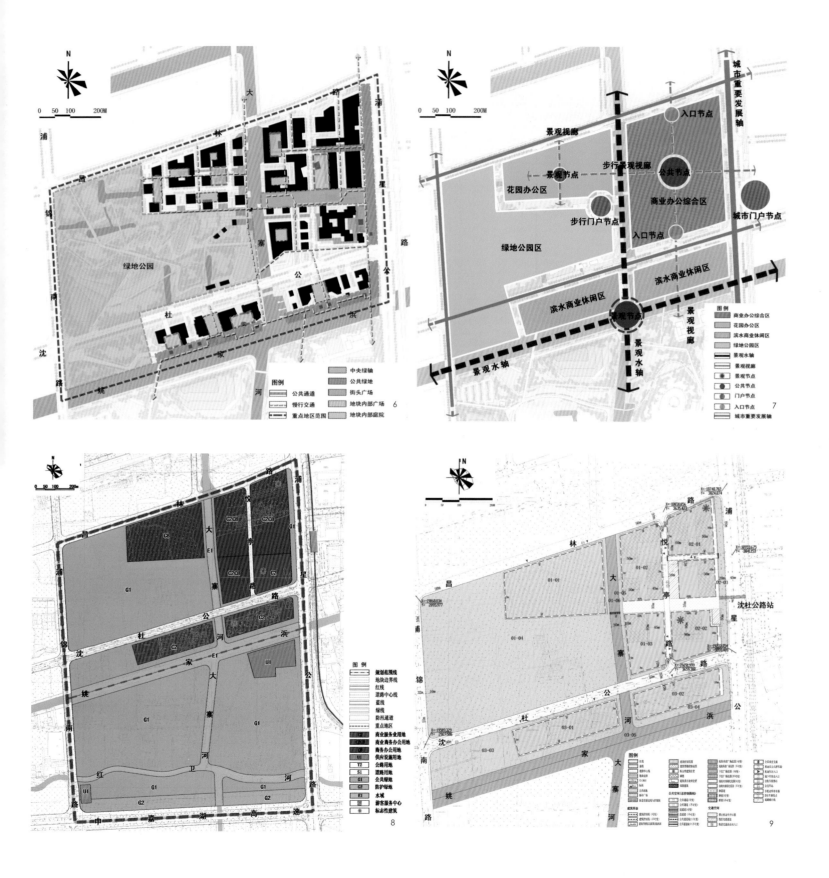

上海金山区廊下镇郊野公园规划

[委托单位] 上海金山区廊下镇人民政府
[项目规模] 21.4km^2
[负责人] 周伟
[参与人员] 庄佳微 刁世龙 张艺涵 李志强 王一然
[完成时间] 2014年9月

一、规划背景

2012年5月,上海市政府批复《上海市基本生态网络规划》,明确了"多层次、成网络、功能复合"的目标和"两环、九廊、十区"的总体格局,为落实《上海市基本生态网络规划》,上海规划在郊区布局建设一批郊野公园,全市共选址20个郊野公园,总用地面积约400km^2。金山区廊下郊野公园是上海市首批郊野公园建设试点之一,结合廊下郊野单元规划的编制,依托现状丰富的生态资源,通过景观整合与旅游体系构建,成为浦南地区近期实现的郊野公园,带动金山及周边片区的旅游开发、功能提升。

二、主要内容

1.编制原则

规划坚持"因地制宜、成本控制、乡土保持、市场运作"四大原则,充分利用现有优势资源,维护园区原有的乡村风貌,通过"政府引导,社会投资,市场运作"的开发模式,实现园区开发的低投入,高产出。

2.功能定位

以"生态•生产•生活"为主题,以"农村•农业•农民"为核心,集现代农业科技、科普教育、文化体验、旅游休闲于一体的"假日农场"型郊野公园。

3.功能布局

园区形成"生态观光区、生产游憩区、生活体验区"三大功能片区。同时根据各功能片区的资源状况和开发条件,利用郊野单元建设指标,以"一村一农场"为特色,形成多处主题农场及综合服务点。

4.园区建设

规划设计以田、水、路、林、村和生物多样性为规划要素,依托现状自然资源,打造景观特色,突出生态性的特点

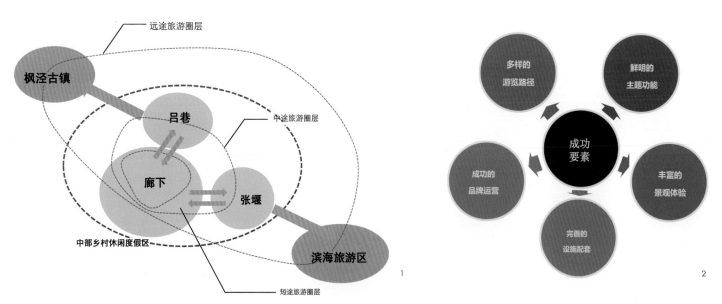

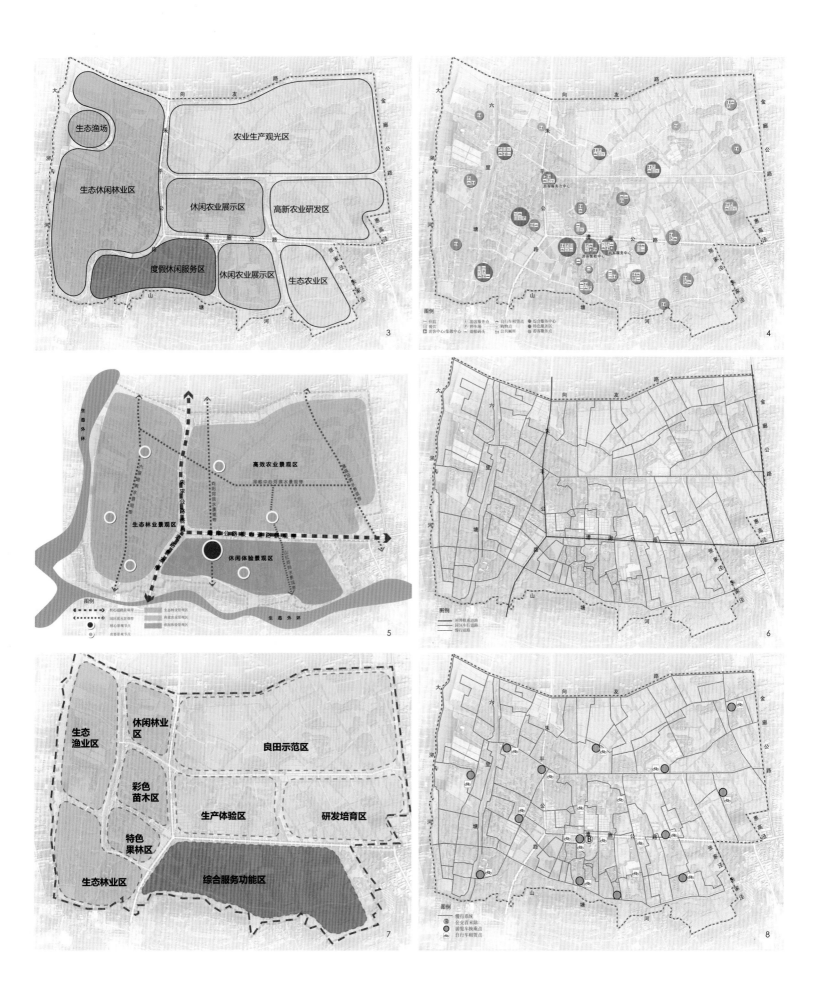

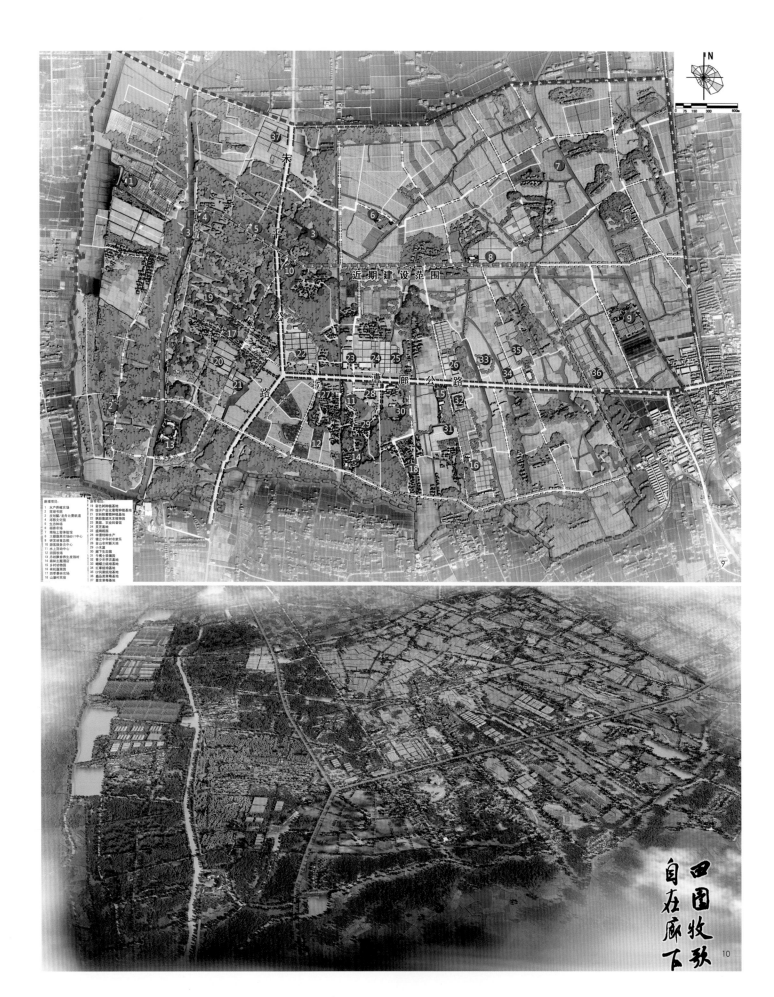

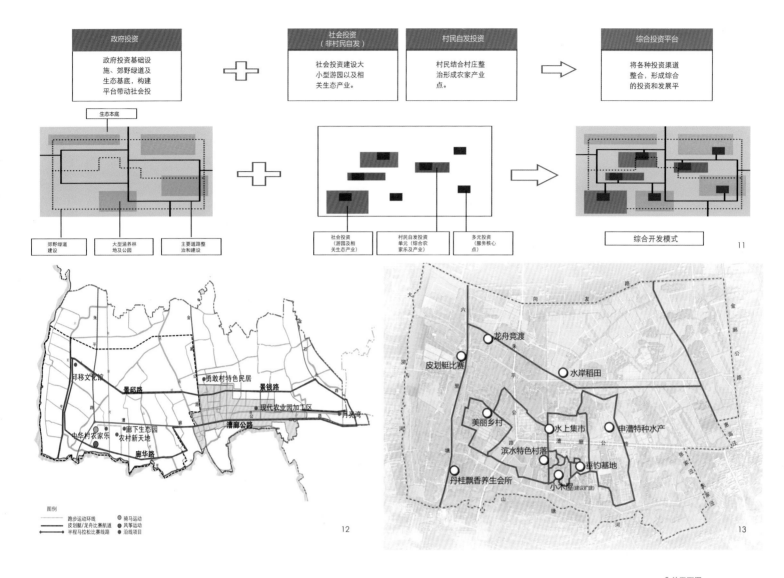

9.总平面图
10.鸟瞰图
11.建设及整治模式图
12.体育运动游线分析图
13.水上活动游线分析图

5. 专项规划

包括景观游憩规划、道路交通规划、产业发展规划和公共服务设施规划等，利用现状资源，发展各项基础设施和风貌建设，反应出乡村的特色。

6. 近期建设规划

根据近期建设范围，对近期可实施的建设项目进行整理，包括公共服务设施、车行系统、慢行系统等。

三、规划特色

（1）以"生态"理念为项目基础，充分考虑自然地理特色，延续乡土风貌，对农田、林地进行保留；

（2）立足"生活"视角，充分利用原有建设基础，满足功能要求；注重历史文化的保护与传承，保留农宅并强调原住民的保留，延续原有农村生活。

（3）以"生产"促发展，以农业为传统，打造现实的"农业、农民、农宅"。确定农业为项目中心带动形成新型城镇化，以农业现代化促进城镇化发展。

四、实施规划

本规划已由沪规土资综[2014]617号批复，一期计划于2015年下半年开园。

贵阳市修文县龙场镇及扎佐镇重点地区城市设计

[委托单位]　贵阳市修文县人民政府
[项目规模]　共480hm²，其中龙场镇290hm²，扎佐镇190hm²
[负责人]　王林林
[参与人员]　李世忠 吴庆楠 黄旭东 魏佳逸 邱娟

1.龙场重点地区总平面图

一、规划背景

贵阳市发展进入历史新阶段，修文县发展需重新定位。按照《贵阳市城市总体规划（2009—2020）》，修文县城龙场城区、扎佐镇被确定为贵阳市的卫星城市，发展为5万～20万人口的小城市。其中龙场城区发展为县域具有政治、经济、文化中心职能的县域中心型城镇，扎佐镇发展为工矿型城镇。

编制修文县龙场城区、扎佐城区重点地段的城市设计是为积极响应贵阳市、修文县关于推动建设北部新区，进一步提升扎佐及龙场城镇建设品质，更好地规范和指导地区的发展和各项建设。

二、主要内容

城市设计范围约为4.8km²，其中龙场镇设计范围约为2.9km²，扎佐镇设计范围约为1.9km²。

考虑项目涉及地块的控制性详细规划已经编制完成且审批生效，城市设计工作内容包括以下四个部分。

（1）产业策划：在控规基础上，完善对功能业态的深化、细化研究，作为城市设计的工作基础。

（2）设计研究：深入研究本土建筑和当地"阳明文化"的内涵与特质，以在后续设计中得以体现和落实。同时针对贵州水系水量不稳定、坡地山体较多、建筑布局不强调朝向的特质，对滨水景观处理及坡地设计进行了专门的设计研究。

（3）设计控制：本次设计不仅制定了城市设计的美好蓝图，还需根据各类分项片区的设计目标、现实情况及具体操作特点，制定分类的设计导控文件，在保障设计目标贯彻的前提下更贴近规划管理的现实需求。设计除了平面布局、空间分析等内容，还结合地方需求，将传统以街坊为单元的设计导则，按空间路径+节点进行重新组织，对龙场和扎佐城区11条主要道路和空间节点制定了具体的设计导则。

（4）行动计划：以片区建设时序构想为指导，结合片区内现实条件的潜力分析及各部分空间重要性分析，将城市设计目标转化为行动计划，配合片区开发建设，快速形成高品质的空间环境。

三、规划特色

（1）策划与设计融合：本次城市设计把握龙场及扎佐各自发展趋势与需求，瞄准未来产业、旅游及本地居民的需求，通过融合策划研究的方式使得本次城市设计尽可能贴近未来发展的可能。

（2）规划与设计结合：城市设计以控规为基础，通过设计研究，在法定规划核心框架下进行必要的反馈与优化。包括用地功能混合、高度控制、界面特征等控制要素的优化与细化。

（3）新建与整治并举：由于镇区基本已建成，城市设计涉及较多需更新改造的建成地区。本次设计基于渐进性的城市更新理念，对采用新建还是整治提出针对性策略，有利于延续城市风貌，保障城区环境品质标准的整体性。

（4）刚性与弹性互补：城市设计充分考虑未来发展的诸多不确定性，在城市设计方案与设计指引制定强调设计目标及设计要素的绩效性引导，对空间设计要素既有刚性控制，也有弹性指引。并为适应绩效目标管理，提出建立动态的优化反馈机制和设计顾问制度。

四、规划实施

项目在2014年6月通过当地政府设计成果审查。

总平面图

2

上海市郊新农村嘉定华亭毛桥村绿色田园规划

[委托单位]　上海市嘉定区规划和土地管理局

[项目规模]　33hm²

[负责人]　王超

[参与人员]　王超　王茵

[获奖情况]　2007年度上海市优秀城乡规划设计三等奖

[完成时间]　2006年12月

1.功能分区结构图
2-4.实景照片
5.改造规划平面图

一、规划背景

党的十六届五中全会从全面建设小康社会、加快推进社会主义现代化的全局出发，提出了建设社会主义新农村的重大历史任务。上海市委八届九次全会通过了"关于推进社会主义新郊区新农村建设的决议"，进一步明确了建设"规划布局合理、经济实力增强、人居环境良好、人文素质提高、民主法制加强"的上海社会主义现代化新郊区新农村的战略目标。

作为全国35个社会主义新农村示范村之一，华亭镇毛桥村围绕统筹区域发展，促进城乡和谐的基本目标，开展毛桥村中心村改造规划的试点工作。

二、主要内容

毛桥村规划定位为集居住、生产、休闲观光、生态旅游为一体的新型开放式中心村，体现江南水乡风格的旅游点。

（1）空间布局：形成"一轴、一心、多片"。"一轴"为霜竹公路交通及景观轴，"一心"为毛桥村委中心服务区，"多片"包括休闲农庄区、绿野田园区、滨河景观区等。

（2）道路系统规划：规划保留原有村级路网，适当拓宽道路路幅，连通中部北部道路，形成村内贯通的环状路网，增强道路的通达性。同时在村落出入口配建对外、对内公共停车场地。

（3）河流水系规划：在保护原生态的基础上进行优化调整。规划依托横塘、黄菇塘两条主要河道形成"东西相通、南北相连、纵横密布"的河网系统。

（4）景观绿化系统规划：规划依托现有良好的乡村景观，形成外围自然风光、内部田园村落景观相结合多轴多点的景观绿化体系。

（5）公共设施系统规划：按照相关标准和村民需求，落实农综合服务中心、卫生中心、文化中心和村级"三室两点"的建设，切实提高农民生活生产水平。

（6）市政设施系统规划：规划完善上水、污水处理工程，局部采用生态污水处理设施，保护村落生态环境。

三、规划特色

规划体现农村特点，尊重农民生活习惯，同时考虑自然村落的经济发展、环境建设和个性特色等问题。

（1）坚持规划先行、共同参与。以规划为统领，试点选址和规划内容经过反复研究论证，体现了政府组织、部门协调、专家论证、科学规划、公众参与、扎实推进。

（2）以人为本，充分尊重农民意愿。规划充分体现农民在新农村建设工作中的主体地位。管理部门和建设部门注重倾听村民意见，并下发征询意见表，鼓励村民积极参与，支持新农村建设。规划方案结合公众意见修改、调整、优化，体现新时代倡导性规划的思路。

（3）引入长效机制，结合提高农民收入。充分考虑今后开展农家乐旅游的可能性，引导农户开展旅游服务，使村宅综合整治工程成为富民工程。

四、规划实施

毛桥村改造一、二期工程已实施。

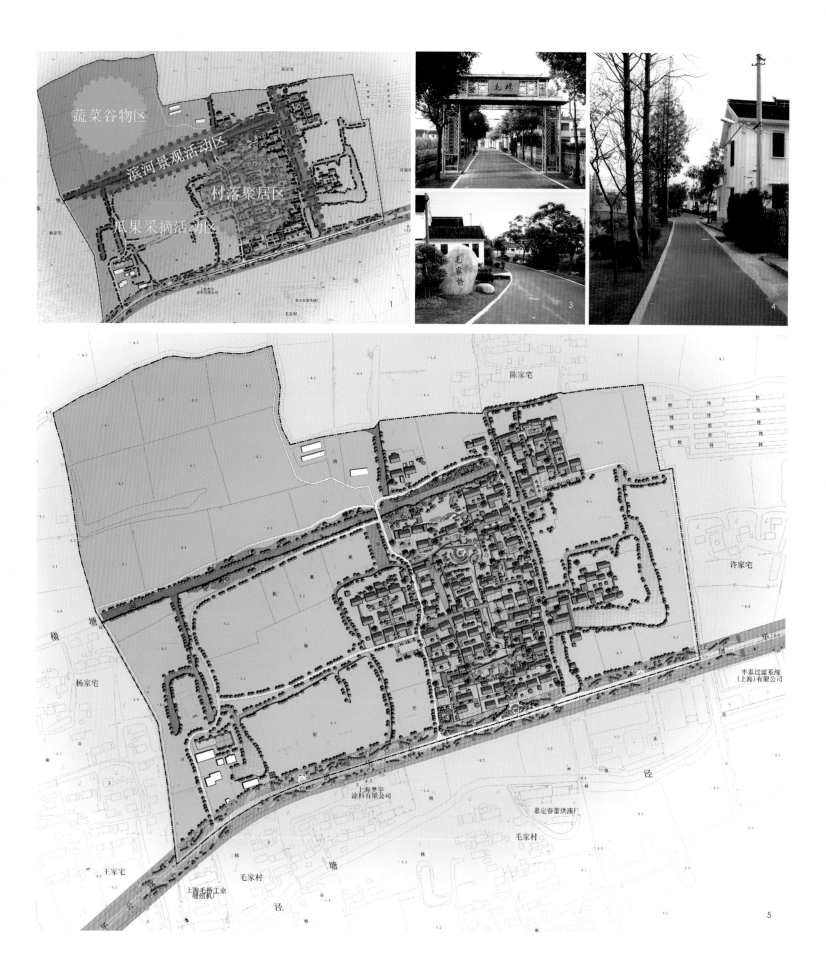

上海市嘉定区黄渡镇及联群村发展概念规划

[委 托 单 位]	上海市嘉定区黄渡镇人民政府
[项 目 规 模]	29.0km²
[负 责 人]	黄劲松
[参 与 人 员]	蒋颖 周伟 于世勇
[获 奖 情 况]	上海同济城市规划设计研究院
[完 成 时 间]	2007年4月

一、 规划背景

在《上海国际汽车城及周边地区整合结构规划》中，黄渡镇是汽车城发展中重要的产学研片区。为能更好地满足社会经济发展和居民生活需要，并以其高品质和独特的城镇景观成为汽车城的东客厅，需寻求一条符合实际，具有可行性、时代性、前瞻性的城镇可持续发展之路。

本次规划重点研究的嘉金高速公路以西、盐铁塘以东区域仍是一块处女地，坐拥区位、交通等众多优势条件，它的发展又该何去何从？区政府提出建设有地方特色的社会主义新农村的总体设想，如何在被城市包围的最后一块地上体现国际大都市的新农村模式，有特色的进行新农村建设，这是本次规划重点探讨的问题。

二、 主要内容

规划研究范围主要为黄渡镇域，面积约29.0km²。重点研究现黄渡镇区范围即曹安公路以南、博园路以北、嘉金高速公路以西、高压走廊以东区域，面积约6.7km²，其中盐铁塘以东地区为重中之重。

规划形成四个功能片区：居住区、商住区、核心商贸区、生态聚落区。核心商贸区内主要是完善生活配套设施，并结合汽车城发展，适当发展生产性配套服务设施。生态聚落区内以新农村建设为主，并发展创意产业。

（1）规划结合嘉金高速公路出入口设置一条高潮迭起的景观轴；

（2）盐铁塘两侧根据各自在城市生活中所扮演的角色形成不同的景观，各具特色，形成对比；

（3）规划以水为媒，贯穿整个镇区，成为联系的纽带；

（4）规划强化聚落概念，轨道站点周边因站点的吸引力形成聚落，盐铁塘以东区域则形成撒落于绿野中的点点聚落。聚落之间通过便捷的交通联系。

三、 规划特色

重点研究范围内盐铁塘以东地区定位为"都市村庄、生态聚落"，并对其空间形态提出两点设想。

其一，水乡的魂在于"水"，规划以水为核心，做足水的文章；

其二，现有乡村呈"碎形"般发展，应通过规划手段使其艺术化，焕发光彩。因此都市村庄的形态宜紧凑，开发密度适当，同时宜以混合功能为主，提供多种开发模式。

由此，规划提出"都市村庄、生态聚落"的概念，即村的聚落、业的聚落、文化的聚落、新农村创意的聚落。

190

1.功能布局图
2.结构分析图
3.水上巴士交通分析图
4.土地利用规划图

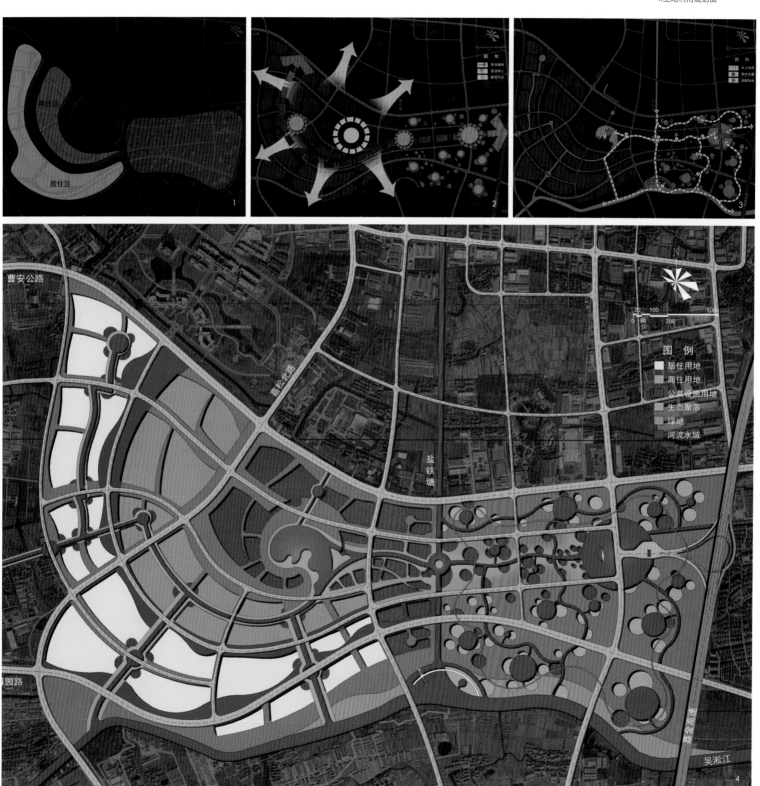

新疆呼图壁国家级苗木交易市场概念方案

[委托单位]	新疆维吾尔自治区昌吉州呼图壁县国家级苗木交易市场投资有限公司
[项目规模]	69.36hm²
[负责人]	黄劲松
[参与人员]	张强 戴琦
[完成时间]	2013年7月

1.商业内街效果图
2.办公效果图
3.商业效果图
4.总平面图
5.整体鸟瞰图

一、规划背景

西部大开发将西部地区积极融入国内国际现代化经济体系中,从宏观面角度对苗木专业市场的良性发展奠定了基础。由于新疆特殊的地理环境,苗木市场成为了新疆发展的重要工程,新疆十大重大林业工程中有8项对于苗木具有非常大的需求,目前新疆的林业发展具有较大的发展空间,给作为北疆苗木最主要生产基地的呼图壁县带来的新的增长空间。呼图壁县是新疆地区重要的交通节点地区,也是乌鲁木齐及昌吉片区重要的"西大门"。随着呼图壁城市总体规划向东发展战略的提出,苗木市场建设成为东部新城建设的重要触媒。

二、主要内容与特色

规划区位于呼图壁县城东部现状边缘地带,随着呼图壁城市总体规划东拓战略的提出,东部城区面临由区域"边缘"变为"核心",需要重新审视其与其他功能片区的关系,规划区作为东部城区先期启动地块,将是东部城区核心塑造的重要组成。

规划区依托西域春景观带建设,利用水绿资源,建设环境友好、低碳宜居的宜居生态新社区,实现"水绿家园"的美好愿景是本次规划的重要目标。

1. 展示、物流一体的市场提升发展模式

新疆呼图壁国家级苗木交易市场是改变传统苗木交易模式的弊端,集"企业集群采购"、"商业展示"、"现代物流"、"电子商务"于一体,以苗木交易专业市场为基础与核心的产业综合性"一站式"服务平台。规划区以承担新疆苗博会唯一指定会场——多功能会展服务中心为契机,引导苗木产业集聚发展。

2. 产、城融合的城市中心发展模式

苗木市场内部公共建筑、商业服务、市场建筑、配套居住等功能混合拓展,以点带面,依托县级西域春生态轴线,打造林业县新城拓展时城市中心的发展建设模式,突出林业"引擎"、空间"核心"、"水绿家园"三大重点。

3. 产业发展引导——全产业链发展

依托呼图壁现有优势苗木农业,汇聚生产力、文化力、创新力、生态力四大资源要素,规划建议规划区在产业发展上"依一进三",即在打造为苗木农业直接服务的市场基础上,积极培育现代服务业及文化旅游等第三产业,塑造国家级苗木市场品牌。

4. 空间发展引导——活力开放空间营造

以中部核心景观节点联系市场区商业和商业内街,以201省道作为城市发展轴,201省道景观和西域春景观带作为生态轴,内部注重生态景观的营造,形成活力开放的城市中心区。

三、规划实施

本规划作为指导市场实施的前期研究,直接指导了规划地块控制性详细规划的编制。成果完成后纳入到《呼图壁县国家苗木交易市场控制性详细规划》,并于2013年11月由呼图壁县经呼县政函[2013]240号文批复。

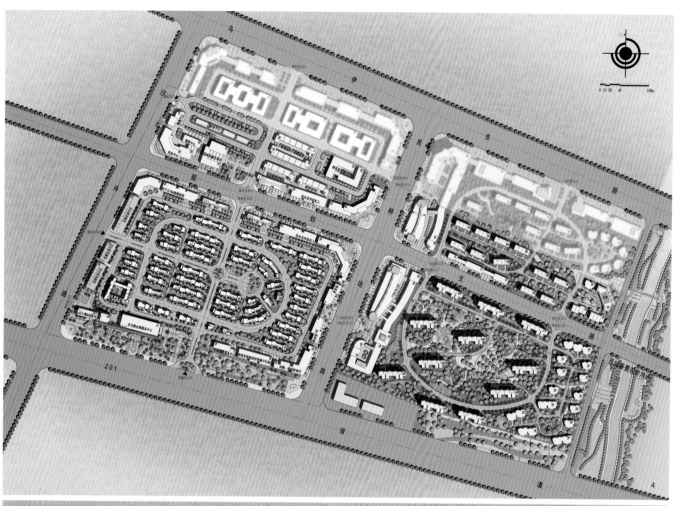

上海市嘉定区南翔镇蕰北林带景观设计及杜东村村庄改造概念方案

[委托单位] 上海市嘉定区南翔镇农业服务中心

[项目规模] 123hm²

[负责人] 周伟

[参与人员] 庄佳微

[完成时间] 2014年3月

1.区位图
2.杜东村村庄布局设计图
3.总平面图

一、规划背景

随着南翔镇社会经济建设的不断加快，近几年来土地利用开发强度逐年增大，对生态空间的需求也日益凸显。为保障区域的生态平衡，同时为周边居民提供多元化的游憩场所，规划结合市级生态绿环蕰藻浜，通过植树造林、景观优化、现有村庄转型改造等方式，进一步提升区域的整体品质与文化内涵。

二、主要内容与特色

1.蕰藻浜北岸（南翔段）绿化景观设计

规划区位于绿带东片，是新城景观门户节点，也是城市中体验自然活动乐趣的重要片区。总体设计将林带沿河连片互通，方案共分为四个主题，生态林苗木基地、主题林乡间荷塘、主题林迎宾林和主题林农家乐。

林带种植注重生态性，采用本土树种，形成多样性的植物群落，充满野趣，具有生物多样、养护成本低的特点。

林带功能体现多样性，结合不同功能和活动特点，点缀必要休闲休息设施，营造丰富的林间活动。

林带景观重视慢行体验，结合林间小路，展现各景点、各路段不同的景观特征。

2.杜东村村庄改造

杜东村结合蕰藻浜北岸的景观，打造以汀南水乡田园景观为依托，以江南农村原生态生活方式为载体，以怀旧体验为主题，餐饮和休闲商业为主导的院落式消费体验村落。

规划布局注重保留基地外围的农田、藕塘、菜地等农村自然景观要素，充分尊重地块原有格局和建筑风貌，对现状建筑进行必要的改造和修缮，整体建筑风貌以江南水乡民居风格为基调，局部辅以钢结构和玻璃体块。通过对具有江南农村典型特征的空间和景观要素的设计，再现农村生活场景，为游客营造一种对儿时生活的怀旧氛围。

三、规划实施

澄浏南路两侧林带已实施，杜东村搬迁完毕即将投入建设。

苗圃区　　香花植

行道树 银杏　　荷塘栈道　　　　　农家乐　　　　　色叶植物区　　　东方杉林带

195

土地规划

上海市嘉定区土地利用总体规划（2010—2020年）

上海市崇明县竖新镇土地利用总体规划（2010—2020年）

上海市嘉定区江桥镇土地利用总体规划（2010—2020年）

上海市嘉定区基本农田划定精确方案（2007年）

2013年嘉定区高标准基本农田建设实施方案

上海市嘉定区土地整治规划（2011—2015年）

上海市嘉定区华亭镇（现代农业园区）农业布局总体规划（2012—2020年）

上海市嘉定区设施农用地布局规划（2013—2020年）

上海市嘉定区外冈镇市级土地整治项目（2011年）

上海市嘉定区农业布局总体规划（2013—2020年）

上海市嘉定区城乡建设用地增减挂钩专项规划（第一批宅基地置换2010—2012年）

上海市嘉定区外冈镇城乡建设用地增减挂钩实施规划（宅基地置换2010—2013年）

上海市崇明县陈家镇城乡建设用地增减挂钩实施规划（2014—2015年）

上海市嘉定区江桥镇郊野（JDG1J01）单元规划（2013—2020年）

上海市金山区廊下镇郊野单元规划（2014—2020年）

上海市嘉定区土地利用总体规划（2010—2020年）

[委托单位] 上海市嘉定区规划和土地管理局
[项目规模] 463km²
[负责人] 黄劲松
[参与人员] 胡晓雯 蒋颖
[合作单位] 上海市地质调查研究院
[完成时间] 2012年10月

一、规划背景

作为"上海西翼城市发展核心之一"，嘉定区的城市化建设进入了快速发展阶段。在"土地资源紧约束"的大环境下，需要进一步加强土地利用布局和结构调整优化，促进城乡统筹发展；加快转变土地利用方式并提高土地利用绩效；加强土地综合整治和基本生态网络建设。

嘉定区土地利用总体规划是上海市区县土地利用总体规划的试点之一，在加强耕地保护、控制建设用地规模、提高用地效率、改善生态环境等方面发挥积极作用。

二、主要内容与特色

（1）落实上一级土地利用总体规划（《上海市土地利用总体规划（2006—2020年）》）中对嘉定区下达的各类控制指标。主要包括：全区建设用地总规模、集中建设区内建设用地总规模、基本农田保护任务、耕地保有量等，并将全区控制指标分解下达至各街镇。

（2）优化上一轮土地利用规划集中建设区边界，并划分各类土地用途区。主要包括：集建区内的城镇工矿用地区、生态地区；集建区外的其他建设用地区、基本农田保护区、其他农地区。

1.土地利用现状图
2.建设用地管控图
3.生态空间分布图
4.基本农田管控图

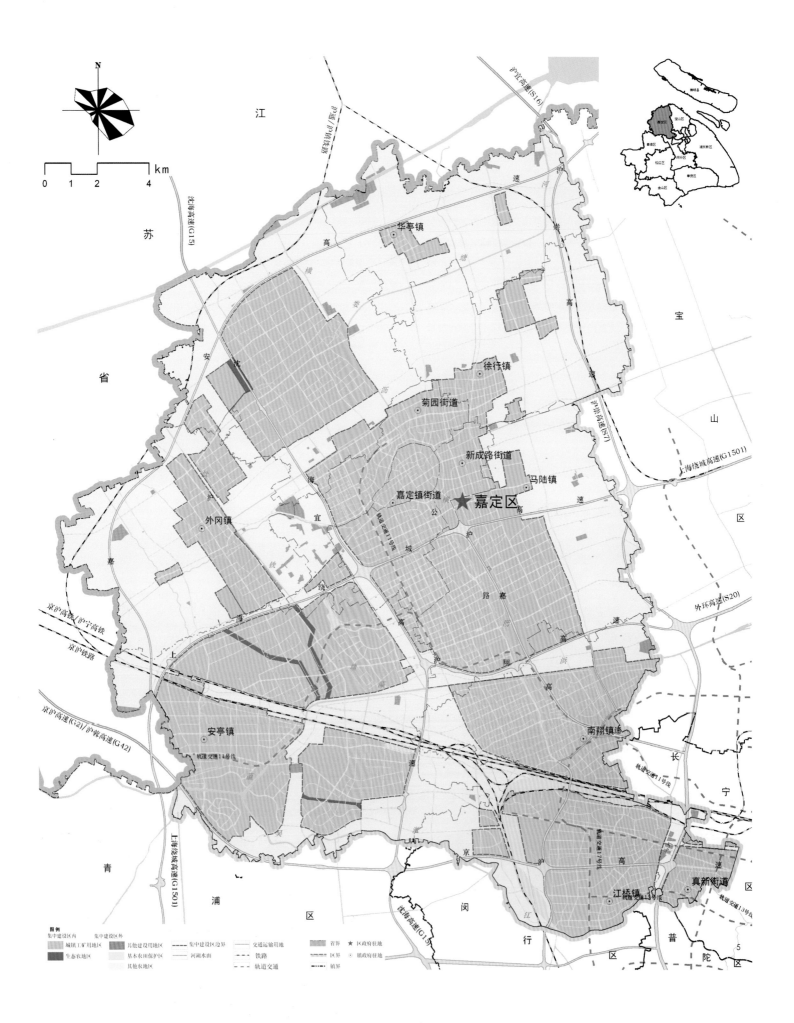

江 苏 省

江

宝 山 区

华亭镇

徐行镇

菊园街道

新成路街道

马陆镇

嘉定镇街道

★ 嘉定区

外冈镇

南翔镇

安亭镇

江桥镇

真新街道

长 宁 区

青 浦 区

闵 行 区

普 陀 区

沪宁高速(S6)

沪绕城高速(G1501)

外环高速(S20)

沈海高速(G15)

京沪高铁/沪宁高铁

京沪铁路

京沪高速(G2)/沪蓉高速(G42)

上海绕城高速(G1501)

沈海高速(G15)

沪嘉高速(S7)

轨道交通11号线

轨道交通14号线

轨道交通11号线

轨道交通17号线

轨道交通13号线

N

0 1 2 4 km

图例

集中建设区内   集中建设区外
城镇工矿用地区   其他建设用地区   集中建设区边界   交通运输用地   省界   ★ 区政府驻地
生态农地区   基本农田保护区   河湖水面   铁路   区界   ◎ 镇政府驻地
其他农地区   轨道交通   镇界

5

（3）落实耕地和基本农田保护。严格控制非农建设占用耕地，控制全区新增建设用地占用耕地面积；加大补充耕地力度，落实土地整治补充耕地来源；强化基本农田建设，提高基本农田质量，将基本农田保护任务落实到各街镇；加强土地质量动态监测与评价，确保土地质量不断提高。

（4）加强生态网络建设工作，落实生态空间布局。以基本农田布局为基础，充分发挥耕地和基本农田的生态功能。依托市域基本生态网络，构建市、区两级基本生态空间。主要包括：外环绿带、近郊绿环、生态间隔带、区级生态间隔带、生态廊道、生态保育区。

（5）通过转变土地利用方式，推动经济发展方式转变。通过加强新城建设，促进城乡统筹协调发展，力争使嘉定区成为重要的现代服务业和先进制造业中心。

三、规划实施

该规划于2012年10月17日由上海市人民政府经沪府[2012]100号文批复。

5.土地利用规划图
6.土地利用整治图
7.重点建设项目分部图

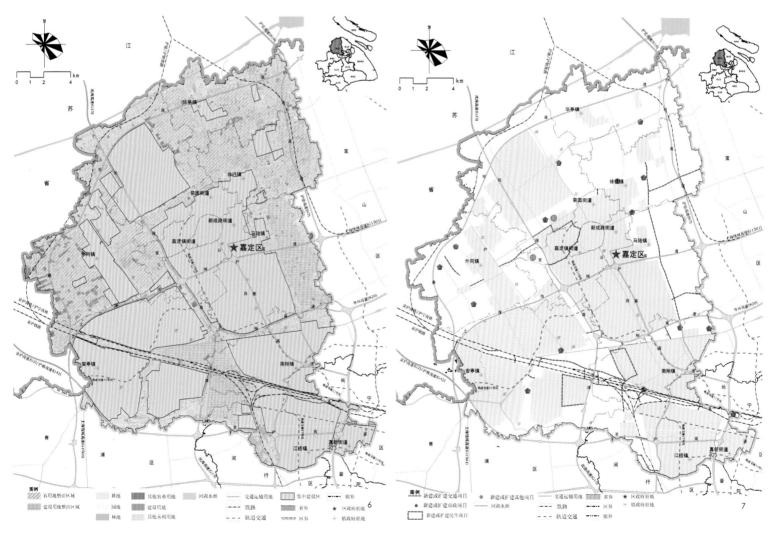

上海市崇明县竖新镇土地利用总体规划（2010—2020年）

[委托单位]　上海市崇明县竖新镇人民政府
[项目规模]　63.35km²
[负责人]　黄劲松
[参与人员]　蒋颖 胡晓雯
[完成时间]　2012年8月

一、规划背景

竖新镇位于崇明岛中南部，地处沪苏沿海大通道和陈海公路交汇点，绿色生态旅游成为上海都市"农家乐"旅游的知名品牌，交通、生态、森林等资源综合优势比较突出，具有承接中心城区产业转移和长三角区域联动的得天独厚的优势。

该规划以科学发展观为指导，以加快经济、社会和环境全面协调和可持续发展为出发点，落实最严格的耕地和基本农田保护制度，统筹安排城乡生产、生活、生态用地，促进土地节约集约利用，构筑生态环境良好的土地利用格局。

二、主要内容

竖新镇现状耕地比重高，农业生产类型多样；建设用地结构不合理，集约利用程度较低，后备资源有限，补充耕地主要依靠农村居民点整理。

根据竖新镇土地利用现状、规划目标和发展需要，科学合理地调整土地利用结构。竖新镇农用地相对较多，耕地以旱地、水田和菜地为主，规划至2020年全镇农用地为5 077hm²，占全镇土地总面积的80.14%；严格控制建设用地规模，实现建设用地合理高效利用，至2020年建设用地达到930hm²，占全镇土地总面积的14.68%；至2020年全镇未利用地（主要是河流水域）328hm²，占全镇土地总面积的5.18%，面积基本保持不变。

三、规划实施

该规划于2012年8月4日由上海市人民政府经沪府[2012]62号文批复。

1.土地利用现状图
2.生态控制线示意图
3.土地利用规划图

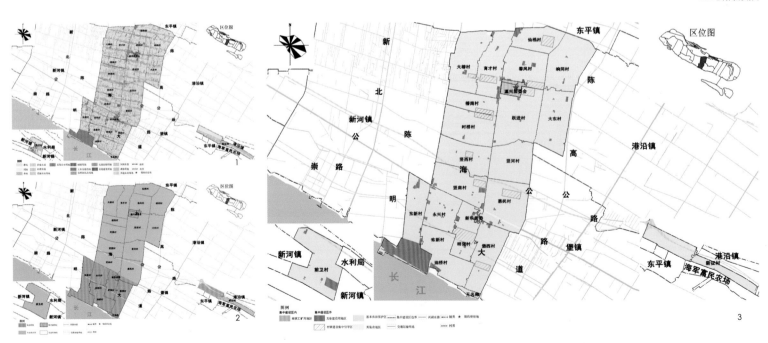

202

上海市嘉定区江桥镇土地利用总体规划（2010—2020年）

[委托单位] 上海市嘉定区江桥镇人民政府
[项目规模] 42km²
[负责人] 黄劲松
[参与人员] 蒋颖 胡晓雯
[合作单位] 上海市地质调查研究院
[完成时间] 2012年10月

一、规划背景

江桥镇位于上海西郊，嘉定南郊，区位优势独特，交通便利，具有公路、铁路、航运多式联运的交通优势，是上海市重要的城郊结合区域。

该规划对改善地区生产、生活和生态环境，提升江桥镇综合发展水平，实现城乡一体化发展，具有重大意义。

二、主要内容

江桥镇现状建设用地比重高达70%以上，城市化水平高，农用地以生态服务功能为主，布局较分散，更多起到生态间隔、景观休闲的作用。

规划强化土地宏观调控和土地用途管制，合理调整土地利用结构，积极优化用地布局，切实提高土地利用效益。规划后农用地主要分布在镇域的西北和西南部，成犄角态势；建设用地布局主要考虑进一步提升生产服务业水平，改善居住用地环境，保护区域生态用地，形成有特色的"三产综合发展区"。

三、规划实施

该规划于2012年10月17日由上海市人民政府经沪府[2012]100号文批复。

1.江桥镇生态空间分布图
2.江桥镇土地利用规划图
3.江桥镇土地整治规划图

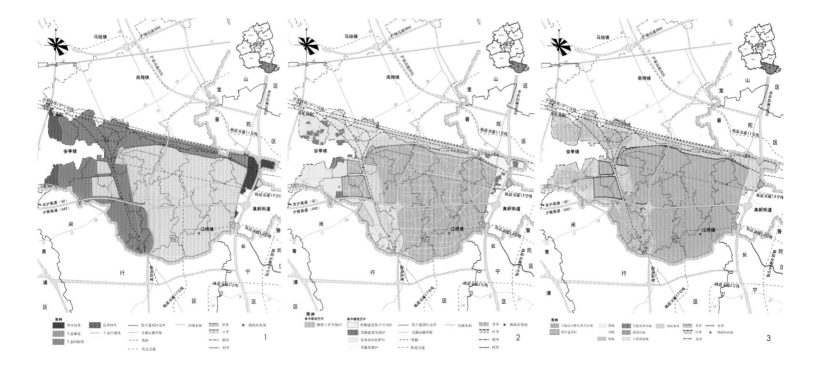

上海市嘉定区基本农田划定精确方案（2007）

[委 托 单 位]　上海市嘉定区房屋土地管理局

[项 目 规 模]　463km²

[负 责 人]　黄劲松

[参 与 人 员]　王晓峰 王超 庞静珠

[完 成 时 间]　2007年3月

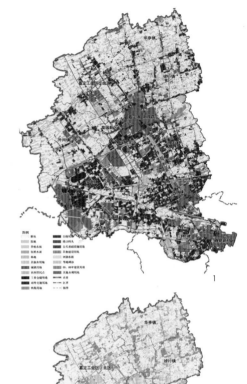

一、规划背景

　　本规划是根据《中华人民共和国土地管理法》、《基本农田保护条例》，加强耕地特别是基本农田的保护工作，贯彻落实市政府关于本市基本农田划定工作的要求，按照嘉定区基本农田保护面积分解指标进行基本农田精确方案的落地。

二、主要内容

　　规划注重土地利用总体规划与城市规划、产业规划"三规合一"，注重土地利用总体规划与各专业规划充分衔接协调，体现重点保护、统盘考虑、综合平衡，力求做到数据准确、管理精细化。

　　规划指标以市房地资源局下发的土地清查数据（396数据），作为基本农田划定工作的统一底版。

　　规划以土地清查数据中的可耕地（由耕地、园地、养殖水面构成）为基础，开展基本农田划定工作。通过数据汇总，形成该区可耕地数据库，全区可耕地179.72km²。

1.嘉定区土地利用现状图　　　　4.嘉定城区土地利用现状图
2.嘉定区可耕地现状图　　　　　5.嘉定区基本农田划定精确方案图
3.嘉定城区基本农田划定精确方案图

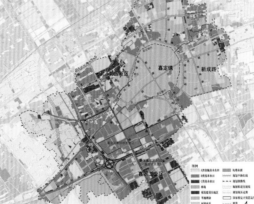

2013年嘉定区高标准基本农田建设实施方案

[委 托 单 位]　上海市嘉定区规划和土地管理局
[项 目 规 模]　463.2km²
[负 责 人]　刘宇
[参 与 人 员]　景丹丹
[完 成 时 间]　2013年11月

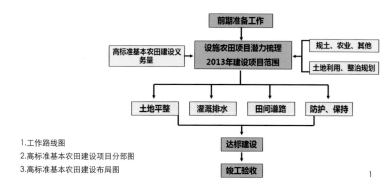

1.工作路线图
2.高标准基本农田建设项目分部图
3.高标准基本农田建设布局图

一、规划背景

2012年，国土部和财政部及上海市规土局和财政局发文推进高标准基本农田建设。嘉定区按照科学发展观要求，贯彻"十分珍惜、合理利用土地和切实保护耕地"的基本国策，落实市局下达本区的年度建设任务。

二、主要内容

实施方案合理配置和有效利用现有的资源，以土地利用总体规划和土地整治规划为依据，综合考虑嘉定区农用地质量潜力空间分布、农田建设项目及生态廊道建设等多方面因素，对高标准基本农田指标进行落地。2013年高标准基本农田建设项目全部为已竣工验收的设施粮田，落实区域为嘉定区北部的农业大镇。规划建设主要内容分为土地平整工程、灌溉与排水工程、田间道路工程、农田防护和生态环境保持工程。

项目布局合理，设施达到高标准基本农田要求，提升了农业生产综合化水平，更有利于嘉定区基本农田的保护。

充分加强了高标准基本农田后期管护，增强了防护与生态保持工程，提高了灌溉水水质。

三、规划实施

项目基本按照实施方案要求，建成了外冈、华亭等4个项目区的1.6068万亩良田，符合TD/T1033—2012高标准基本农田建设标准。

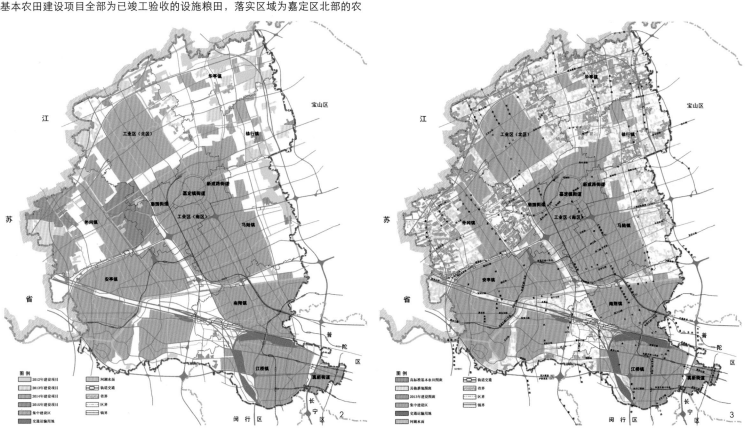

上海市嘉定区土地整治规划（2011—2015年）

[委托单位] 上海市嘉定区规划和土地管理局
[项目规模] 463km²
[负责人] 刘宇
[参与人员] 景丹丹 李志强
[合作单位] 上海市城市规划设计研究院
[完成时间] 2013年11月

1.现状土地整治分类图
2.指标分解双向校核示意图
3.分镇调研图示范围
4.土地整治总体布局规划图
5.华亭镇土地整治总体布局规划图
6.南翔镇土地整治总体布局规划图

一、规划背景

在快速城镇化的背景下，土地整治已经上升为国家战略，成为统筹城乡发展的重要平台。本规划按照"国土资发[2010]162号"、"沪规土资综[2012]856号"文件对土地整治规划编制工作的要求，依据上海市土地整治规划编制完成。规划以提高土地综合利用效率为宗旨，统筹嘉定区城乡发展、建设社会主义新农村、增强现代农业发展基础、推进城镇化进程、构建生态安全网络、提升区域环境品质，推进"美丽嘉定"建设。

二、主要内容

规划贯彻集约节约利用土地、加强土地精细化管理的方针政策，统筹耕地、生态、建设等用地布局，优化、调整、落实土地利用总体规划的有关内容，为全区集中建设区外的土地整治提供依据，为农村建设和农业发展提供指引。规划具体内容包括：

（1）现状摸底

评估已开展的土地整治工作情况，摸清土地利用及基本农田等现状情况。

（2）潜力分析

深入分析农用地、建设用地的土地整治潜力。

（3）任务分解

将市局下达的三类指标（集建区外现状建设用地减量化面积不少于0.32万亩，补充耕地面积不少于0.67万亩，高标准基本农田建设面积不少于6.50万亩）分解到镇（街道），确定土地整治总体布局。

（4）规划方案

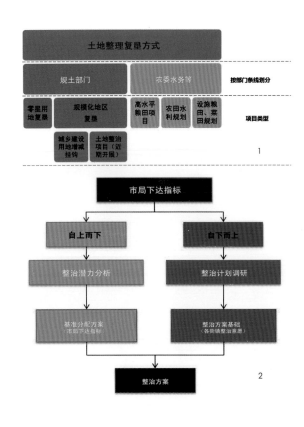

1

2

3

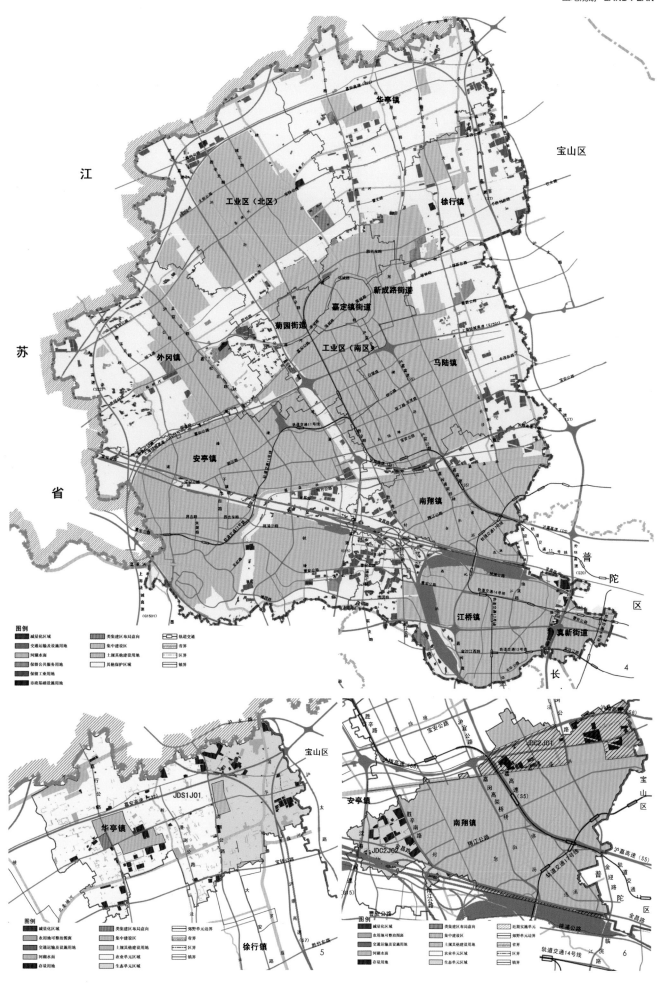

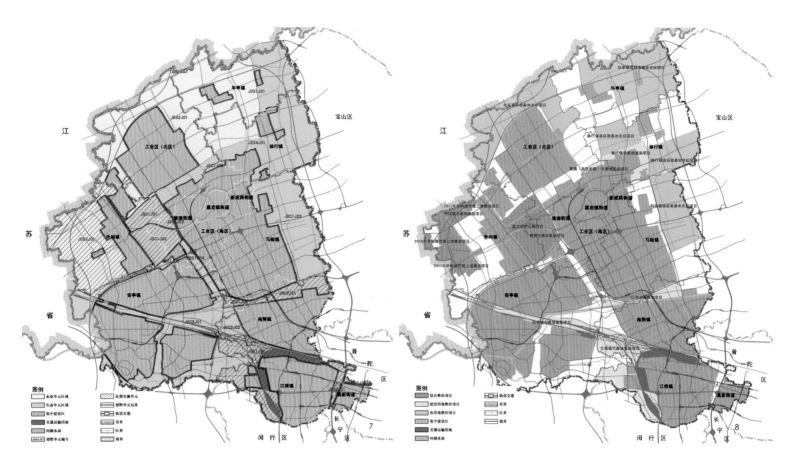

划分郊野单元，分解规划指标；确定土地整治项目、布局和时序。

（5）投资与效益

进行资金供需分析和效益评价，制定规划实施的保障措施。

三、规划特色

1. 现状调研体现"全面性、系统性、可操作性"

全面性：对全区11个镇街，130个行政村进行土地整治摸底，是针对集建区外用地的全面调研。

系统性：以行政村为单位，制定了合理、可行的分街镇调研技术路线，设计了统一规范的调研图表，提高了调研效率和数据的可靠性。

可操作性：与城乡规划相衔接。项目过程邀请了绿容、宣传、工商、规划、街镇等管理部门，以及公众、行业专家等进行了全方位的咨询。

2. 基础数据分析"统一数据、规范处理"

统一数据：基础图件为市局下发的二调土地利用现状图层数据，结合土地利用总体规划，叠加各相关规划后，形成规划编制底图。

规范处理：以ARCGIS为工作平台，将部门、相关规划、村镇调研资料量化后录入工作平台，按照规范化的数据代码，处理调研、方案的基础图件数据。

3. 规划方案落实"双向校核、据实分解"

双向校核：规划制定了自上而下和自下而上相结合的技术路线。自上而下是基于上位规划、相关要素基础上的土地整治潜力分析，据此按比例分配市局下达指标量，明确各街镇必须完成的义务指标；自下而上是基于各街镇开展的全面土地整治计划调研，了解街镇的整治意愿与整治项目的具体情况，鼓励超额完成义务指标，减量化规模以街镇调研数量为基准。

据实分解：科学合理地落实市局下达的三项约束性指标，同时保证各街镇土地整治工作推进的积极性，按照公平公正的原则，方案尊重各街镇的整治意愿，同时考虑土地整治潜力对各镇调研数据进行校核。

四、规划实施

本规划已由沪规土[2013]775号文批复，并作为已启动编制的各镇郊野单元规划、年度高标准基本农田规划的依据。

通过规划成果的"电子化"达到管理工作的"智能化"，大大提高了政府部门对土地整治项目管控的效率和力度；同时，规划有效地指导和规范了土地整治项目推进。

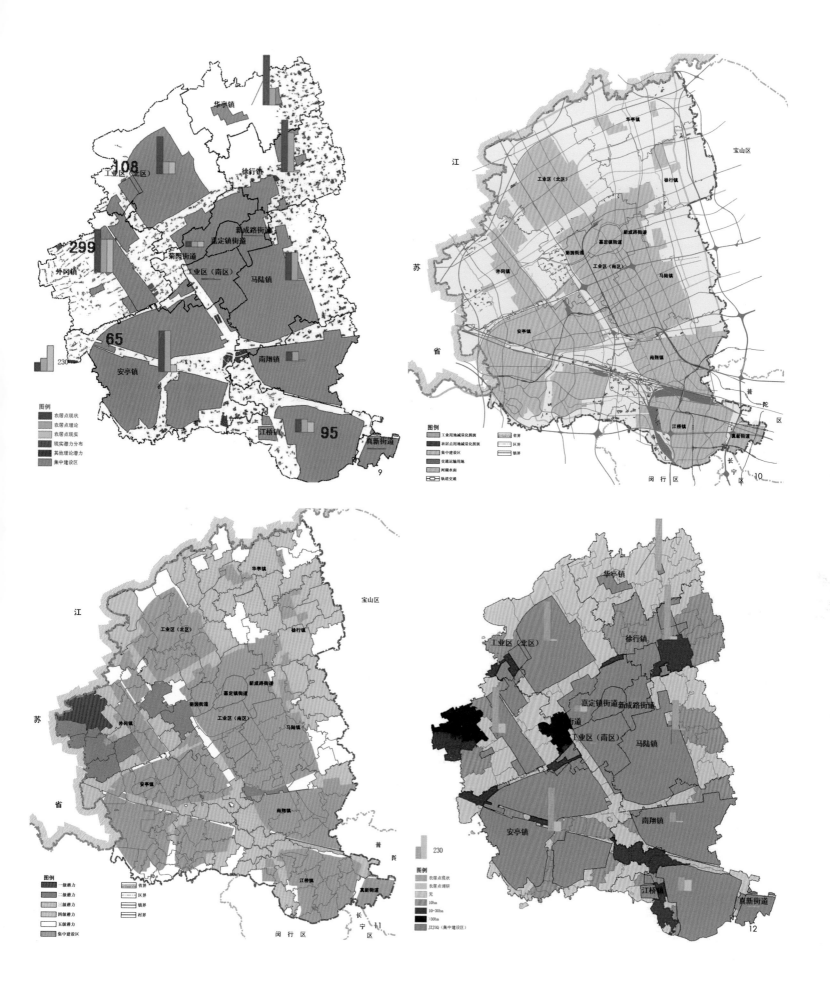

上海市嘉定区华亭镇（现代农业园区）农业布局总体规划（2012—2020年）

[委托单位] 上海市嘉定区华亭镇人民政府
[项目规模] 39km²
[负责人] 蒋颖
[参与人员] 胡晓雯 余文 毛倩 朱威
[完成时间] 2012年10月

1.农业用地规划分区图
2.农业旅游示意图
3.农业生产布局图

一、规划背景

华亭镇位于嘉定区东北部，是嘉定"一核两翼四个新市镇"的新市镇之一，也是嘉定"一城两轴四高地"的现代农业高地——嘉定现代农业园区所在地，素有"嘉定粮仓"的美誉。

2004年，嘉定现代农业园开始动工建设，开启了华亭镇现代农业发展的新篇章。2006年，"华亭人家"正式开门迎客，华亭镇成为了嘉定旅游的新亮点。现代农业园区成立以来，已先后获得了"全国农业旅游示范点"、"全国农产品加工业示范基地"、"国家AAA级旅游景区"、"上海世博观光农园"、"上海市民喜爱的乡村旅游景点"、"上海市旅游标准化示范单位"、"上海市绿化先进集体"等多个荣誉称号。近年来，华亭镇现代农业已成为嘉定区的绿色名片，为全区的农业发展起到的引领作用。

二、主要内容

(1) 规划在对华亭镇农业生产现状进行充分梳理的基础上，落实嘉定区农业布局总体规划对华亭镇农业生产的各项指标。衔接相关规划，提出华亭镇农业发展思路、目标及主要内容。

(2) 农业总体布局结构"三片、三区、一带"。

"三片"：即三个主要的农业生产片，从北至南分为"北部综合生产片"、"中部粮食生产片"、"南部优质果林种植示范片"。

"三区"：即三个特色农业集聚区，结合现状农业旅游设置为"浏岛"、"毛桥村"、"华亭人家"三处。

"一带"：即一条旅游景观带，沿霜竹公路打造具有华亭特色的旅游景观带。

(3) 农业转型的路径和措施。

①科学规划种植区，在现已形成的各大特色种植区的基础上，合理调整各种植区的布局，华亭镇将造就一镇一品、一区多品的现代农业生产格局，为农民致富开辟新渠道。

②完善扩大养殖区，培育名特优水产品。增加特种水产养殖支持力度，增加新品种研究，为华亭人家农业旅游增添新亮点。

③坚持以生态旅游带动产业发展，以"华亭人家"申报全国旅游农业示范点，争创4A级旅游景区为契机，提高整个华亭镇的旅游层次。

④规划完善物流网络，扩大销售网点和产品的种类，坚持走农超对接、农商对接之路，减少流通环节。完善农产品产前、产中、产后综合服务网络，保证农产品生产和流通过程中的质量和安全。

三、规划实施

该规划于2012年10月9日由嘉定区人民政府经"嘉府[2012]148号文"批复。

上海市嘉定区设施农用地布局规划（2013—2020年）

[委 托 单 位] 上海市嘉定区农业委员会

[项 目 规 模] 166hm²

[负 责 人] 蒋颖

[参 与 人 员] 胡晓雯 毛倩 朱威

[完 成 时 间] 2013年2月

一、规划背景

2010年，嘉定区和各街镇的土地利用总体规划开始编制，并于2012年10月经沪府[2012]100号文批复。全区和各街镇的土地利用规划划定了各街镇的农业发展区域和城镇集中建设区域，并对规划年的设施农用地规模总量进行了控制。

在嘉定区农业发展向现代化生产转型的重要阶段，需要配套相应的农业设施，再加上生产规模较大，现有的设施农用地已不能满足所有需求。为有序推进全区的农业生产建设，处理好历史遗留问题，更好地实现设施农用地建设规范化，启动了《嘉定区设施农用地布局规划（2013—2020年）》的编制工作。

二、主要内容

通过对全区设施农用地现状的梳理与分析，根据全区各街镇农业生产布局总体规划和农业生产"十二五"规划的目标，并依据《关于印发<上海市农村建

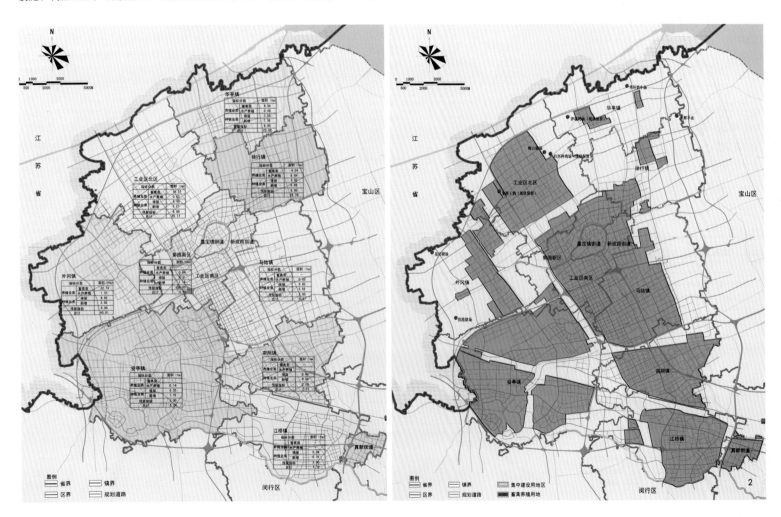

设有关设施用地标准（试行）>的通知》，明确各镇各类设施农用地的规模需求，并对近期规划设施农用地进行精确落地。

在用地类型方面：根据农业生产用地类型，将设施农用地分为养殖业类设施农用地和种植业类设施农用地。其中，养殖业类设施农用地分为畜禽养殖业和水产养殖业两类；种植业类设施农用地分为基础种植业（包括粮田、菜田）、特色种植业（包括花卉、经济果林）两类。

在指标控制方面：规划依据用地标准，对各类设施农用地规模进行测算，同时考虑项目建设进度，在区镇两级层面均预留了机动指标。

三、规划特色

1. 先试先行，规划创新

该规划是嘉定区第一个设施农用地布局规划，对嘉定区农业生产、设施农用地的选址布局与规模控制均起到规范作用。

2. 数据详实，依据充分

现状梳理详尽，在前期阶段，逐块梳理现状设施农用地，调查其生产现状与真实用途，对保存完好的设施农用地予以保留，盘活存量，起到集约节约用地的作用。充分对接基层农业生产单位，了解各单位农业生产现状与设施建设需求，结合实际建设，尽量将用地规模落到实地。

3. 弹性控制，便于管理

根据各街镇农业生产现状规模，分解相应设施农用地指标，对设施农用地的布局和规模作了一定的控制。在全区和镇级层面均预留了机动指标，使得实际操作过程中有一定的灵活性。并通过年度用地计划的制定，为新增设施农用地的建设更加地有序和规范打好了坚实的基础。

四、规划实施

该规划于2013年2月21日由嘉定区人民政府经"嘉府[2013]19"批复。

1.规划指标分解图
2.蓄禽养殖业分布图
3.江桥镇规划布局图
4.外港镇规划布局图
5.华亭镇规划布局图

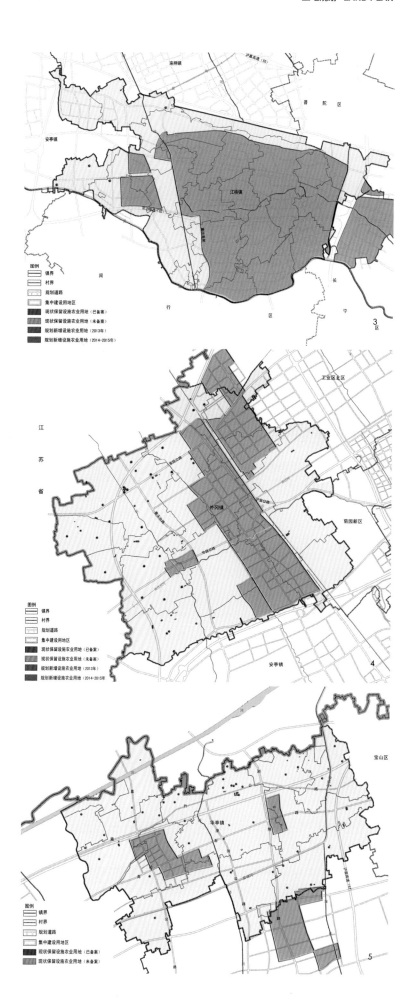

上海市嘉定区外冈镇市级土地整治项目（2011年）

[委托单位]	上海市嘉定规划与土地管理局
[项目规模]	6.16km²
[负责人]	黄劲松
[参与人员]	毛倩 余文 朱威 冯东敬 胡晓雯 李开明 王林林 戴琦 邱娟
[合作单位]	上海嘉定水务工程设计有限公司
[完成时间]	2013年2月

1.总体鸟瞰图
2.现状图
3.规划图
4.Ⅲ片区道路系统规划图
5.Ⅲ片区灌排系统规划图

一、规划背景

近几年中央1号文件和政府工作报告都对大力推进农村土地整治提出了明确要求，土地整治已成为国家层面的战略部署。

对上海而言，以往开展的土地整治工作主要是土地整理，多以增加耕地为目标。而在当前"两规合一"的大背景下，集中建设区内的相关规划正在全覆盖推进，而集中建设区外仍处于规划薄弱区域，尤其是其中农业生产和农村建设项目缺少科学合理规划的统筹指导。本次土地整治项目作为上海市新一轮土地综合整治的试点，其内涵已扩展至以促进城乡互动、带动"三农"发展为目标，指导集中建设区外综合建设，尤其是农村建设和农业发展的综合性规划。

二、项目意义

（1）试点之路——上海市第一批试点市级土地整治项目；

（2）上海整治模式探索——形成了适应上海市国际化大都市背景的土地整治模式；

（3）工程建设规范制定——参与制定了上海市土地整治的工程建设标准规范文件；

（4）成果规范——为后续土地整治项目的成果构成提供指导。

三、主要内容

五大工程：土地平整工程、灌溉与排水工程、田间道路工程、农田防护与生态环境保持工程及其他工程（农业生产辅助设施工程和搬迁工程）。

四、项目重点关注

（1）"拆"与"留"；（2）总体布局内外一体、近远结合；（3）系统化考虑其他整理复垦项目；（4）衔接农业布局、水利规划等专项规划；（5）灌排方式、平整方式比选。

五、项目特色

在传统土地整治项目以"增加耕地数量、提升耕地质量"的基础上，外冈镇土地整治希冀结合上海国际化大都市背景，打造上海市特色的土地整治模式。

1. 新视野——释放农业的生态功能
本次土地整治增量提质只是起点，如何释放土地的生态功能和效益开发才是终点。

2. 新途径——发展休闲观光农业，提升农民收入
提升土地质量只是手段，如何通过旅游开发，既满足都市人群的休闲需求、又使农民增收才是目标。

3. 新模式——延续和提升农村风貌
本次土地整治不是重整河山，而是通过合理的取舍使农村风貌在保留中得到延续和提升。

六、规划目标

（1）基础目标：耕地增量提质，农业增产丰收；

（2）建设目标：粮田示范基地，生态种养平台；

（3）发展目标：农村风貌延续，旅游观光体验。

七、规划实施

2013年2月，本项目的规划设计及预算编制由上海市规划和国土资源管理局经沪规土资综[2013]107号文批复。

2013年9月，举行开工仪式，上海市土地整理中心、区规土局、区农委领导出席。

2013年12月，项目全面开工。

目前，施工正在有序推进中，计划2014年9月竣工。

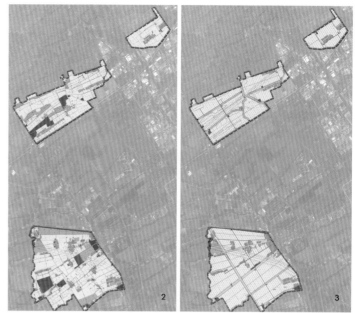

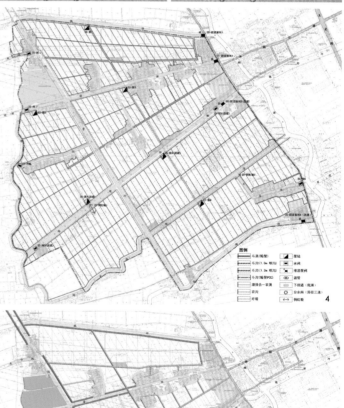

上海市嘉定区农业布局总体规划（2013—2020年）

[委托单位]　上海市嘉定区农业管理委员会

[项目规模]　463km²

[负责人]　蒋颖

[参与人员]　胡晓雯 余文 毛倩 朱威

[完成时间]　2013年9月

1.空间结构图
2.现状分布图
3.规划布局图
4.嘉定区特色农业、农业旅游现状分布图
5.嘉定区特色农业、农业旅游规划布局图

一、规划背景

2012年11月8日，党的"十八大"正式召开。2012年12月31日，中共中央、国务院发布《关于加快发展现代农业，进一步增强农村发展活力的若干意见》的"一号文件"，这是中央"一号文件"连续第10年聚焦"三农"问题。

作为上海市重点发展的新城之一，嘉定在注重产业和城镇发展的同时，也十分重视农业发展。嘉定区于2008年下半年开始编制《上海市嘉定区农业布局规划》，并于2010年初由"嘉府[2010]9号"文批复。与此同时，全区范围内各项"三农"工作陆续开展，包括外冈、工业区、徐行等镇的宅基地置换工作，各街镇的高水平粮田、设施粮田、设施菜田的建设工作，外冈镇的市级土地整治工作等等。2012年10月，全区及各街镇的土地利用总体规划由"沪府[2012]100号"文批复。规划确定了全区各街镇的建设用地布局，并对基本农田及耕地保护提出了具体要求。

本次规划在已编制完成的各街镇农业生产布局规划基础上，和生猪养殖、设施农用地、特色农业、农业旅游、农田水利、林业等相关规划相衔接，以全区及各街镇土地利用总体规划相关指标为基本要求，整合林业、水务、旅游等各方面涉农资源，结合实际发展情况，对全区的农业布局规划进行修编。

二、主要内容

本次规划在对农业基础条件，例如地理地形、气候、经济条件和农业发展形势等条件进行分析的基础上，形成了整体的农业发展思路及目标导向。基于前期准备工作，结合全区基本农田保护任务量、耕地保有义务量以及林业、水务、旅游、规土、农业等资源条件，落实基本农田、耕地指标和农业生产最低保有量，从而对衔接土地利用、农业总体布局、农业生产布局、特色农业、农业旅游规划、设施农用地、农田水利、林业生产、近期重点建设项目等进行规划，并形成全区成果和分镇成果。

三、规划特色

与以往农业布局规划不同的是，本次规划是在结合土地利用情况的基础

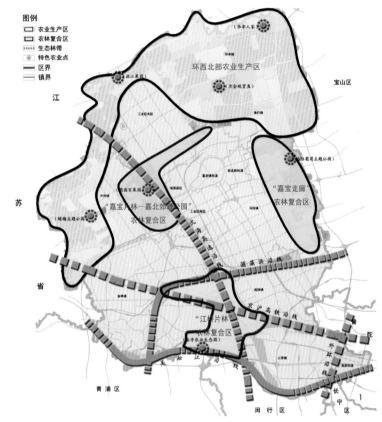

上进行的，新增了控制指标衔接内容，对于不同的土地类型采用了不同的规划方案。

（1）农用地规划至2020年，且主要位于集中建设区范围外。

（2）根据全区及各街镇的土地利用总体规划，以优先保护集中成片的高产稳产粮田和菜田为原则，将其划分为生态型和生产型两种类型，从而使得基本农田保护任务落实到镇，实现基本农田精细化管理，保护基本农田质量。

（3）结合全区及各街镇的土地利用总体规划，按照建设用地减量化原则，加大补充耕地力度，确保耕地保有义务量符合要求，并分解至各街镇。

四、规划实施

该规划于2013年9月13日由嘉定区人民政府经嘉府发[2013]48号文批复。

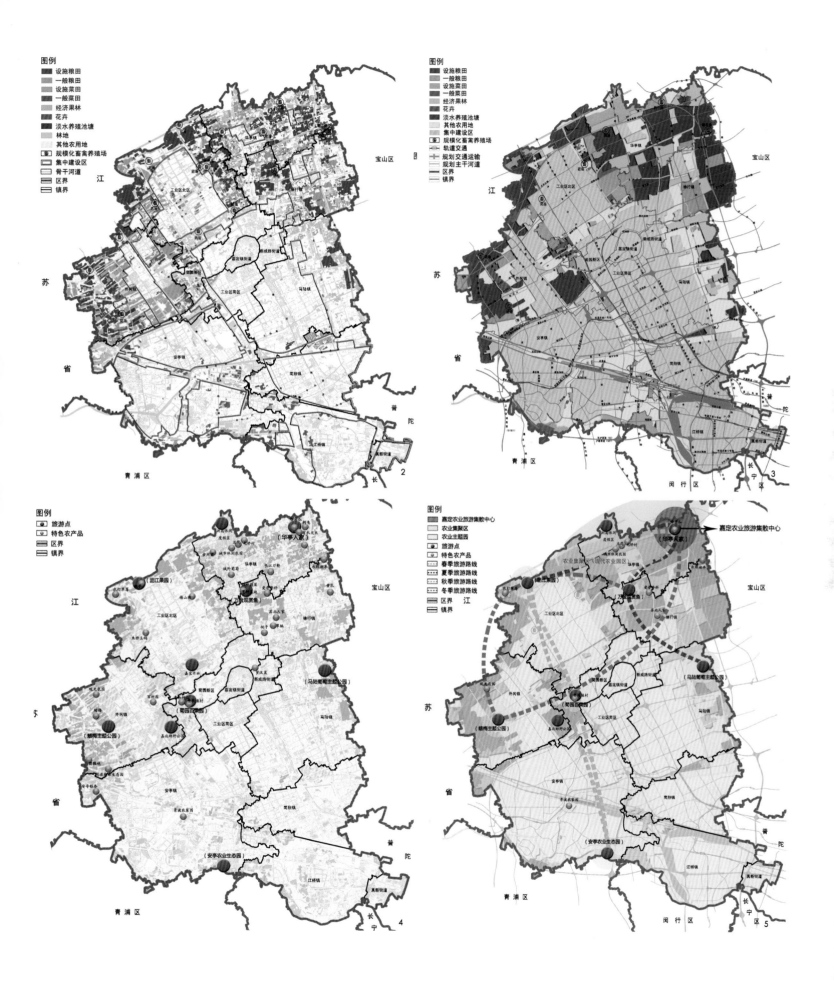

上海市嘉定区城乡建设用地增减挂钩专项规划（第一批宅基地置换2010—2012年）

[委托单位]　上海市嘉定区规划和土地管理局
[项目规模]　1 032km²
[负责人]　黄劲松
[参与人员]　蒋颖 庞静珠 徐益青 周伟 李开明 胡晓雯
[完成时间]　2010年7月

一、规划背景

2004年，在全国层面开始推行城乡建设用地增减挂钩政策，以缓解城乡建设用地同步快速增长给耕地保护工作带来的巨大压力。

2009年，为加快新农村建设步伐，节约集约利用土地，推进小城镇建设，上海市将宅基地置换工作纳入建设用地增减挂钩政策平台，并由市农委牵头，市规划和国土资源管理局等有关部门共同参与并出台了相关实施办法。

本次规划通过建新拆旧和宅基地整理复垦等措施，在保证项目区内建设用地总量不增加、耕地总量不减少、耕地质量不降低的基础上，最终实现增加耕地有效面积，提高耕地质量，节约集约利用建设用地，城乡用地布局更合理的目标。

二、主要内容

规划主要分析土地整理潜力，结合发展需求，确定拆旧地块和建新地块范围；制定实施时序和指标归还计划；测算预期投资成本，提出资金筹措计划等。

本次规划工作路线分主线和副线齐头并进。首先根据"两规合一"、三线管控要求和区镇两级近远期发展需求，初步确定拆哪里，安置在哪里。接着通过调查农民拆迁意愿，并初步测算资金成本和收益，对项目进行可行性研究，规划方案同步进入比选阶段。确定各镇方案后，对各项指标进行测算，得出节余建设用地和耕地指标总量。同时期，区内积极进行相关政策研究和实施保障措施、开发机制研究，确定节余指标的使用方式和途径，整体方案得以稳定。最后，制定实施时序和指标归还计划，并以镇为主体进行资金平衡测算，形成规划的核心内容。

三、规划特色

规划通过不断摸索和完善，在拆旧地块选择、置换指标使用、开发机制

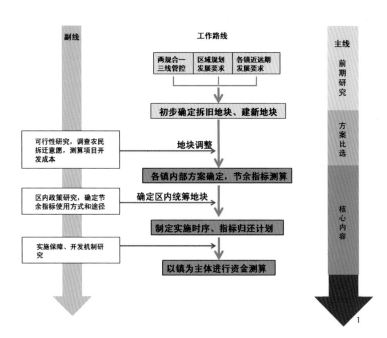

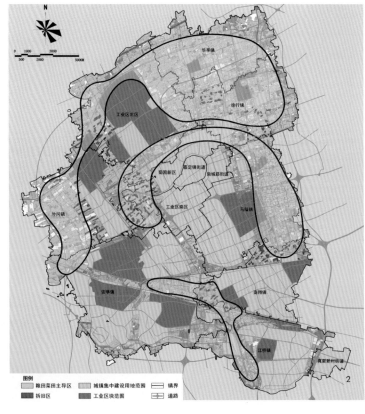

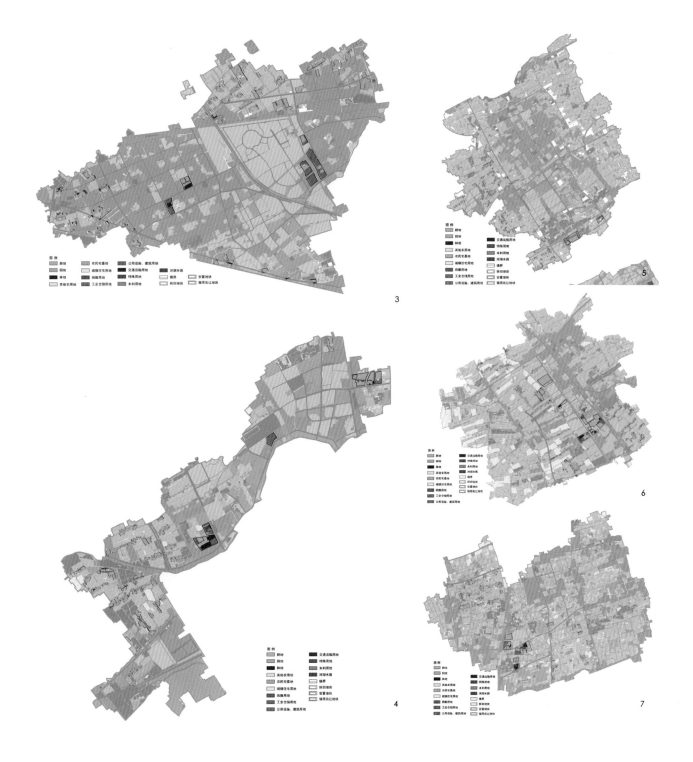

方面逐步形成嘉定特色。

（1）拆旧地块的选择不仅考虑自身的发展需求，同时兼顾市区两级重大市政项目的实施，确保置换工作与区域城镇建设和市政配套工作充分衔接。

（2）提出置换指标区域统筹使用，充分体现土地级差收益的原则。拆旧置换出来的指标，首先用于解决安置地块和各镇留用出让地块的土地指标问题；剩余的指标用于全区统筹地块，在嘉定新城范围内选定地块使用，很好地解决了嘉定新城建设两大指标即新增建设用地指标和占补平衡指标缺乏的问题。

四、规划实施

专项规划经沪规土资综[2010]657号文批准。

在专项规划的指导下，到目前嘉定区已有5镇共7个实施规划获得市局批复，并同时下达了相关周转指标。

与此同时，各镇拆旧建新工作正在有序推进过程中。其中外冈镇已先后于2010年7月、2011年8月举行了安置地块奠基和开工仪式。

上海市嘉定区外冈镇城乡建设用地增减挂钩实施规划（宅基地置换2010—2013年）

[委托单位]　上海市嘉定区外冈镇人民政府
[项目规模]　总规模为1 032km²，拆旧农户2 088户
[负责人]　　蒋颖
[参与人员]　享福能　胡晓雯　保益青　庞静姝
[完成时间]　2011年1月

一、规划背景

1.年度实施分期图
2.A片区土地复垦规划

　　2006年，外冈镇作为上海郊县15个试点基地之一开展宅基地置换工作，目前宅基地置换工作已完成，并取得了较好的成绩。2009年，为继续加快新农村建设的步伐，外冈镇作为上海市城乡建设用地增减挂钩试点镇，开展了新一轮的农民宅基置换工作。2010年嘉定区增减挂钩专项规划经市规土局批准，在专项规划的指导下，外冈镇先期开展实施规划的编制工作。

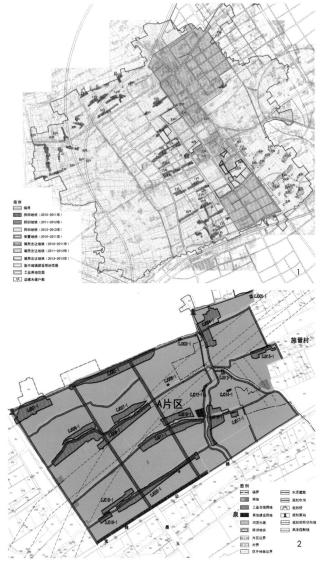

二、主要内容

　　本规划的主要内容包括：

　　（1）土地利用结构分析和农村建设用地整理复垦潜力分析，确定项目区拆旧和建新规模及权属调整等情况；

　　（2）确定项目实施时序，明确分年度周转指标规模及使用、归还计划；

　　（3）拆旧地块整理复垦方案、项目区补偿安置方案和土地权属调整方案；

　　（4）测算投资成本，提出资金筹措计划和效益评价；

　　（5）从行政、经济、技术等角度提出保证规划实施的各项措施。

三、规划特色

1.基础工作扎实，方案细致可靠

　　本次实施规划是对于专项规划的深化和优化。与专项规划相比，拆旧地块根据近期发展要求及重大市政项目的选址，增加规划垃圾综合处理厂、沪通铁路沿线等村宅。同时，在专项规划的基础上，深化完善了现状调查，分区设计了土地整理复垦方案；细化了安置补偿方案及资金平衡方案。

2.公众参与度高，可操作性强

　　本次实施规划在借鉴外冈镇已实施的宅基地置换项目经验的基础上进行编制，与上位规划及相关控规进行了充分衔接，确保方案具有可实施性。同时，农民参与宅基地置换的热情高涨。一方面，拆旧农户拆迁意愿强烈；另一方面尊重农民的意愿，将初步方案予以公示，让农民参与选址，提高了农民的参与度。

3.政策保障到位，确保项目可实施

　　实现两个平衡。一是指标平衡，该实施规划经市规土局批准后，下达挂钩建设用地指标119hm²，周转耕地指标106hm²，确保嘉定区及外冈镇近期建设发展的指标需求；二是资金平衡，确保项目顺利实施。

四、规划实施

　　2011年1月《嘉定区外冈镇城乡建设用地增减挂钩实施规划（宅基地置换2010—2013年）》经沪规土资综[2011]83号文批准。

　　至2013年底，拆旧地块中已有481户（其中应建未建121户）完成搬迁和宅基地的复垦验收工作，并归还建设用地指标24.22hm²（363.36亩），归还耕地指标22.53hm²（337.9亩）；全部安置地块已完成农转用手续，且安置房建设中；留用出让地块中4个地块已完成农转用和出让手续。

上海市崇明县陈家镇城乡建设用地增减挂钩实施规划（2014—2015年）

[委托单位]　上海陈家镇建设发展有限公司

[项目规模]　拆旧地块总规模为25.46hm²，涉及搬迁农户346户，出让地块总规模为21.62hm²

[负责人]　冯东敬

[参与人员]　陈小飞　刘文娟　史一鸣

[完成时间]　2014年7月

1.项目布局图

一、规划背景

人多地少的基本国情决定了我国必须实行最严格的土地管理制度，必须有效地控制增量建设用地，盘活存量建设用地，在提高土地节约集约利用上有所突破。

现阶段，陈家镇对建设用地的需求越来越大，耕地保护的任务也越来越艰巨，因此从现在开始注重盘活存量建设用地、促进土地的节约集约利用是保障未来建设用地供给的有利举措。根据陈家镇发展规划，在对搬迁区域内的农村建设用地整理复垦潜力和农民搬迁意愿进行摸底调查后，崇明县人民政府决定于2013年底开展城乡建设用地增减挂钩工作。

二、主要内容

本规划的主要内容包括：

（1）土地利用结构分析和农村建设用地整理复垦潜力分析，确定项目区拆旧和建新规模以及权属调整等情况；

（2）确定项目实施时序，明确分年度周转指标规模及使用、归还计划；

（3）拆旧地块整理复垦方案、项目区补偿安置方案和土地权属调整方案；

（4）测算投资成本，提出资金筹措计划和效益评价；

（5）从行政、经济、技术等角度提出保证规划实施的各项措施。

三、规划特色

1.腾挪建设用地指标，助推崇明生态岛建设

崇明生态岛建设，为崇明产业升级和功能转变带来了历史性的机遇。项目区出让地块位于国际实验生态社区内，该社区建成后，将成为富有海岛田园特色的现代化低碳生态社区，成为具有高度示范价值的"低碳生态居住示范社区"。

2.解决残存村问题，社会效益显著

陈家镇铁塔村在集建区内部分以通过动迁等方式进行异地安置，残留在集

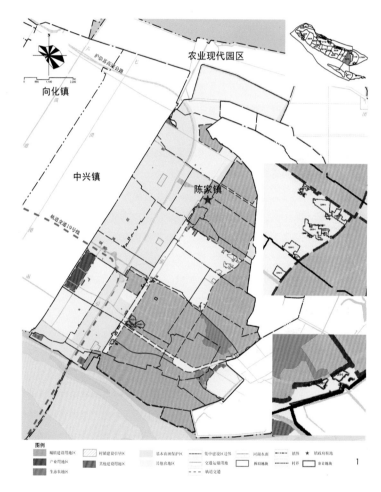

建区外的形成了残存村，存在社会矛盾。本次规划拆旧地块特地选取该村剩余宅基地，解决残存村问题，社会效益显著。

3.充分尊重农民的意愿，确保项目可实施

本次实施规划农民参与热情高涨，拆旧农户拆迁意愿强烈，另外规划与上位规划及相关控规进行了充分衔接，确保方案具有可实施性。

四、规划实施

该规划于2014年10月24日经沪规土资综[2014]680号文批复。

上海市嘉定区江桥镇郊野（JDG1J01）单元规划（2013—2020年）

[委托单位]　上海市嘉定区江桥镇人民政府
[项目规模]　42.37km^2
[负责人]　黄劲松
[参与人员]　冯东敬　余文
[完成时间]　2013年12月

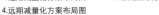

1.区位图　　　　　　　　5.类集建区规划图
2.减量化土地利用现状图　6.减量化土地利用规划图
3.近期减量化方案布局图　7.增减挂钩规划图
4.远期减量化方案布局图

一、规划背景

郊野单元规划是以规划和土地管理政策创新来推动上海新型城镇化和新农村建设，促进城乡统筹发展的一次重要探索；其依托上海市"规土合一"的机制，创新规划编制方法与技术标准，整合集建区外土地整治规划、生态保护和建设、村庄建设、市政基础设施和公共服务设施建设等规划编制和土地管理政策，形成综合性的实施规划；郊野单元规划作为一个开放性的规划整合平台，将统筹和协调郊野地区已有各项专业规划，强化可操作性和综合效益，拓展土地整治的范围，提升城市网格化、精细化管理与生态文明建设水平。

嘉定区江桥镇作为上海市首批试点，开展郊野单元规划编制工作，这将是改善该地区生产、生活和生态环境，提升集中建设区外综合发展水平，实现城乡一体化发展的重大规划举措和机遇。同时，这也将对全市郊野单元规划编制和集中建设区外转型发展具有创新和示范意义。

二、主要内容

在综合考虑规划区发展建设现状和相关规划的基础上，通过对江桥镇集建区外现状建设用地深入的减量化分析，明确了集建区外近、远期建设用地规划布局方案与功能导向。在此基础上，规划针对下一步土地整治项目和城乡建设用地增减挂钩项目的核心内容提出了具体方案和要求，同时对地区相关规划（上位规划和专项规划）提出了编制建议与要求。最后，还对规划实施综合效益进行了分析，并提出了后续规划实施的保障措施及建议。

（县）土地整治规划，向下指导土地整治项目区规划；在完成土地整治规划内容后新增了单元总体布局规划、建设用地增减挂钩专项规划、专项规划整合、效益分析等规划内容，是城市规划和土地规划高度合一的规划，是城乡高度融合的规划。

3.规划理念和思路创新

郊野单元规划作为一个开放性的规划整合平台，将统筹和协调郊野地区已有各项专业规划，强化可操作性和综合效益，拓展土地整治范围，提升城市网络化、精细化管理与生态文明建设水平。

三、规划特色

1.政策创新

郊野单元规划是以规划和土地管理政策创新来推动上海新型城镇化和新农村建设，促进城乡统筹发展的一次重要探索。

2.编制方法创新

郊野单元规划源于土地整治规划，高于土地整治规划。该规划向上承接区

四、规划实施

目前，本规划已获得批复，批复文号沪规土资综[2013]900号。

222

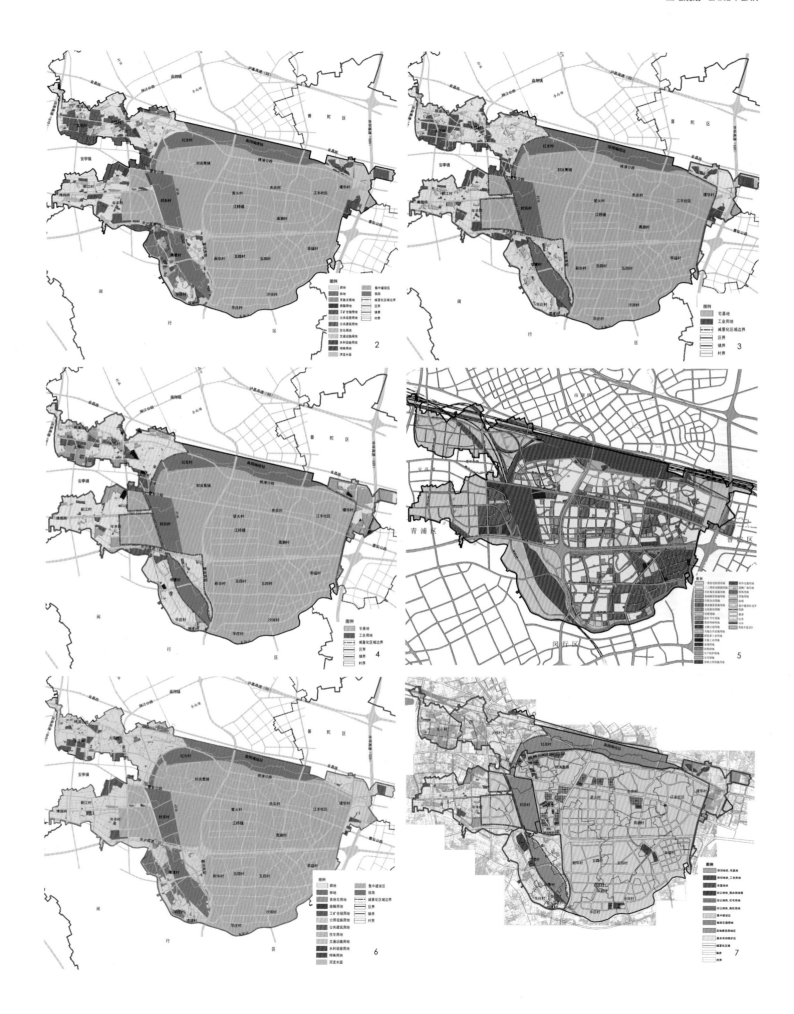

上海市金山区廊下镇郊野单元规划（2014—2020年）

[委托单位]　上海市金山区廊下镇人民政府
[项目规模]　46.87km²
[负 责 人]　周伟
[参与人员]　景丹丹　张艺涵　刘宇　刘俊
[完成时间]　2014年9月

1. 减量化原则图　　　　5. 类集建区规划图
2. 类集建区示意图　　　6. 增减挂钩规划图
3. 现状土地利用图　　　7. 土地利用规划图
4. 近期减量化方案图

一、规划背景

（1）上海市建设用地已达极致，市委、市政府明确要求建设用地只减不增、必须负增长，集中建设区以外地区是破解土地资源紧缺的关键。

（2）进一步完善集建区外规划土地管理体系，构建"市级土地整治规划——区县级土地整治规划—郊野单元规划——土地整治项目规划设计"四级土地规划管理体系。

（3）通过集建区外的建设用地减量，获得城镇自身建设指标支撑；释放外围已批未用及闲置用地，解决农业综合发展、配套服务设施用地需求。

（4）促进集体经济组织发展，突破村级企业发展瓶颈，使集体资产显化、村民资产增值。

二、主要内容

（1）减量化规划：根据现状摸底及潜力分析研究，提出建设减量化战略和目标任务，将减量化指标分解到各村，确定土地利用总体布局。

（2）类集建区规划：按照"规划空间奖励"的政策确定建设规模，根据郊野公园方案、城镇发展要求提出选址要求和功能引导。

（3）宅基地安置方案：遵循改善民生、节约土地的原则对宅基地进行安置。

（4）资金平衡：通过对资金投入和资金来源两方面进行估算和分析，达到总投资和总资金来源保持基本平衡。

（5）土地整治规划：主要包括农业布局、高标准基本农田建设、农田水利、田间道路、设施农用地及项目区划分等。

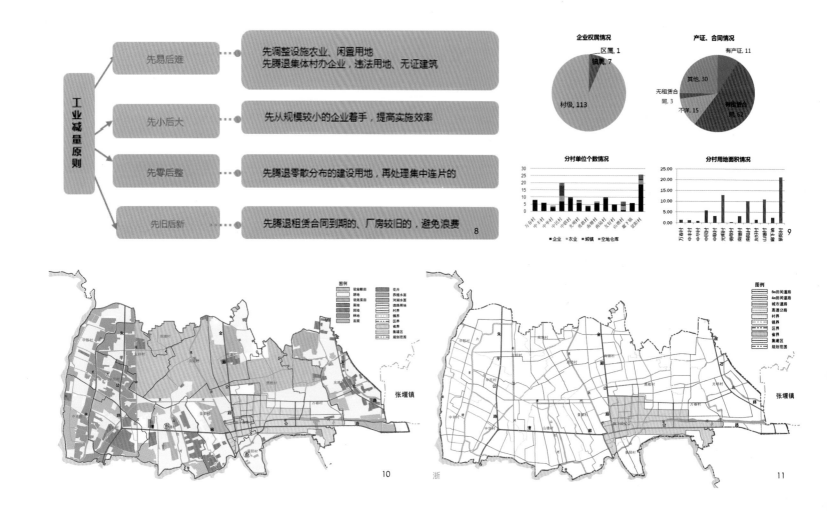

(6) 专项规划梳理：通过规划建立平台，统筹协调集建区外各类专项规划。主要包括农业规划、水利规划、综合交通规划、市政设施规划等。

(7) 规划效益：通过效益分析体现实施减量化与土地整治后带来的变化，主要通过生态环境、城乡统筹、产业结构优化三方面的指标来体现效益。

三、规划特色

(1) 创新农民安置模式

廊下镇从用地集约、促进区域城镇化角度出发，探索"廊下+新城"跨镇组合住房安置方案。镇外安置地块根据"等价值"补偿原则，原廊下镇住房建筑面积约可置换到50%原面积的新城面积。

(2) 面向实施的类集建区方案

根据郊野公园方案、镇区发展设想、安置需求，切实落实类集建区指标的分配及空间布局。一部分用于廊下镇内郊野公园配套服务用地，另一部分结合安置方案，分配指标至全区用于农民搬迁安置、物业补偿建新地块。

(3) 基于数据分析的减量化方案

规划通过以行政村为单位，开展"普查、精查"2轮调研摸底工作，将数

据——对应至用地图斑。基于调研数据、二调数据、部门访谈、现场走访，研究分析数据，提出各类用地减量化原则及时序。

(4) 造血机制

本次规划探索多样化造血机制，用于保障集体利益。①拆旧补偿。未转制企业、闲置建设用地等资金补偿。②物业补偿。在工业园区内建设适当规模的标准厂房，安置区配套经营性物业，其租金收入归集体所有。③新增耕地。用地复垦、整治可新增耕地，每年可获得相应收益。

四、规划实施

廊下郊野单元是金山区首批试点区，全市重点镇。规划不仅是改善廊下生产、生活和生态环境，提升集建区外综合发展水平，实现城乡一体化发展的重大规划举措和机遇，也将对全市郊野单元规划编制和集中建设区外转型发展具有创新和示范意义。

本规划已由沪规土资综[2014]617号批复，且2014年减量化工作已开展评估、启动立项工作。

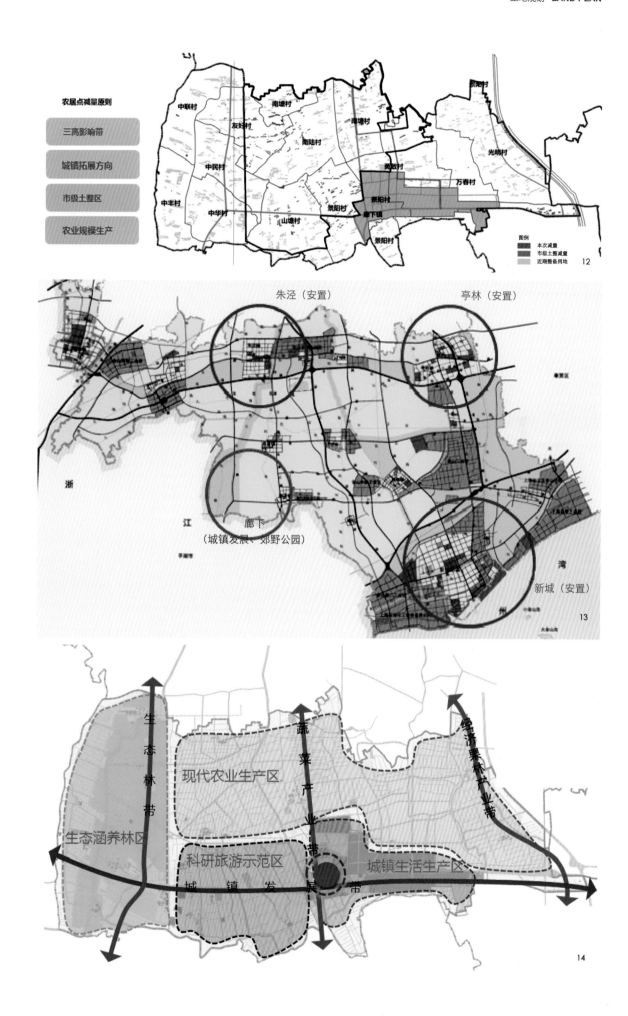

农居点减量原则

三高影响带

城镇拓展方向

市级土整区

农业规模生产

至大沿河镇

金
北
藤
达坂薔花病路
坎儿井保护区
坎儿井乐园
沙疗所
城

港城路
交河区
沙路
月光湖路
大道

312国道

文化产业园
312国道

老城区 东

绿洲西路 绿洲中路 绿洲东路

木纳尔路

交通规划

上海国际汽车城大众制造区综合交通规划研究

[委托单位]　上海国际汽车城（集团）有限公司

[项目规模]　7.04km²

[负责人]　黄劲松 李娟

[参与人员]　李娟 王超 肖闵 徐滨 黄云 李开明 周伟 冯东敬 胡晓雯

[完成时间]　2013年9月

[获奖情况]　2013年度上海市优秀城乡规划设计奖三等奖

1.技术路线图
2.仓储流程图
3.安亭物流中心（北库）选址方案
4.区域道路规划方案

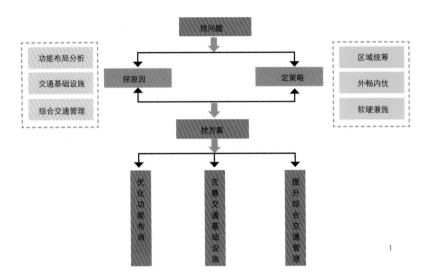

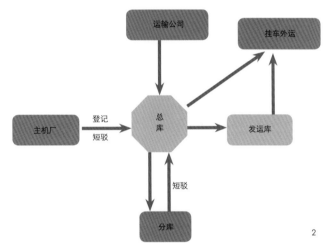

一、规划背景

上海大众已以安亭为总部，辐射上海安亭、江苏南京和江苏仪征的三大生产基地，随着其日产出不断增大及周边用地的发展，安亭总部制造区的交通压力日益加剧。为缓解该区交通压力，更好地服务生产、生活需求，委托启动专项交通规划编制。

二、主要内容

1. 探求问题成因

（1）既定功能格局下的交通格局，生活包围生产、铁路阻隔严重，造成大量的客货混行及跨铁路运输，且车库布局分散、外运模式单一，导致商品车和运输挂车跨铁路、穿城镇交通量大；

（2）滞后的交通基础设施，主要表现在区域开发快速，对外通道不足，制造区内路网系统不完善，内部路网密度较低，且断头路较多，道路设计参数与该地区大货车的需求不甚匹配等；

（3）有待提升的综合交通管理。

2. 确定解决策略

（1）区域统筹：优化货运布局，从区域层面上统筹优化大众内部功能布局，降低制造区内部交通压力，提出区域生产生活一体化发展，通过用地优化，实现生产交通与社会化交通并重发展；

（2）外畅内优：通过上跨下穿，打通铁路、航道阻隔，利用内部交通设施挖潜与优化改善交通；

（3）软硬兼施：既确保交通基础设施与项目建设同步，与地区发展同步，又切实完善综合交通管理，提高运行效率。

3. 提出解决方案

（1）优化货运功能布局：近期优化布局，增设发运库，降低总库发运规模，实现少量货运功能外移；远期将大量货运功能外移，整合各卫星库，将轿运挂车从制造区脱离，避免轿运挂车跨铁路南北穿梭；

（2）改善交通基础设施，加快对外通道建设、内部节点及设施优化：对外主要针对于田路、于塘路、百安公路和安虹北路等跨铁路通道提出建设时序、功能组织等建议，建议在于塘路可通行的情况下，于田路先行建设（于沪通铁路建设前实施），功能上近期客货混行，远期以货运为主，于田路建成通

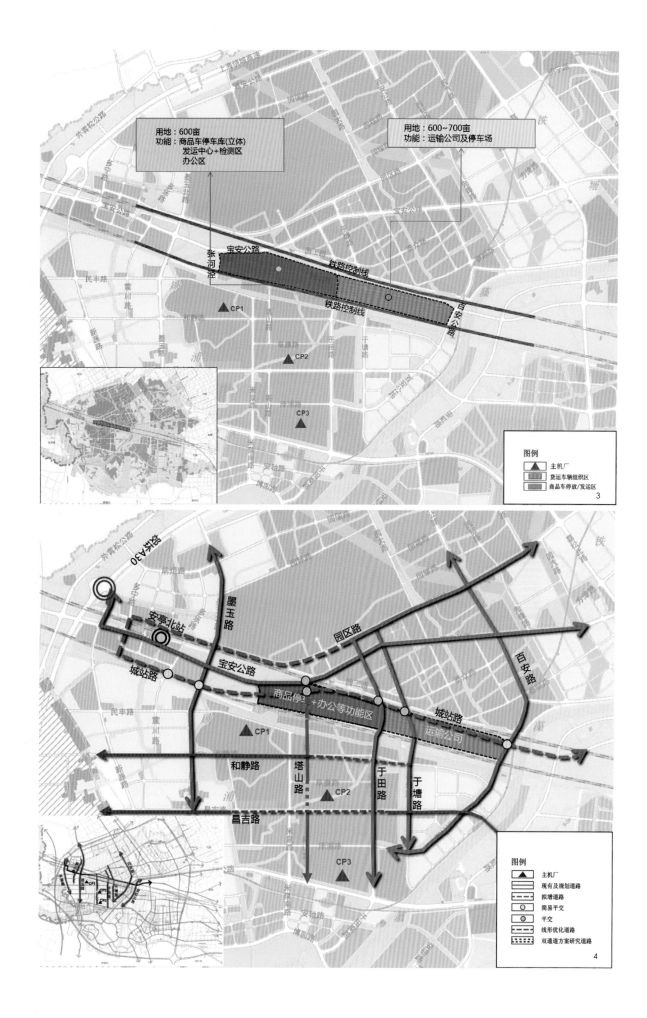

图例
研究范围 5
规划范围

外冈工业园区

G1501
赛车场站
轨交11号线
零部件园区
及其配套区
方泰社区
宝安公路
城际铁路
城站
沪宁城际铁路
曹安公路
制造区
同济经济圈
安亭老镇、核心区、安亭新镇
G2
墨玉路
嘉松北路
G1501
G15 6

5.交通区位及规划范围图　　　　9.墨玉路、民丰路排队长度分析
6.功能格局图　　　　　　　　　10.沃尔夫斯堡立体停车场图
7.米泉路、曹安公路现状仿真　　11.于田路、曹安公路北口道实施后效果
8.于田路、于塘路改造后仿真　　12.于田路、于塘路东口道实施后效果

车后于塘路再行施工（与沪通铁路同步进行）。建议百安公路、安虹北路与沪通铁路同步建设，同时剥离百安公路货运功能，以客运为主；对内建议打通塔山路，作为商品车至北库的内部通道，园区路向西延伸，缓解宝安公路交通流压力；就重要交叉口实施优化改造工程，优化改造的内容主要有：交叉口拓宽、进口道展宽、交叉口渠化、信号配时优化、转弯半径增大以满足货运需求等；

（3）客货时空分离：高效的物流模式，提升综合交通管理，通过交通管制，明确道路服务功能，建议于田路、城站路、宝安公路以服务货运需求为主；宝安公路、墨玉路以客运功能为主，并避开早晚高峰时段，限时开放允许普通货运通行，轿运挂车全时段禁止通行；同时建议完善并加快铁路货运站设施及水运滚装码头建设，打造多方式联运，加快物流转型。

三、规划特色

1. 工作模式

交通、城规、产业、土地和汽车产业的生产工艺及流程等跨学科、多团队合作。

2. 规划内容

多层次、多方位分析。从点（节点）、线（路段）、面（布局）分层次研究，从产业生活、动静态交通、硬件基础设施及软件管理等多方位思考。

3. 可持续的发展策略

运用宏观模型TRANSCAD、微观仿真SYNCHRO/VISSIM对比分析改造前后状况。

四、规划实施

研究中提出的多项建议已在后续跟进中，整合分库及卫星库的选址方案已在研讨中；主要节点的改造已基本完成，大大提升了交叉口效率；跨铁路通道有序推进中，于田路、于塘路、百安公路均已列入近期建设计划。

轨道交通11号线（嘉定段）综合交通枢纽选址规划

[委托单位]　上海市嘉定区规划和土地管理局；嘉定区轨道交通建设发展有限公司
[负责人]　　王超
[参与人员]　王超　胡丽娟
[完成时间]　2005年12月

1.白银路站选址
2.南翔站选址
3.新城站选址

一、规划背景

轨道交通11号线（嘉定段）综合交通枢纽选址规划是在已确定站位的基础上，按照TOD引导的要求，提出交通枢纽配套设施的选址、用地和建设规模，明确规划设计条件，以更加有效地推进轨道交通站点综合开发，充分发挥站点周边土地的效益，促进综合交通枢纽更加科学、合理的建设。

二、主要内容

（1）梳理轨道交通11号线（嘉定段）综合交通枢纽体系规划，结合新城总体规划，明确各枢纽开发功能层次。其中，嘉定新城站为城市级综合交通枢纽，城北路站、墨玉路站、南翔站为地区级综合交通枢纽，白银路站、静宁路站、马陆站、昌吉路站、汽车城站为社区级综合交通枢纽，F1国际赛车场站为特定区域综合交通枢纽。

（2）确定轨道交通11号线综合交通枢纽区的建设容量分配，主要为枢纽区规划用地面积、容积率、各功能建筑面积及公交枢纽面积等。

（3）分析了嘉定新城站、墨玉路站、南翔站、白银路站、静宁路站、马陆站、昌吉站、汽车城站及F1赛车场站的周边建设情况，并最终确定各站点交通

枢纽选址范围。

三、规划特色

1.采用TOD（公交引导开发）与SID（站点综合开发）理念

在分析枢纽功能层次、确定建设容量分配的过程中，把城市发展方向和公交干线建设结合起来综合考虑，提高了公交系统的可达性和通勤率；对站点上盖及周边物业实施一体化规划、建设、开发，优化配置资源，强化步行连接，提高土地开发利用的集约化程度。

2.选址规划指导控规落实

本次轨道交通11号线枢纽选址规划编制在轨道交通站点规划与站点周边控规编制之间，起到了很好的衔接作用，直接指导了下阶段站点周边地块的控规编制，方案可实施性及操作性强。

四、规划实施

选址方案已纳入项目后续设计、实施中。

上海市嘉定区综合交通规划

[委托单位]　上海市嘉定区交通运输管理局；上海市嘉定区规划和土地管理局
[项目规模]　463km²
[负责人]　黄劲松
[参与人员]　杨丽雅
[合作单位]　上海市城市规划设计研究院道路交通规划所
[完成时间]　2006年8月

1. 白银路
2. 轨道交通11号线
3. 公交枢纽站（马陆站）

一、规划背景

　　为加快上海社会主义新郊区、新农村建设，更好地推进嘉定区城市化进程，使综合交通在城乡建设中得到科学、合理的发展，促进城市有序建设，本次规划旨在充分研究嘉定区的区位条件和区域交通特征基础上，依据城市总体规划，确定区域交通发展定位，建立结构合理、便捷高效、安全环保的综合交通系统。

二、主要内容

1. 综合交通发展战略定位

　　继续承担上海市西北的公路对外交通功能，适当发展铁路、物流的集、疏运功能，并与江苏沿沪地区实现公路交通公交化；以"交通引导城市发展"的建设模式发展城市交通，增强节点交通设施的功能。

2. 对外交通设施规划

　　铁路：在沪宁铁路北侧设置京沪高速铁路和城际铁路，加上江南铁路，形成"2个方向的4条干线"，并设4处站点。

　　公路：形成"四横三纵"的高速公路格局、"六横五纵"的主要公路格局和"八横九纵"的次要公路格局，并设2处长途客运站。

　　内河航运：以市、区级河道为基础，形成"一环七射"的航道网。

3. 城市交通设施规划

　　道路系统：整合现有及既定规划资源，形成适应城市化发展需要的城市快速路、高速公路和主要公路相结合的对外辐射道路骨架；形成城市快速路、城市干道相结合的城市内部道路骨架。

　　轨道交通：规划市域快速轨道交通11号线进入嘉定区；轨道交通13号线、14号线西延至江桥，其中14号线与区域内3条规划BRT线路衔接。

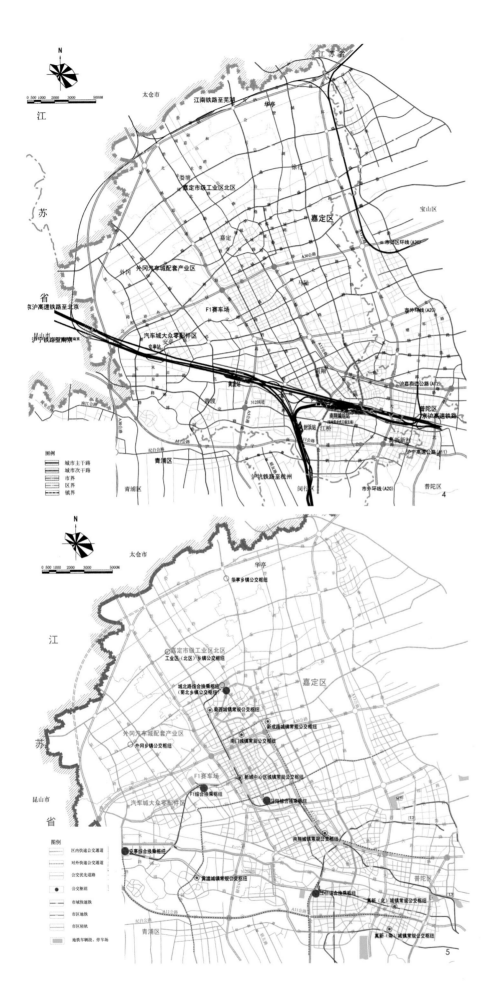

枢纽设施：规划提出客、货运枢纽及场站等设施的布局和规模，要求在确定用地规模基础上，下一级控规中明确规划选址，以确保枢纽和公交场站用地的落实。

停车设施：客运停车需求主要按11号线各轨道换乘枢纽的配置标准、新老城区的不同控制策略来满足，货车停车场则主要按主体建筑总量配置满足。

4. 城市交通运行规划

客运交通：结合3大综合功能轴设置BRT线路，在安亭—区域公共活动中心之间、嘉定新城内部永盛路及嘉定新城主城区几大核心地区之间可考虑设置公交优先专用路线。

货运交通：按城镇交通的格局，对区域范围内地面道路实施货运分解功能；限制大型货运车辆白天进入城区；城镇内部货运交通组织，在区域组织的基础上解决。

三、规划特色

（1）重视规划的衔接性——与上位规划和其他既有相关规划充分对接。

（2）突出规划的科学性——基于现状调查数据，对未来交通需求进行预测，作为规划方案的依据。

（3）兼顾规划的可操作性——对近期重点发展区域提出相应建设计划。

四、规划实施

本规划已于2006年8月17日获得上海市城市交通管理局批复（沪交规[2006]467号），并于2007年上报区政府审批。依据本次规划，嘉定区已进行一系列交通基础设施的建设和改造，进一步完善了嘉定区综合交通系统。

4.城市道路系统规划图
5.快速公交系统规划图
6.公路网规划图
7.铁路规划图
8.内河航运规划图
9.对外交通枢纽规划图

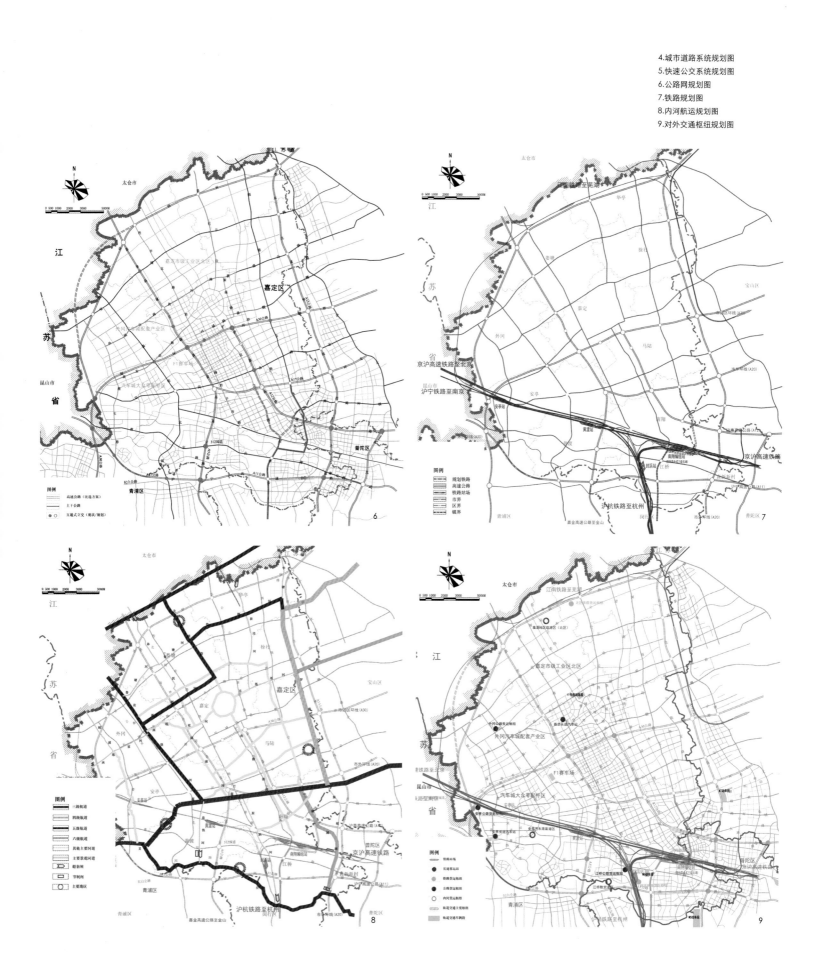

上海市嘉定区公交线网专项规划

[委托单位]	上海市嘉定区交通运输管理局
[项目规模]	463km^2
[负责人]	黄劲松
[参与人员]	杨丽雅　王晓峰
[合作单位]	上海市城市规划设计研究院
[完成时间]	2007年2月

1.公交线网规划总图
2.全区公交线网现状图
3.现状公交线网重复系数图
4.公交设施规划图
5.轨道交通与快速公交线网规划图
6.公交运营分区图

一、规划背景

为进一步协调城市建设与公交发展的关系，促进公交优先发展，按照国务院"关于优先发展城市公共交通的意见"精神，在《嘉定区综合交通规划（2005—2020）》编制完成基础上，依据全区居民出行特征与公交线路调查，开展公交线网专项规划，目标是建立功能明确、层次清晰、结构合理的一体化公交网络。

二、主要内容和特色

1.制定全区公交优先的发展策略

规划注重公交发展在交通系统中的重要作用，制定嘉定区公交发展的总体策略，提出了优先投资公交设施、优先道路和用地资源、优先新技术应用的三个优先宗旨，构建多模式、一体化的公交线网。

通过重点建设大运量快速公交系统，完善公交线网规划；建立公交专

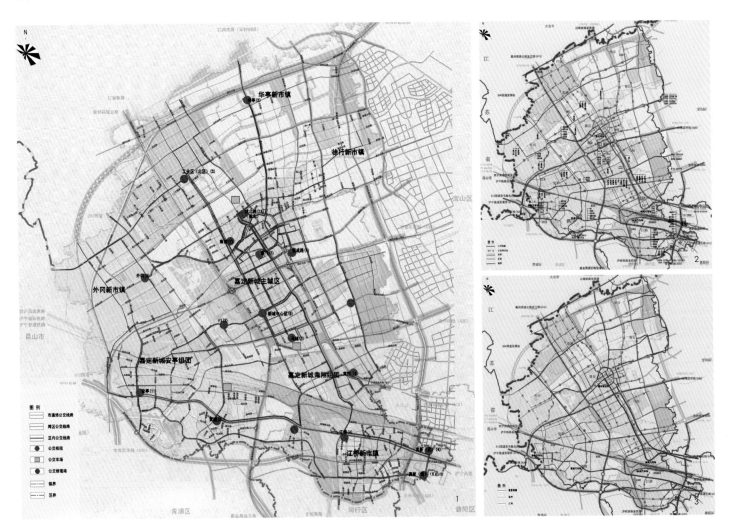

用道体系,实施公交路权优先;加强公交枢纽、场站等基础设施的规划建设,为轨道交通与常规公交的协调发展创造机遇。

2. 公交枢纽、场站综合规划

规划重视枢纽、场站规划在公交系统中的重要地位,将嘉定区公交枢纽布设呈"5+8+4"的形态,综合换乘枢纽、城镇常规公交枢纽、乡镇公交枢纽相呼应,配合分布在马陆、城北和安亭的3处综合公交车场。

3. 理论结合实际,合理布设公交线网

规划重视公交发展理念与实地调查数据的结合,对全区居民进行了1 200份细致的出行特征问卷调研,另选取了32条公交线路进行随车调查,作为公交线网专项规划的依据,合理调整公交线网布局。

构建轨道交通和常规公交无缝衔接,规划快速公交网(包括3条基本线和1条弹性线路),用以弥补轨道交通客流覆盖范围的不足。快速公交网以系统化、网络化、规模化为基本布局原则,综合考虑客流需求、道路条件等因素,以提高公交系统的竞争力和吸引力。

4. 提出公交区域专营概念,建设一体化公交

规划遵循"多方参与、规模经营、有序竞争"的公交行业发展模式,加强公交营运市场准入管理,积极引导企业重组,以线网调整为基础,完善管理法规与制度,逐步推动公交营运优化。

尝试公交区域专营营运模式,在各专营区域内,公交网络可自成体系,服务于专营区内部出行,保障专营区内公交系统的完整,同时大运量的轨道交通或BRT解决各专营区域之间的衔接,构建轨道交通—快速公交—地面公交—乡镇公交四个层次完整的公交系统,实现公交一体化发展。

三、规划实施

本规划已于2006年12月获得上海市城市交通管理局批复。

规划中提出的公交枢纽、场站,结合轨道交通11号线站点设置公交枢纽基本建设完成。轨道交通和常规公交已按照规划实施。

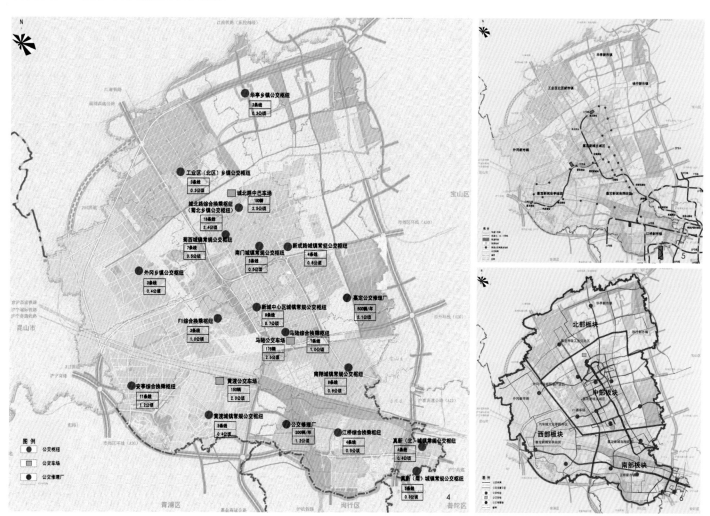

上海市嘉定区真新社区综合交通梳理与整治规划

[委托单位] 上海市嘉定区真新街道办公室

[项目规模] 6.0km²

[负责人] 黄劲松 李娟

[参与人员] 黄劲松 李娟 徐滨 黄云

[完成时间] 2013年3月

1.道路系统规划图
2.社会停车覆盖分析建议图
3.曹安公路建议断面示意图
4.土地使用规划图

一、规划背景

真新社区位于嘉定区与普陀区交界，是上海市西向对外交通的重要口门。社区内部曹安路沿线商贸业发达，但日益恶化的交通问题已经成为制约其进一步提升改造的重要制约因素。交通问题主要表现在缺乏平行分流道路，无法有效疏解早晚高峰集中交通流，导致地区主要道路出现"肠梗阻"；地区内部道路网络受外围高、快速路的影响不成系统，导致交通组织混乱。本综合交通规划利用相关专业交通软件对真新社区现状存在的交通问题进行分析，提出相应的交通解决方案，旨在缓解区内交通拥堵问题。

二、主要内容

1.地区综合交通整治对策与实施策略

打造立体交通网络：规划通过道路、轨道交通、公交线路形成立体交通

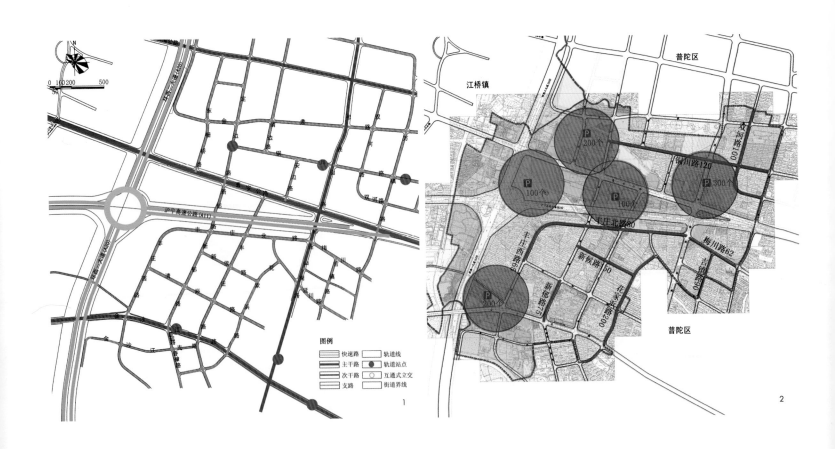

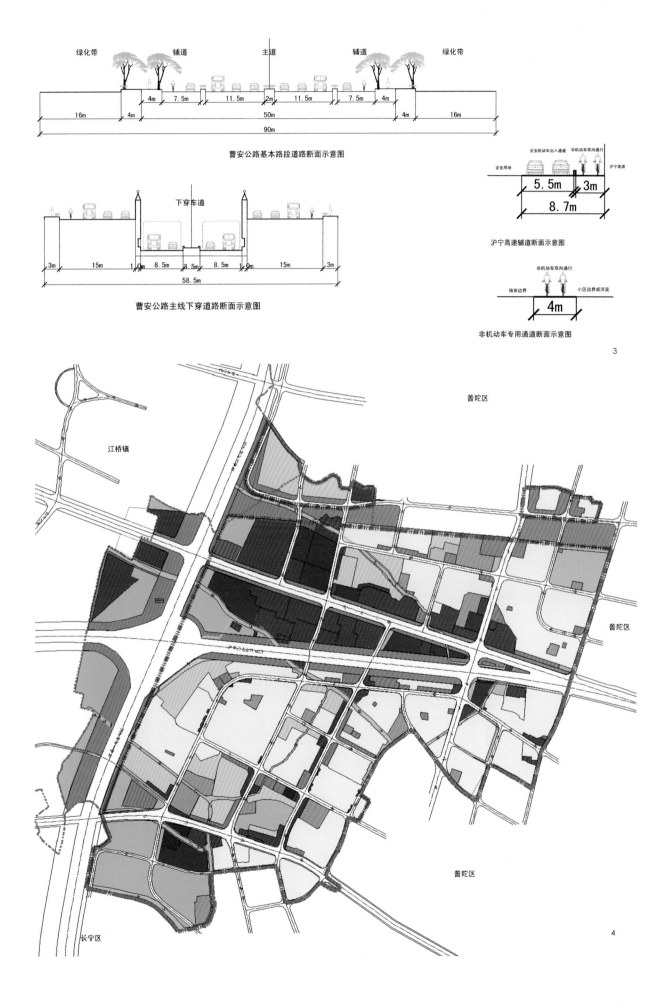

绿化带　辅道　主道　辅道　绿化带

4m　7.5m　11.5m　2m　11.5m　7.5m　4m

16m　4m　50m　4m　16m

90m

曹安公路基本路段道路断面示意图

下穿车道

3m　15m　1.0　8.5m　8.5m　8.5m　1.0　15m　3m

58.5m

曹安公路主线下穿道路断面示意图

企业机动车出入通道　非机动车双向通行

企业用地　沪宁高速

5.5m　3m

8.7m

沪宁高速辅道断面示意图

非机动车双向通行

地块边界　小区边界或河流

4m

非机动车专用通道断面示意图

3

普陀区

江桥镇

普陀区

普陀区

长宁区

4

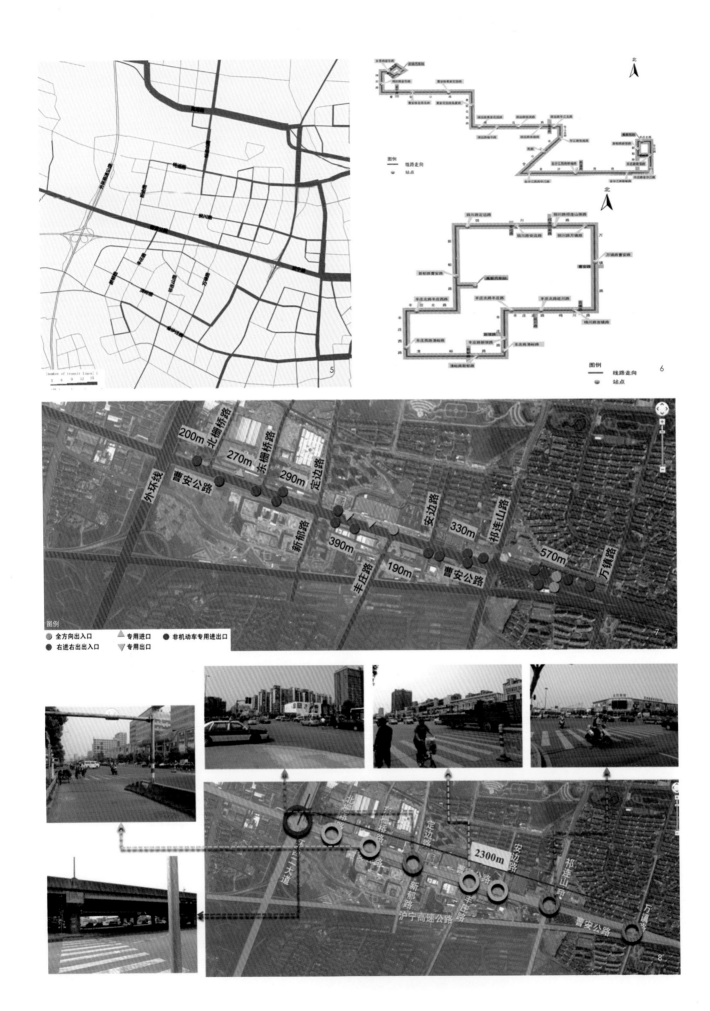

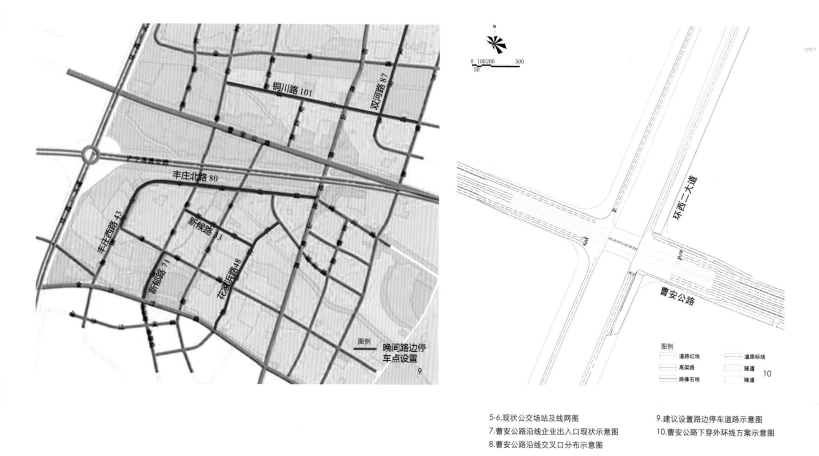

图例　晚间路边停车点设置
9

图例
道路红线　　　道路标线
高架路　　　　隧道
路缘石线　　　隧道
10

5-6.现状公交场站及线网图
7.曹安公路沿线企业出入口现状示意图
8.曹安公路沿线交叉口分布示意图

9.建议设置路边停车道路示意图
10.曹安公路下穿外环线方案示意图

网，实现地区对外交通良好衔接。

整合地区公共交通资源：规划结合轨道交通站点设置公共交通换乘枢纽，并结合枢纽规划设置公共停车场（库），形成地区综合性公共交通枢纽。

建立慢行交通体系：曹安公路的两侧结合沿建丰河和虬江河设置滨水慢行系统，与轨道交通车站、公共活动中心、主要绿地广场之间建立有机联系。

2. 曹安公路沿线交通整治规划及管理方案

针对现状曹安公路沿线企业出入口较多，对直行交通流速度影响严重的情况，规划提出多方案解决途径：方案一：利用曹安公路绿化带做辅道，将进出企业的车流与曹安公路的车流隔离开；方案二：曹安公路绿化带维持现状，曹安公路红线内部主辅道分离；结合规划方案利用Synchro信号配饰软件对交叉口信号配时进行模拟仿真，并进行优化。

3. 轨道外环线站及"南四块"节点交通组织设计

现状基地周边已建成金沙江路、金沙江支路，对外交通联系只能依赖金沙江路实现东西向交通联系。规划金将沙江支路跨过苏州河与广顺北路衔接，形成基地与南侧长宁区联系的通道。同时，丰庄西路将向南与同普路衔接，形成苏州河滨河道路，从而改善该地块的对外交通条件。

三、规划特色

1. 技术手段

规划对现状路段流量，交叉口等多项信息进行了详细数据调研，用于VISSIM、Transcad、Synchro交通软件进行仿真模拟分析。

2. 多方案选择

针对现状问题提出多套解决方案。并对方案进行初步的经济评估，利用经济分析对交通规划进行指导。

3. 建筑交通综合体

规划提出了通过建筑、交通综合体的交通佳通解决方案。

四、规划实施

规划于2013年9月份完成。

截止2014年7月，真新社区内部分静态交通设施已按照规划方案进行改造。

上海市嘉定区真新社区道路停车及公共停车场规划设计

[委托单位]　上海市嘉定区真新街道办

[项目规模]　5.1km²

[负责人]　李娟　何继平

[参与人员]　徐滨　刘潇雅　朱慧蒙

[完成时间]　2013年9月

1. 路内停车泊位规划图
2. 路内停车现状分析图
3. 路内停车泊位设置条件分析图
4. 行知学校公共停车场规划设计图
5. 丰庄地铁站公共停车场规划设计图
6. 泊位规划大样图

一、规划背景

随着居民机动车辆的拥有率不断增长，社区内停车难问题随之显现。一方面停车泊位供需的矛盾日益突出，另一方面路内停车的管理各自为政，收费混乱。为了便于城市交通需求管理策略的实施，需要加强对停车的管理，尤其是路内停车的管理。

二、主要内容

梳理现状路内停车设施及现行停车规范，对真新社区范围内的路内停车进行统一规划；

提出真新社区内的路内停车设置标准和停车标志标线施划规范，为真新社区内的路内停车提出规划实施的操作依据；

对地铁13号线金沙江路站附近的两处临时用地用地进行具体布局方案的设计，在合理布局停车泊位的同时，也要便于动、静态交通的组织，特别是停车场出入口与城市道路的交通组织与引导。

三、规划特色

1.因地制宜满足停车需求

居民拥有车辆越来越多，早年住宅小区内停车泊位配置不足，导致出现大量路内违章停车，因此结合道路断面改造这一契机，规划路内停车泊位空间。

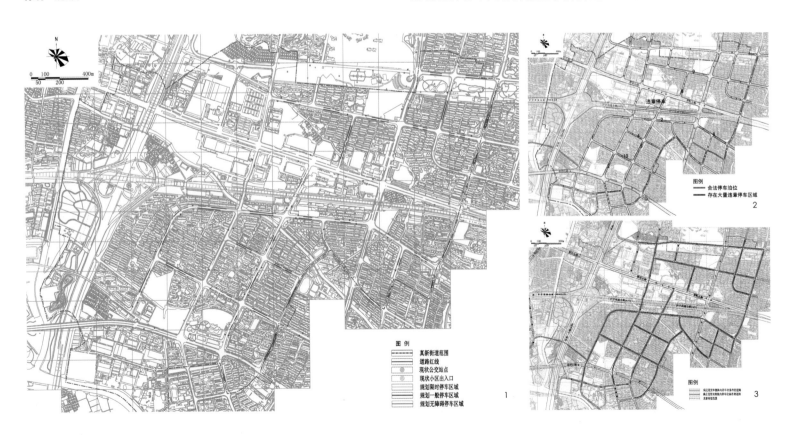

路内泊位的设置需要视实际的道路交通条件而定，规划根据道路交通流的时空特性，明确各类泊位布设的空间范围（夜间停放泊位、全天停放泊位、无障碍泊位）。

地铁13号线已竣工通车，P+R停车需求逐步显现，利用地铁站周边的空地规划设计路外停车场，为P+R停车做好需求储备工作。

2. 适应交通管理，满足工程实施

规划方案力求可操作性，为此，对规划范围内的道路进行了细致的调查，主要包括妨碍工程实施的细部调查和路段交通流量调查。前者是为了掌握泊位设置的物理条件，后者则是掌握泊位设置的交通条件。

3. 规范施划停车泊位

根据国家最新出台的规范标准要求，结合真新社区实际的条件，按照标准施划各类泊位，包括免费泊位、收费泊位、单位泊位、临时泊位等。

四、规划实施

本规划于2013年9月完成。目前，部分道路（铜川路等）正在进行断面改造，行知学校公共停车场已经按照方案实施完成并投入使用。

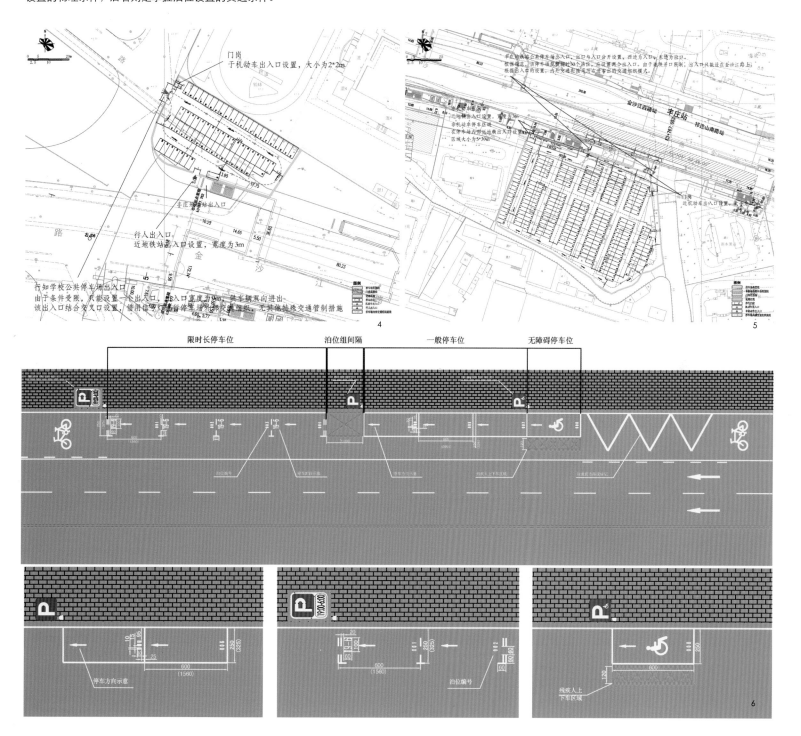

245

吐鲁番市城市综合交通体系规划

[委托单位]　新疆省吐鲁番市城乡规划管理局
[项目规模]　190km²
[负责人]　　黄劲松　李娟
[参与人员]　何继平　徐滨　刘潇雅　马文　朱慧蒙

1-2.交叉口现状平面布局示意图
3.城市综合交通体系规划图
4.地区交通规划图

一、规划背景

　　近年来，吐鲁番的城市建设快速发展，一大批城市重大基础设施建成并投入使用。高铁（兰新第二双线）的建成通车，吐鲁番机场开航，连霍高速的建设，使得吐鲁番市的对外客运交通条件得到极大的改善。为了振兴吐鲁番经济发展，复兴往日交通枢纽的地位，随着吐鲁番市新一轮总体规划的编制，需要进一步区域交通系统的梳理与规划。

二、主要内容

1. 城市交通现状调查

　　为了掌握吐鲁番市的交通出行特征，项目前期展开了大量的交通调查，以便于交通模型的建立，为规划方案的评估提供科学的平台。本次调查包括居民出行大调查、出入口拦车问询调查、路段交通流量调查等。

2. 城市综合交通模型

　　在大量调研数据的基础上，开发了一套综合交通规划模型，用于交通规划方案决策支持系统。此外，为了解决老城高峰期间交通拥挤问题，项目对老城最主要的干路建立了仿真模型，通过信号灯线优化控制来改善老城现存的交通拥挤现状。

3. 区域综合交通系统规划

　　通过对兰新线和兰新第二双线的功能定位分析，提出了吐鲁番支线铁路规划和方案，旨在改善高速铁路和普速铁路之间的换乘，提高吐鲁番市的铁路客运枢纽转换效率。打通跨天山的通道，加强吐鲁番市的联通度。

4. 城市各子项交通系统规划

　　根据吐鲁番市自身的特点（国际著名旅游城市、西部城市、沙漠绿洲、干燥少雨等），提出了有针对性的规划方案，包括旅游通道和旅游公交的规划、注重城市安全的道路系统规划、注重慢行舒适道路断面设计等。

三、规划特色

1. 着重研究并提出了区域交通的规划方案

　　为了实现枢纽复兴的城市发展目标，对城市的区域交通进行了梳理，包括公路、铁路、航空等，提出了铁路的支线建设方案和区域公路网的建设方案，

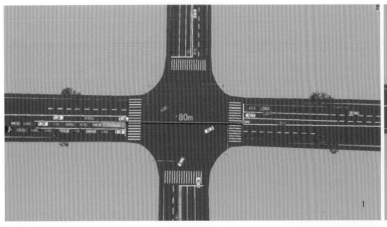
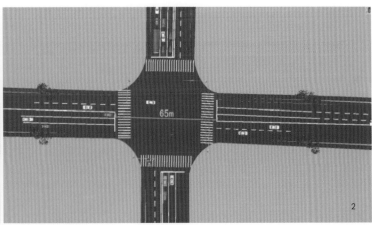

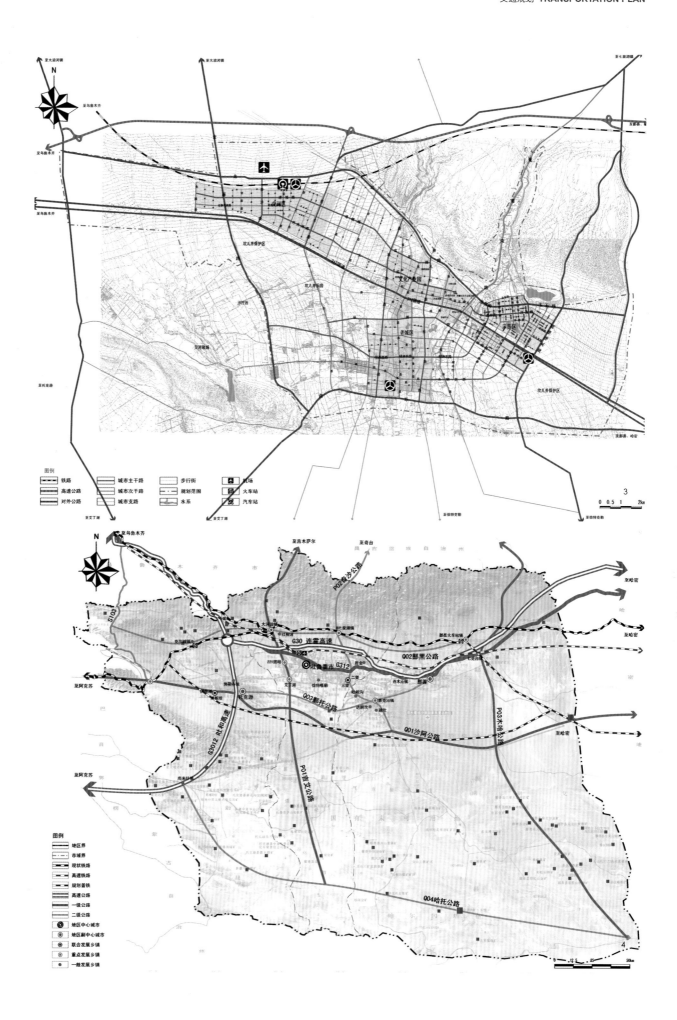

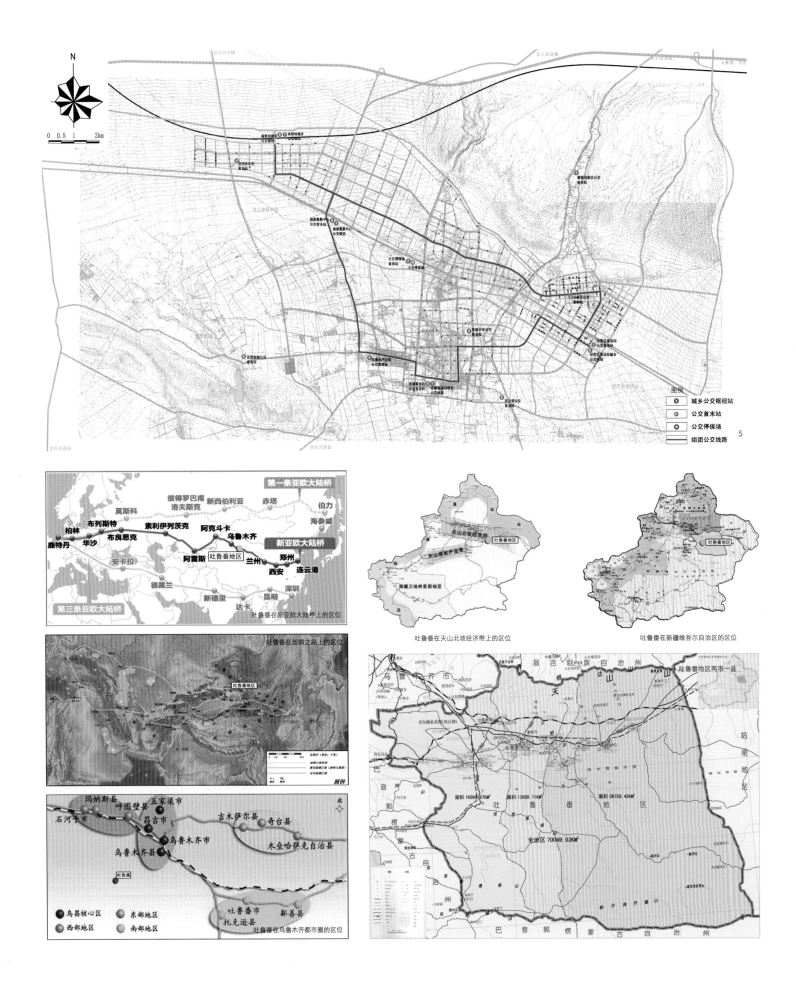

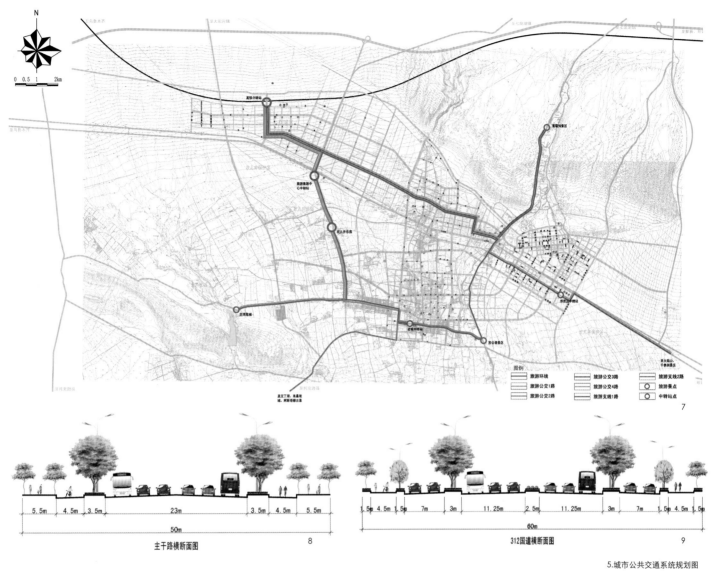

主干路横断面图   8

312国道横断面图   9

5.城市公共交通系统规划图
6.吐鲁番城市区位分析图
7.旅游公交系统规划图
8.主干路横断面示意图
9.G312横断面示意图

提升了城市的枢纽能级。

2. 从交通方面保障城市安全性

项目所在地位于中国西部地区，城市安全问题是国民经济发展的重要保障，减少城区对外通道的数量，在道路交通上能够实现对城市的快速封闭。

3. 气候对于城市交通的影响

项目所在城市纬度较高，太阳射入角度大，日照时间长，为了便于居民日常出行的舒适性，在道路断面的提出新的方案，利用绿化打造舒适的慢行环境。

4. 旅游交通与城市交通

项目所在城市为国际著名旅游城市，有多处旅游名胜和文化古迹，旅游高峰期间，旅游交通与城市交通混杂。通过旅游通道和旅游公交的建设，提升旅游交通品质，改善旅游高峰期间城市交通状况。

5. 交叉口联动控制设计

现有交叉口在高峰期间存在较大延误，平均停车次数达到了两次，在老城交通改善的方案中，对于城市主干路高昌路沿线的交叉口提出了信号联动控制的设计方案，根据模拟结果得出沿线交叉口整体延误得到改善。

四、规划实施

本规划于2014年3月完成，铁路的支线建设方案及区域跨天山通道方案正处于对具体线形和技术指标的论证研究中。

上海市长宁区临空经济园区10-3地块交通影响分析

[委托单位] 上海市长宁区新长宁有限公司
[项目规模] 用地面积为27 391.1 m²，总建筑面积为86 199m²
[负责人] 黄劲松
[参与人员] 汪亚 李娟
[完成时间] 2010年11月

一、规划背景

地块内布设有会展中心、公寓式办公和公寓式酒店及商业，为经济园区内的公司与白领提供优质的办公、住宿及生活服务。交通影响分析评价旨在确定项目建成后对周边交通的影响，并提出合理的改善与组织建议，提升项目在交通方面的便利性与服务质量。

二、主要内容及特色

1. 区域现状调查及规划分析

项目实地调研过程中，注重调查内容的全面性和完整性。整个调查包括人工交通量调查、公交满载率调研、交叉口交通量调查及各地块出入口情况调查等。

2. 交通需求预测与评价

针对项目功能的复合性（办公、酒店、商业、场馆）带来交通需求的复杂性，在项目交通需求预测中，分别对项目这四种功能进行预测交通需求预测，然后选取合适的高峰小时进行叠加。

3. 内外部交通组织与改善

内部交通组织突出"人车分流、景观渗透"的原则，充分考虑行人的空间，使得人车各行其道；外部交通组织考虑远景项目周边道路的交通量强度，建议尽快完善次干路与支路网建设，重点对临虹路提出了建议，包括临虹路跨吴淞江、外环的建设和路边停车位取消的建议等。

三、规划实施

该地块项目已于2014年6月竣工。

1. F1层交通组织简建议图
2. 总平面示意图

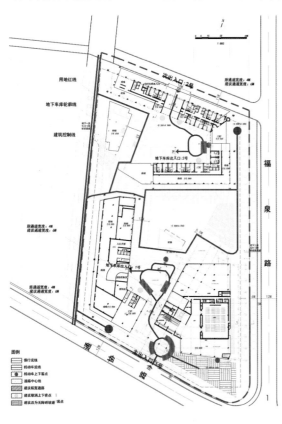

上海市闸北区华侨城苏河湾1街坊交通影响分析

[委托单位] 华侨城（上海）置地有限公司
[负责人] 黄劲松
[项目规模] 总占地面积41 984.5m²；总建筑面积22 9015m²
[参与人员] 李娟 徐滨
[合作单位] 上海市城市综合交通规划研究所
[完成时间] 2011年11月

1.模型路网流量饱和度图
2.地块交通组织建议图

一、规划背景

华侨城苏河湾1街坊是上海市闸北区城市新亮点工程，南拥苏州河约200m河岸线，距南京路约500m，至外滩约700m。项目将建设成一个集商业、酒店、住宅、办公、历史建筑于一体的大型综合性开发项目。项目建成后对周边交通运行影响较大，需通过交通影响分析降低对周边道路的影响、优化到达、离开项目交通流的组织、确定项目出入口功能及解决项目停车问题，确保项目周边交通系统良好运行。

二、主要内容及特色

1. 大环境、大视角下的定位与分析

项目坐落于闸北区苏河湾东端，是沿苏州河重点发展的大型综合开发项目。在进行交通影响分析时，不仅仅局限于确定的交通研究范围，更从大环境、大区域、大视角下进行项目的定位与分析。结合苏河湾城市设计、建设背景，完善项目周边交通组织。

2. 区域现状及规划梳理分析

结合区域交通现状和上位规划内容，明确区域交通区位、土地使用和发展情况、区域道路系统、公交系统及交通基础设施系统实施与规划情况等，为项目交通影响分析打下基础。

3. 交通需求预测与评价

综合考虑土地使用、区域居民出行特性等因素，运用宏观Transcad软件进行交通量的预测，采用交通规划中"四步骤"模型将叠加交通量分配到整体路网中，实现路网承载的评估，确定项目建成对交通系统的影响。

4. 内外部交通组织与改善

重点关注人行空间，完善行人、非机动车交通组织流线，实现"以人为本"的慢行交通组织；贯彻人车分离理念，在住宅区设置环形通道及慢行通道，保障车辆、行人的可活动性的同时实现了良好的人机分离；运用交通设计理论，对项目区域标志、标线及周边道路进行渠化设计，辅助完善交通组织。

三、规划实施

项目已基本建成，目前在售中。

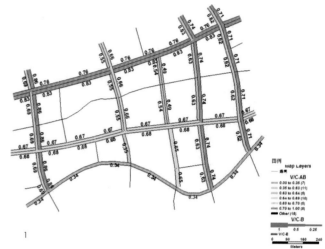

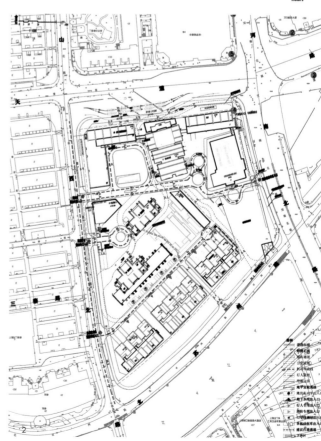

上海漕河泾现代服务业集聚区二期（二）工程项目交通影响分析

[委托单位] 上海漕河泾开发区高科技园发展有限公司

[项目规模] 用地面积为53 580m^2，总建筑面积为325 523.48m^2

[负责人] 李娟

[参与人员] 何继平 刘潇雅 朱慧蒙

[完成时间] 2014年7月

1. 地面交通组织建议图
2. 解放内部交通组织建议图
3. 汽车出基地流线组织建议图
4. 小汽车出入基地流线组织建议图

一、规划背景

项目为以办公、研发为主的高档综合商务区，将主要为国际型企业公司提供高品质服务。由于项目所处位置道路条件限制因素多（东侧为中环路及辅道、北侧为规划田林路隧道、南侧为规划漕宝路高架），现状路网交通负荷较重，加上项目本身交通量较大，建成后将对周边交通系统产生一定影响，故通过本次评价来达到合理组织交通、降低影响程度和提高交通效率的目的。

二、主要内容及特色

1. 现状调研及规划分析

经过现场踏勘及资料收集，对项目周边区域用地、路网等系统的现状和规划条件进行分析，并通过对类似项目的深入调研，将其出行特征作为预测本次项目及其他新建项目交通量的参考依据。

2. 交通量预测及评价

对项目周边背景路网、其他新建项目及本项目的交通需求进行预测，并运用Transcad软件对各评价年限周边路网交叉口和路段的交通运行状况进行分析。本次评价基于流量分配结果，提出了从更大的区域层面对基地周边路网进行流量控制和调节的建议。

3. 项目建筑方案评价

依据相关规范要求和需求预测结果对建筑方案进行评价，另外，本次评价还运用了M/M/1排队模型对地库排队长度进行测算，提出了调整地库出入口朝向以增加基地内部排队通道长度的改善建议。

4. 内外部交通组织与改善

结合项目开发量和建筑方案，明确基地内外部机动车、非机动车的建议流线及组织方案。由于基地与街坊内其他地块联系紧密，本次评价对基地所在街坊的交通需求进行了整体研究，提出了新增街坊出入口的建议，并进行相应流线组织。

5. 其他管理措施

为缓解高峰时期街坊及各地块出入口、周边路网通行压力，除对项目的硬件设施条件提出改善建议以外，本次评价还从运营管理的角度提出了错时上下班、增加通勤班车等改善措施，以尽可能实现对有限资源的合理利用。

三、规划实施

改善建议已纳入方案后续设计，项目计划于2015年3月启动建设。

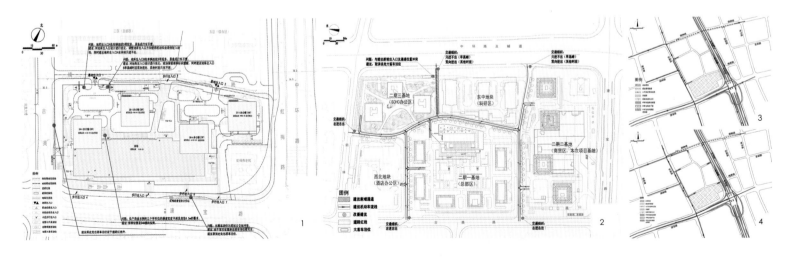

上海北外滩白玉兰广场项目交通影响分析

[委托单位]	上海市虹口区上海金港北外滩置业有限公司
[项目规模]	总建设用地面积为56 670m²，总建筑面积为414 647m²
[负责人]	李娟
[参与人员]	李娟 刘雄伟
[完成时间]	2013年2月

1.交通渠化示意图
2.期望线示意图
3.2020年项目交通叠加后路段饱和度示意图

一、规划背景

上海北外滩白玉兰广场是上海北外滩航运商贸区的重要组成部分，其有重要地标性。项目用地为综合性商业地块，且通过地下通道直接与国际客运中心地下商业相连，打造一体化商业氛围。项目的建设与使用将会产生一定数量的人车交通和停车需求，对周边地区交通产生较大的影响。此次交通影响分析主要确定本项目建成后对周边道路交通产生的影响，并对其产生的交通量进行合理的组织，同时从交通安全及便利角度评价建筑方案，以期进一步完善方案并减少对周边的影响。

二、主要内容及特色

1. 现状及规划分析

对项目研究范围内区域进行实地踏勘并做交通调查；与相关部门沟通并搜集相关规划资料。分析现状及规划数据，全面掌握项目相关的现状及规划信息。

2. 交通预测

运用宏观Transcad软件进行交通量的预测，得出项目产生的各出行方式的交通量，从而分析项目建成后对周边道路、公交、静态交通的影响。本地块为集购物、零售、餐饮、娱乐、酒店、表演、休闲、办公于一体的综合性商业项目，建筑业态复杂，交通特征差异化大，故需分别对各业态交通进行特征分析，选取合适参数，同时又适当考虑各业态间的相互影响及交通共享。

3. 交通组织与改善

（1）出入口

项目地块共设置6个面向市政道路的出入口。鉴于出入口较多，功能较混乱，故对于各个出入口进行不同功能划分，提出合理的建议措施，并采取单进、单出、双向通行等不同的组织方式。

（2）地面

注重慢行品质，内部交通组织以"人车分流"为主要原则，做好交通组织使得车流进入地块后直接进入地下车库，地面空间主要贡献给行人，做到人车立体分流。

（3）地下连通

项目B1层与12线地铁B1层的站厅层直接连通，标高两者约相差0.45米，建议通过缓坡无障碍的形式实现高差的衔接。项目B2层商业通过地下联通道，连接国际客运中心东区地下一层商业。

（4）公共交通

基地周边现状常规公交及轨道交通资源丰富。为提高出租车的营运效率，在市政道路上设置了两处出租车落客区，项目内部建筑出入口处也设置了四处落客区。

三、规划实施

改善方案已纳入项目后续设计中，项目目前处于建设状态。

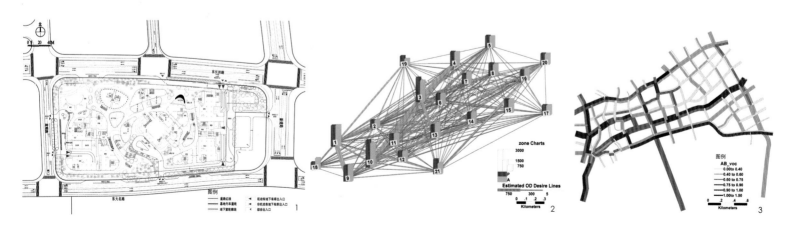

上海市闸北区大悦城一期西北块项目交通影响分析

[委托单位]　中粮置地上海公司
[项目规模]　用地面积为12 894.31 m²，总建筑面积为94 770.0m²
[负责人]　李娟
[参与人员]　黄云　徐滨
[完成时间]　2013年3月

1.地面交通组织建议图
2.地铁站点与项目衔接流线示意图
3.2020年项目叠加后路段饱和度示意图

一、规划背景

大悦城是苏河湾地区重要的商业发展项目，其一期西北块是该商业项目的重要组成部分。苏河湾地区毗邻外滩地区，是上海市近年打造的沿江沿河开发建设重点区域。该地区交通受中心区辐射影响，随着地区发展和新建项目入驻，交通问题逐步显现。本交通影响评价分析旨在确定项目建成后对周边交通的影响，并提出合理的改善与组织建议，提升项目在交通方面的便利性与服务质量，并配合项目所在区域的整体交通运行。

二、主要内容及特色

1. 区域现状调查及规划分析

在确定研究范围时，考虑项目的重要性，扩大了研究范围，南北苏州河地块统筹考虑；项目实地调研过程中，注重调研手段和内容的多样性，包括了问卷调研、人工交通量调查、公交满载率调研、交叉口及各地块出入口等。

2. 交通需求预测与评价

在确定项目的出行特征时，与已有的大悦城西南地块进行了类比分析，通过对已有商业的调研发现顾客到达以公交车、地铁为主（约80%），工作人员到达以公交车、地铁、步行为主（约90%）。依据以上的实际数据保证项目特征分析的可靠性。项目的交通需求预测则采用了VISUM软件建模，模型依据可靠的路段流量数据与准确的路网模型，对未来路段与交叉口交通状况进行合理的预测。

3. 内外部交通组织与改善

由于项目为多层商业广场，项目的进出方式多样且立体化，故评估考虑了各种交通方式在不同层的衔接，项目可由地下、地面和上层通道三层空间到达，地下对应步行、私家车、地铁三种交通方式的组织，地面对应步行、出租车和公交的组织，上层通道则对应步行方式的组织。

项目是悦广场项目的一部分，在交通组织过程中，需考虑与大悦城各个地块之间的配合。项目与一期西南地块、大悦城二期及北部华兴地块地面三层到八层均通过连廊实现人流的有序衔接，在地下二层、地下三层设置地下通道与一期西北块项目连通，实现机动车出入口与停车位的共享。

交通评估考虑了北横通道（乌镇路—浙江北路）建设对项目的影响，近期2015年北横通道的建设对海宁路交通产生影响，到远期2020年，北横通道的完工通行会改善项目周边东西向的交通。

交叉口优化方面，在对海宁路一西藏北路交叉口南进口采取增加直行进口道、对乌镇路一天目中路一海宁路交叉口天目中路东进口采取减少直行相位时长的渠化方式，改善未来年周边交叉口的服务质量。

三、规划实施

改善建议纳入方案后续设计中，项目处于建设状态。

上海电机学院临港校区交通影响分析

[委 托 单 位]　上海市电机学院
[项 目 规 模]　总建设用地面积为616 075m²，总建筑面积为383 528m²
[负 责 人]　何继平
[参 与 人 员]　何继平 马文
[完 成 时 间]　2013年10月

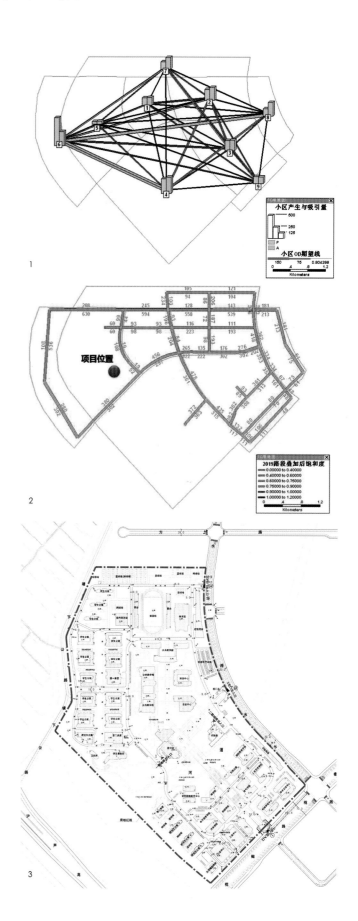

1. 期望线示意图
2. 路段饱和度示意图
3. 周边交通组织渠化建议图

一、规划背景

本项目位于上海市临港新城中心区，为高等级院校项目。项目按照"一次规划，分批实施"的原则进行工程建设管理，此次交通影响分析是基于项目二期工程，统筹整体进行的。

二、主要内容及特色

1. 改扩建项目的出行预测

项目一期工程已完成并投入使用，并形成了较为规律的交通出行需求。此次交通影响分析是在此基础上，针对即将开工建设的电机学院临港校区二期工程、统筹整体（三期全部）进行的。因此项目交通出行预测是以现状已有出行量为基础，以未来总体出行特征为引导，对项目自身出行需求进行预测。

2. 交通预测模型

运用Transcad软件对周边路网交通运行状况进行分析，基于流量分配结果，提出了从更大的区域层面对基地周边路网进行流量控制和调节的建议。

3. 基于城市远郊区大学师生出行特征的交通组织

城市远郊区大学的交通特征：在校学生出行较集中在周五至周日；大量的学生校园内部出行对交通安全提出了高要求；开学、放假、大型活动等期间，大量的外来车辆易造成局部交通拥堵。

本次交通影响分析有针对性地提出学校班车交通组织、校内安全出行组织及特殊时段机动车交通组织等解决方案。

三、规划实施

改善方案已纳入项目后续设计中，上海电机学院二期工程已于2013年底动工。

255

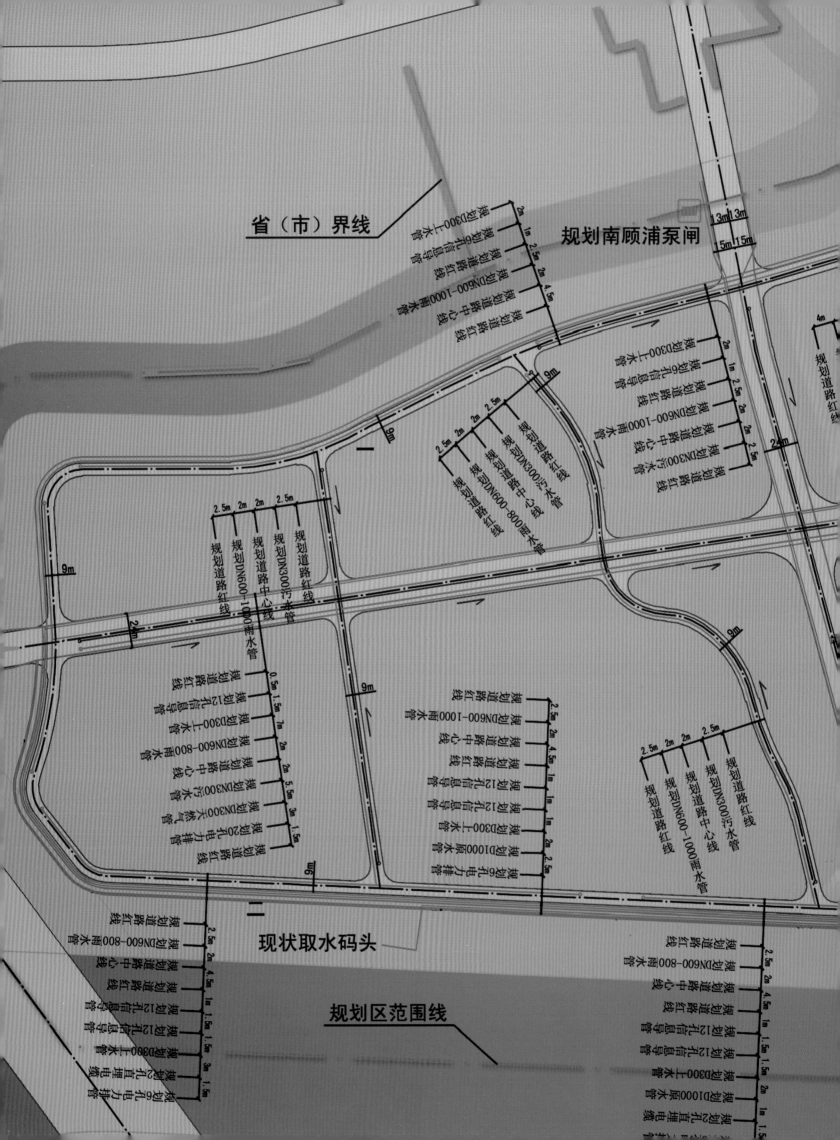

省（市）界线

规划南顾浦泵闸

规划区范围线

现状取水码头

市政规划

上海市嘉定区消防水源专项规划

[委托单位] 上海市公安消防总队嘉定支队

[项目规模] 458.7km²

[负责人] 汪亚

[参与人员] 顾一峰 何秀秀 孟华 郑俊 徐军

[完成时间] 2010年5月

[获奖情况] 2011年度上海市优秀城乡规划设计三等奖

1-3.嘉北水厂清水池实景照片
4.消火栓现状分布图
5.城市水厂及供水管网现状分布图
6.消防码头规划布局图
7.城市水厂及供水管网规划布局图

一、规划背景

近年以来，随着我国城市化进程的不断加快，大量人口不断涌入城市，城市消防灾害的威胁日益严重，消防基础设施的建设越发凸显其重要性。消防水源作为消防专项规划的重要组成部分，对城市安全运行起着至关重要的作用。

2009年7月，为服务世博会，保证世博期间的消防用水，嘉定区启动消防水源专项规划的编制工作。

二、主要内容

本次水源规划主要涉及区级设施规划布局，包括城市水厂（增压唧站）、消防码头、供水干管、位于城市道路下边的消火栓等设施，上述设施设置在城市公共空间内，规划结合现状情况给出设置要求以及布局方案。另外，对城市居住社区的消火栓与单位内部的消防水池等，规划给出设置要求。

鉴于该项目专业性强、涉及面广、实施要求高、时间紧，规划采用以下方法与措施，以保障项目的实施性。

（1）明确项目工作范畴。按照相关法律法规，了解该类规划的范畴与内容，研究项目框架体系与控制深度。

（2）强化实施部门参与。在现状调研、方案讨论、成果评审等各个环节，均有各相关部门的参与，以便于这些部门清晰现阶段工作重点与日后管理目标。

（3）建立基础数据平台。规划注重现状调研，建立现状消火栓的资料汇总库与评估体系，夯实工作基础，工作中，及时跟进近年消火栓和管道变更情况，实地勘测、细化、完善区域消防水源建设方案，体现项目建设的实效性。

（4）提出分期实施建议。规划确定近期重点是服务世博，保障消防安全，以消火栓的修复与搬迁作为重点；中期强调重点地区的系统建设推进，包括新城三大组团、大型居住社区、重要产业基地；远期作为专项规划，消防水源规划需要与全区性宏观规划协调一致，做到供水水源布局与全区产业网、道路网有效衔接。

（5）适应分区规划管理。与嘉定区现行消防管理体系相一致，消防管理最基本单元是消防中队，规划过程中做好分中队规划，分中队深化统计，分中队落实以方便日后的监督与管理。

三、规划实施

本规划于2010年5月获得区政府批复（嘉府2010[60]号）。

近期涉及服务世博的消火栓修复更换工作已在世博前完成，嘉北水厂、伊宁路泵站等重要供水设施已建成并投入使用，目前，随着区内各个重点片区、道路的建设正在增补完善上水管及消火栓，其他相关设施的建设与管理均参照本规划执行，进展顺利。

上海市嘉定区邮政系统专业规划

[委托单位] 上海市邮政局嘉定区局；上海市嘉定区规划管理局
[项目规模] 463km²
[负责人] 黄劲松
[参与人员] 王晓峰
[合作单位] 上海邮政设计研究院
[完成时间] 2007年2月

1.近期建设静宁路、菊园邮政网点选址图
2.近期建设封浜、江桥四高邮政网点选址图
3.北部板块邮政网点规划示意图
4.西部板块邮政网点规划示意图
5.南部板块邮政网点规划示意图
6.近期建设工业区（北区）
7.中部板块邮政网点规划示意图
8.嘉定区邮政网点规划示意图

一、规划背景

邮政作为社会的基础设施，具有公用性的特征，是实现实物流、信息流和资金流的基础平台。为使嘉定区在上海新一轮大发展中更好地发挥自身优势，强化区域功能，本规划参照"嘉定区国民经济和社会发展第十一个五年规划纲要"和"嘉定区区域总体规划纲要"的要求，设计打造与嘉定地区政治、经济、文化、环境和社会发展相适应的邮政服务平台，为嘉定区的整体协调发展提供一流的邮政配套。

二、主要内容

规划基于对总体规划的解读，以及对现有邮政网点的梳理分析，提出新增、优化调整方案，重点关注：完善、充实邮政网点布局，扩大邮政服务地域范围，加快推进以嘉定新城为核心的新型城镇体系建设；按照邮政行业向现代服务业转型的趋势特点，明确各级邮政设施布点及相关要求。

（1）立足于建设现代化邮政的高起点，应用国内外先进的现代邮政技术及管理和营销理念，以信息化技术改造传统邮政，以"实物流、信息流和资金流三流（网）合一"的运作方式提升邮政综合服务能力的设计思路融入嘉定区区域邮政规划。

（2）区别全区和分版块两个层面，对邮政设施统筹分析，合理布局。

（3）结合规划及地区实际情况，充分考虑设施建设时序，提出近期建设方案。

（4）与相关部门、合作单位充分沟通，及时反馈，统筹协作，以保证规划方案的科学合理、可操作性。

三、规划实施

本规划经嘉府[2007]31号文批准。

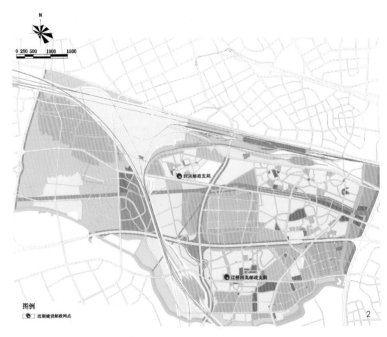

260

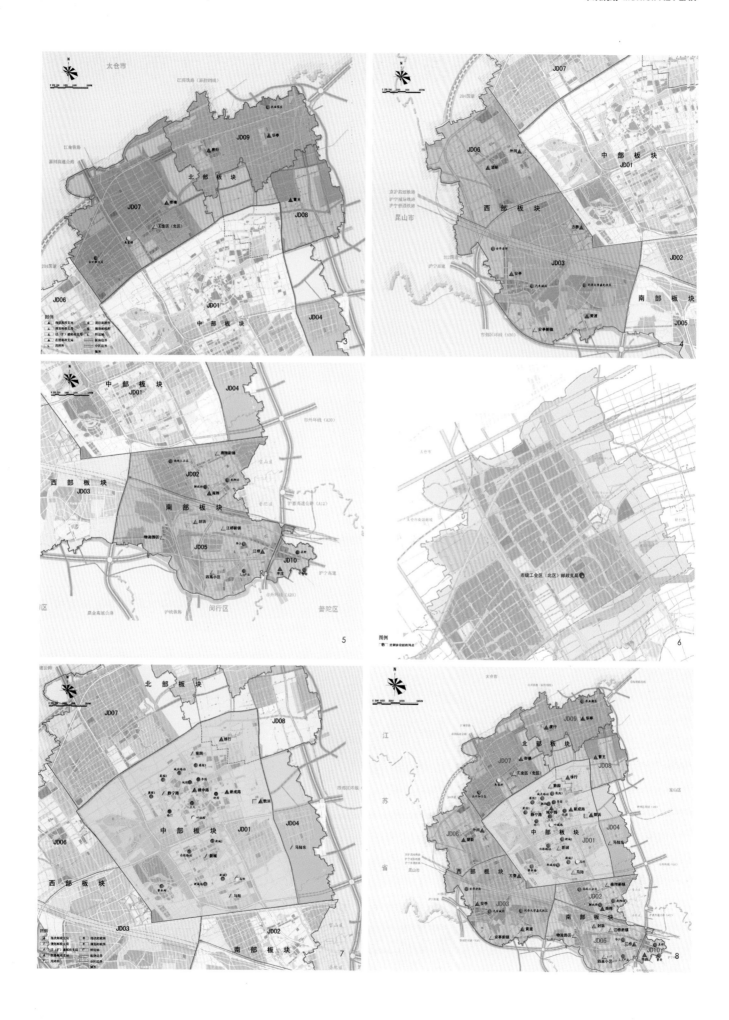

上海轨道交通11号线（嘉定段）站点大市政配套规划

[委托单位]　上海嘉定轨道交通建设投资有限公司
[项目规模]　轨道交通11号线嘉定区境内9个站点周边综合开发区
[负责人]　　凌麟
[参与人员]　何斌　何秀秀　顾一峰
[完成时间]　2007年8月

一、规划背景

轨道交通11号线是上海市轨道交通网格中构成线网主要骨架的4条市域线之一，主线从嘉定经中心城、浦东新区至临港新城，全长约120Km。

为配合轨道交通11号线北段工程建设，保障轨道站点建成后的正常运行和使用，满足站点周边地区开发建设的需要，开展本项目的规划编制。

二、主要内容

规划主要解决轨道站点建设、运行及站点地区开发建设所需要的大市政配套问题，明确相关道路红、绿线控制要求；各市政系统容量测算、管线管径、市政设施数量的确定及投资估算。

规划主要体现以下5个方面的特点。

（1）层次性：规划从宏观至微观层面，按区域、分层次研究市政设施，逐步落实解决各站点大市政配套主要存在的困难和问题。

（2）协调性：本规划是基于上一层次各站点控制性详细规划中市政相关内容的深化和落实，规划注重与上一层次各站点控规相协调，合理安排上位规划市政容量等指标。

（3）针对性：规划体现了适应各站点发展要求、改善地区大市政配套设施的目标。规划针对各站点具体情况，分析梳理问题，提出相关解决方案，以指导下层次具体工作的开展。

（4）指导性：规划明确和强化了市政基础设施的控制要素，为政府部门的规划管理提供技术法规依据，具体指导市政配套工作开展。

（5）经济性：重视经济测算，为政府决策提供依据。

三、规划特色

相关站点均已根据本规划要求进行了基础设施的配套建设，有效支撑了11号线站点周边的开发建设。

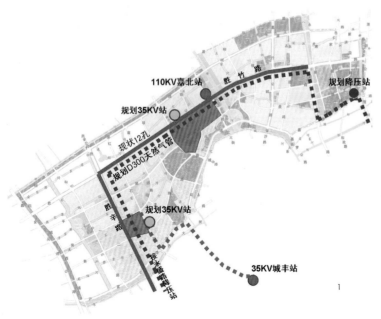

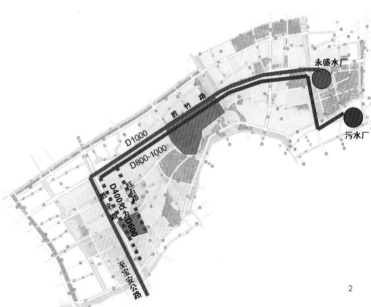

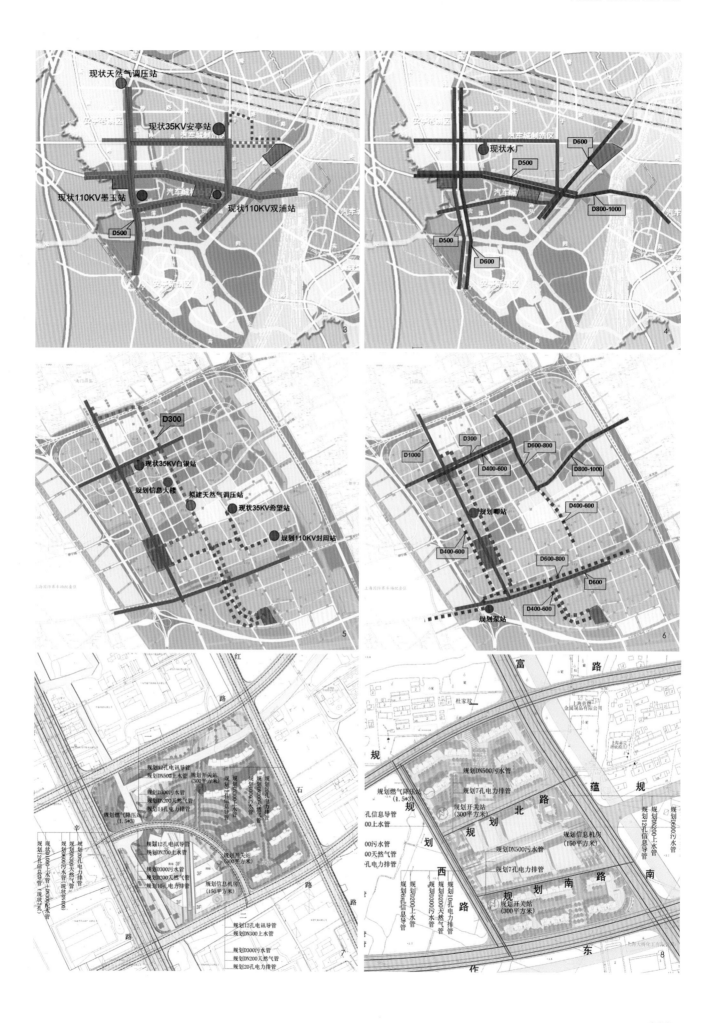

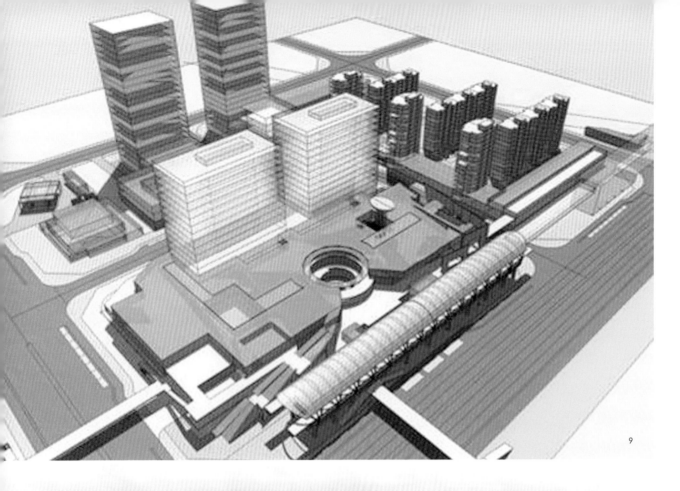

9.墨玉路站效果图
10.嘉定西站效果图
11.南翔站效果图

9

10

11

上海市嘉定新城中心区市政设施综合规划

[委托单位] 上海嘉定新城发展有限公司
[项目规模] 17.2km²
[负责人] 何秀秀
[参与人员] 汪亚 顾一峰 俞雁鸣 顾小卉
[完成时间] 2008年3月

1.双丁220KV变电站
2.伊宁110KV变电站
3.伊宁路水库泵站

一、规划背景

嘉定新城中心区是嘉定新城的公共服务中心，是嘉定新城最具魅力和凝聚力的地区，该区将建设成为以现代服务业为特色，集商业服务、商贸办公、高尚居住、创业创新、文体休闲等功能于一体的现代化、生态型、综合性的城市中心。

鉴于以往市政专项规划与控制性详细规划脱节的弊病，本次规划以"市政公用设施先行"为指导思想，立足现状，引入先进理念，合理布局各类市政公用设施，控制设施用地，梳理工程管线，同时，对市政公用设施的实施管理提出建议，以促进新城协调有序发展，改善城市环境，提升城市品质。

二、主要内容

针对规划区用地性质及布局进行需求预测，确定指标体系。在现状调研的基础上，对各类市政设施进行布局，根据各类设施现状及规划配置，确定供给能力，规划工程管网，并与各市政专业规划同步衔接、协调汇总。

与规划及相关主管部门充分沟通，最终拟定《嘉定新城中心区市政设施规划建设管理规定》、《关于加强全区市政管线建设管理的若干建议》，明确"各市政配套设施应尽可能与其周边公建、相关地下空间等整体规划、同步实施"、"所有路口应预留若干管线穿越预留管（孔）"、"按街坊预留过路管"等实施要求。

针对嘉定新城各类市政工程设施建设高标准的整体定位，本次规划在各市政专业规划方案的基础上作了统筹协调、完善提升，既承接了地区总体规划，又切实指导了（分片区）详细规划的编制，从而使法定规划中的市政内容更具权威性与可操作性。

三、规划实施

按照规划，区内嘉定自来水公司伊宁路水库泵站、双丁220kV变电站、伊宁110kV变电站、裕民110kV变电站、市北燃气嘉定分公司及燃气调压站等市政设施均已建成投运。

4.土地使用规划图　　　　　　　　8.市政配套设施总体布局规划图
5.市政电力图（规划）　　　　　　9.市政燃气图（规划）
6.市政给水图（规划）　　　　　　10.市政污水图（规划）
7.市政环卫图（规划）

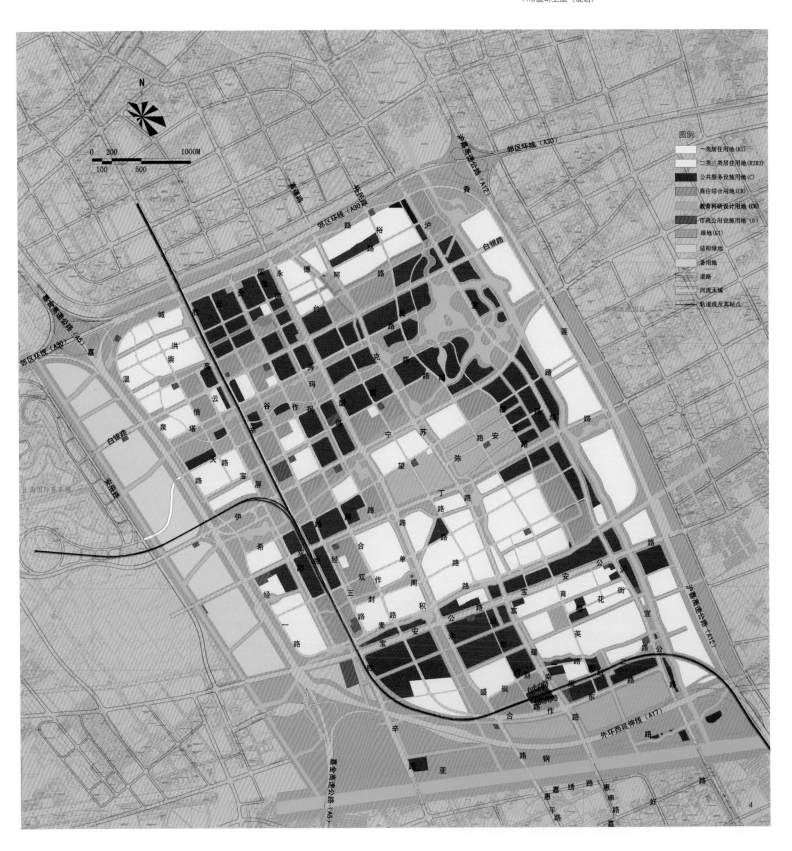

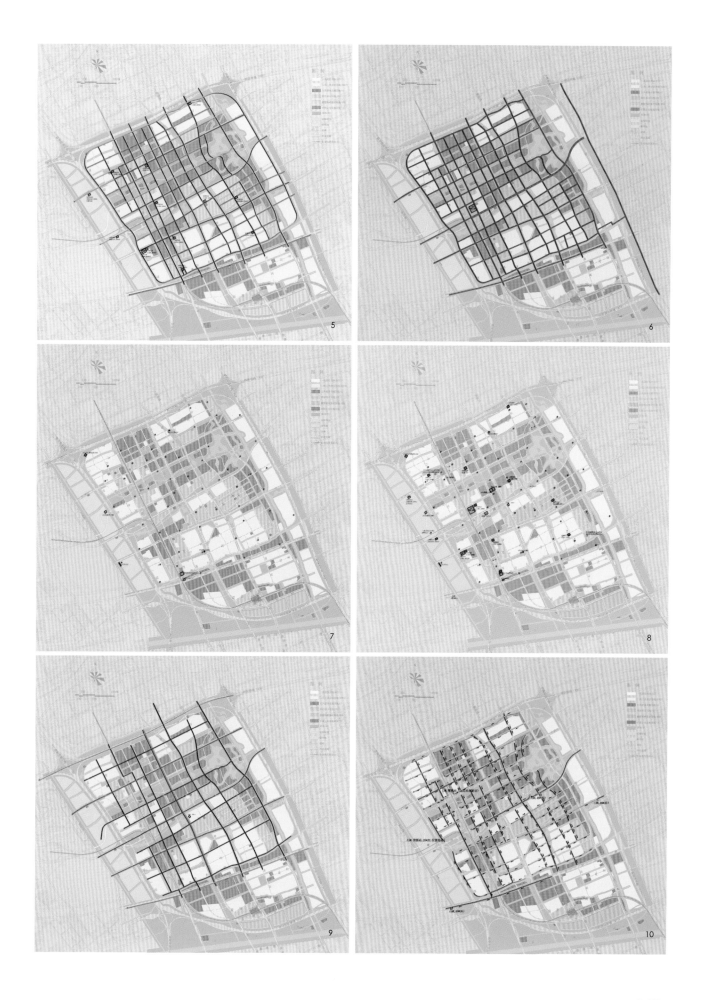

上海市嘉定区嘉北水厂选址规划

[委托单位] 上海市嘉定自来水有限公司

[项目规模] 11.4hm²

[负责人] 凌麟

[参与人员] 何秀秀

[完成时间] 2008年10月

1.选址方案比较图
2.方案一至方案三
3.水厂总平面图

一、规划背景

2003年，嘉定区开始实施集约化供水，即由嘉定区自来水公司供水，嘉定北部地区的各地方乡镇水厂除华亭水厂外，已陆续关闭，该区主要由永胜水厂和嘉定水厂供水。随着上海郊区化发展战略的部署实施、各类产业的蓬勃发展，嘉定北部地区各类建设的发展尤显迅猛，现有水厂越来越不能满足该区对水质、水量的供给要求，嘉北水厂的建设已被提上日程。

二、主要内容

依据《嘉定供水与污水处理系统专业规划（2005—2020年）》、《嘉定区区域总体规划纲要（2004—2020年）》等上级规划，充分考虑区域水源条件，

结合区域实际情况，对嘉北水厂厂址进行多方案比选。

在现状给水设施的基础上，按照市场经济的规律和城市可持续发展的方针，贯彻合理用地、节约用地的原则，充分考虑与周边相关要素的关系，合理设置。

规划对三个选址方案作了比选，经从原水系统、清水系统、近期建设供水、总投资额及地块独立性等多因素比较，综合平衡，最终定稿。考虑到城市长远发展的要求，对水厂用地进行扩展预留。

三、规划实施

本规划经嘉规市[2008]114号文批准，2010年，嘉北水厂一期工程（15万m³/d）建成投运。

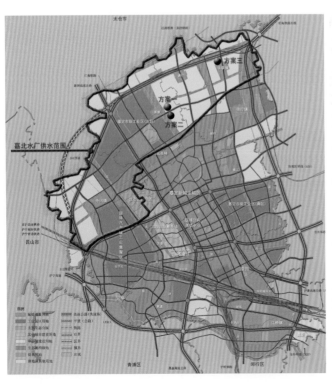

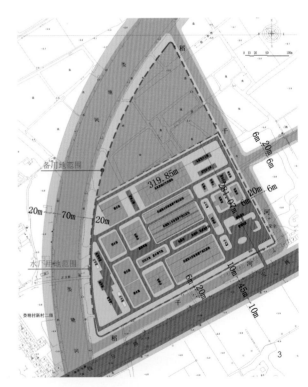

上海市嘉定区云翔大型居住社区市政综合规划

[委托单位]　上海嘉定花园城市发展有限公司
[项目规模]　5.3hm²
[负责人]　何秀秀
[参与人员]　汪亚 顾一峰 俞雁鸣 顾小卉
[完成时间]　2011年7月

1.市政电力系统图（规划）
2.市政电力系统图（现状）

一、规划背景

本规划是在《嘉定区云翔大型居住社区控制性详细规划》已经批准，而云翔大型居住区的给排水、电力、通信、燃气等市政专业规划也即将启动的情况下开展编制的。针对以往专业规划与城市规划不尽一致的问题，拟重点对"市政设施布局及用地、管线敷设等内容"进行综合梳理、使其与控规相协调，并形成专项汇总成果，作为对已批准控规的补充与完善。

二、主要内容

本次规划基于坚持统筹协调、分期实施原则，技术先进性、安全可靠性及适度超前的原则，立足现状，同时兼顾长远原则，对云翔大型居住社区各类市政设施及管网进行综合、整合规划。规划涉及土地、规划、水务、电力等多部门规划合作，以规划部门为主导的同时，兼顾多部门综合协调。

针对给水、雨水、污水、电力、信息、燃气、环卫、消防等多方实施主体，对各类市政设施、管网进行统筹布局，对地区重大市政廊道进行控制与保护，落实区内各类市政基础设施空间用地，实现各类市政基础设施规划"一张图"，结合目前区域管网急需解决的关键重大问题，优化区内各类市政基础设施主干管线路由；并在此基础上，比对已批准控规，提出优化调整要求。

本规划重视规划编制与规划管理工作的衔接，在控规批准后展开的市政综合规划，是对已批控规的补充完善，规划提供了一种控规阶段"市政设施规划"编制的新思路、新方法，这一工作模式，已在第二批"上海市大型居住社区"控规编制过程中纳入其中，随控规同步完成。

三、规划实施

本规划已经嘉府[2011]87号文正式批复。

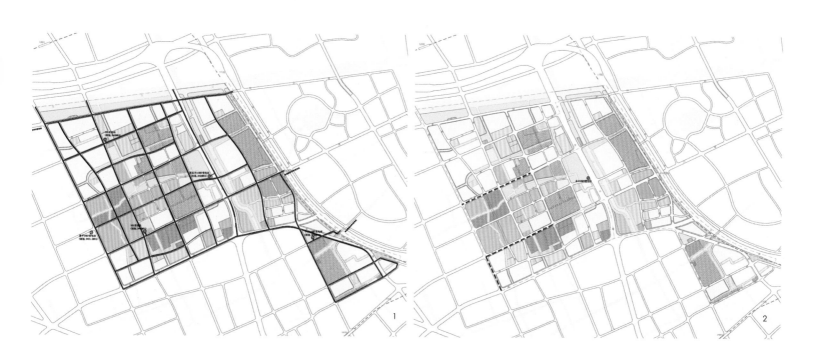

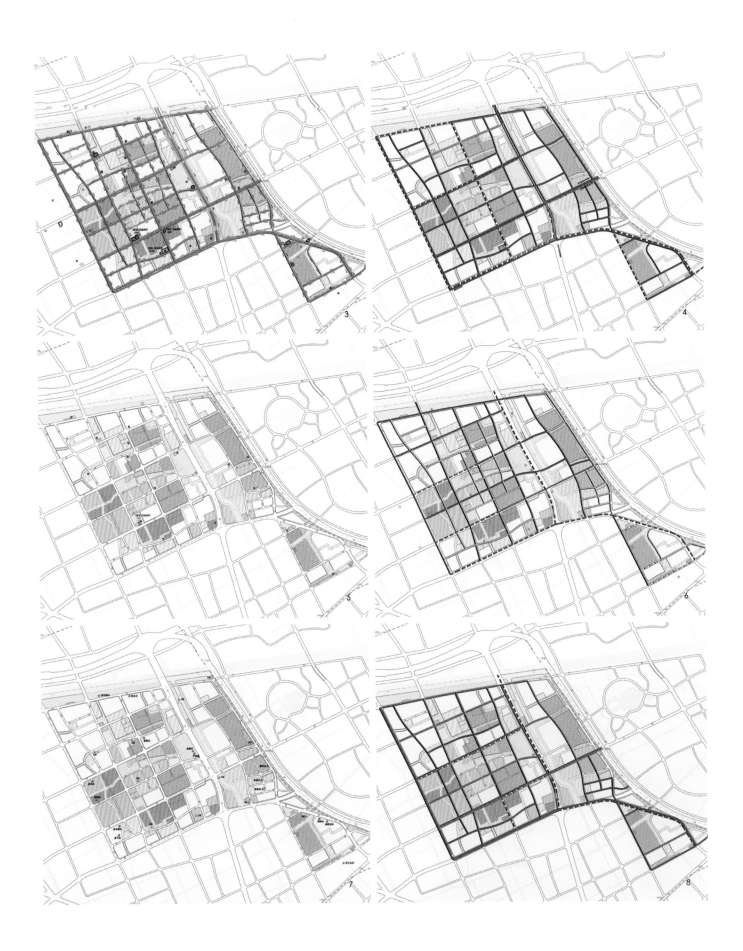

3.市政配套设施及管线规划图　　　8.市政燃气系统图（规划）
4.市政给水系统图（规划）　　　　9.市政雨水系统图（规划）
5.市政环卫系统图（规划）　　　　10.市政雨水系统图（现状）
6.市政信息系统图（规划）　　　　11.土地使用规划图
7.市政信息宏基站

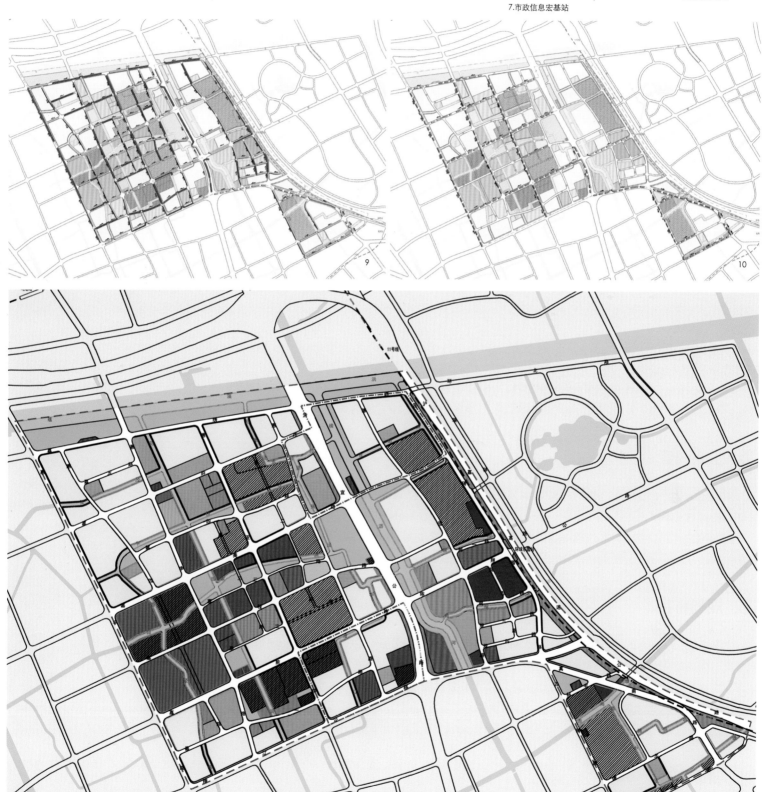

3.市政配套设施及管线规划图　　　8.市政燃气系统图（规划）
4.市政给水系统图（规划）　　　　9.市政雨水系统图（规划）
5.市政环卫系统图（规划）　　　　10.市政雨水系统图（现状）
6.市政信息系统图（规划）　　　　11.土地使用规划图
7.市政信息宏基站

上海市嘉定区液化气和天然气供应站点布局专项规划（2011—2020年）

[委托单位]	上海市嘉定区规划和土地管理局
[项目规模]	463km^2
[负责人]	汪亚 孟华
[参与人员]	孟华
[完成时间]	2012年5月

一、规划背景

本规划编制是为了提高燃气供应系统发展的科学性、有序性、可操作性，落实区域燃气系统供给规模的基本要求，为区域"十二五"新建液化石油气供应站、液化天然气供应站、天然气加气站和天然气门站的立项审批提供基本依据。

二、主要内容

在定量的评估区域现状液化石油气和天然气供应系统合理性与可持续性、明确迁移站点与保留站点的基础上，依据区域规划的年燃气需求和站点规模预测结论，确定区域规划年新建、取消站点的规模。

依据系统规划原则与发展对策，确定新建站点布局方案，并结合区域近期发展目标，确定液化石油气和天然气供应系统的近期建设方案，以选址规划的形式明确近期建设站点的规划控制要求。

三、规划特色

（1）按照系统规划原则与发展对策，并结合区域近期发展目标，确定液化石油气和天然气供应系统的近期建设和布局方案，并以选址规划的形式明确近期建设站点的规划控制要求。

（2）向上落实区域燃气系统供给规模与站址需求，向下与土规、控规相衔接，近期为站点规划选址提供依据，远期为站点规划布局做出科学引导，为燃气系统的稳定发展提供保障。

（3）结合轨交公交枢纽统筹布局天然气加气站，诠释后世博效应，树立嘉定国家新能源汽车示范基地的城市名片。

四、规划实施

本项目于2012年5月经上海市嘉定区人民政府批准，有效地指导了区域"十二五"新建液化石油气供应站和天然气加气站的建设。

图例

居住用地	市政公用设施用地
公共设施用地	对外交通用地
工业用地	道路广场用地
仓储用地	特殊用地
绿地	教育科研用地

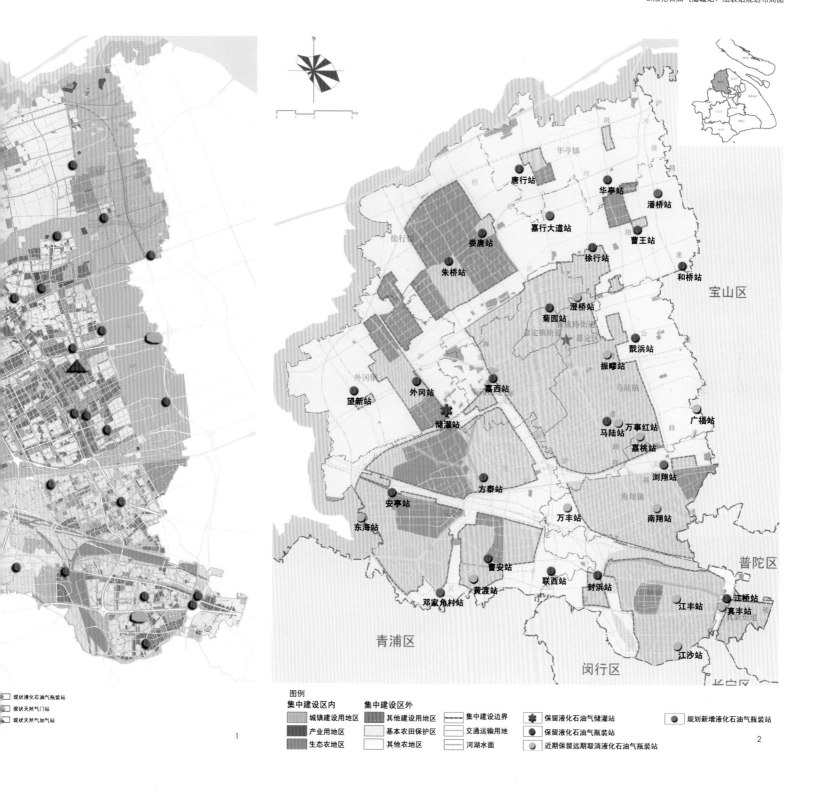

1.现状燃气供应设施分布图
2.液化石油气储罐站、瓶装站规划布局图

华亭镇

唐行站
华亭站
潘桥站
嘉行大道站
曹王站
娄塘站
徐行站
朱桥站
和桥站
宝山区
澄桥站
菊园站
嘉定镇街道
嘉定
戬浜站
振畺站
外冈镇
马陆镇
望新站
外冈站
嘉西站
储灌站
广福站
马陆站
万事红站
嘉桃站
浏翔站
方泰站
南翔镇
安亭站
万丰站
南翔站
东海站
普陀区
曹安站
联西站
封浜站
江桥站
黄渡站
江丰站
真丰站
邓家角村站
青浦区
闵行区
江沙站

现状液化石油气瓶装站
现状天然气门站
现状天然气加气站

图例
集中建设区内　　集中建设区外
城镇建设用地区　　其他建设用地区　　———集中建设边界　　保留液化石油气储灌站　　规划新增液化石油气瓶装站
产业用地区　　基本农田保护区　　———交通运输用地　　保留液化石油气瓶装站
生态农地区　　其他农地区　　———河湖水面　　近期保留远期取消液化石油气瓶装站

1　　　2

上海市嘉定新城马陆社区部分道路管线综合规划

[委托单位]　上海嘉定新城发展有限公司

[项目规模]　4.42km²

[负责人]　汪亚

[参与人员]　徐军

[完成时间]　2013年1月

一、规划背景

马陆社区位于嘉定新城南部，依托于轨道交通11号线马陆站及周边地块的开发，其功能定位为交通便捷、配套设施完善、绿化景观优美，以居住和综合服务为主的新型综合社区。随着社区内各项建设的不断推进，为满足开发建设的需求，同时完善该区域内的市政配套，体现"市政设施先行"的原则，进行本次管线综合规划。

二、主要内容

规划管线严格按照规范控制各管线间的安全距离，在崇文西路、崇福路、康丰路及阿克苏路段临近或穿越轨道交通11号线架空路段时，经征询，管线与轨道交通线柱墩基础外边缘最少保持水平方向3m以上的安全防护距离，局部路段由于条件限制未能符合该安全距离时，需事先征询相关职能部门意见，协商确定基础加固方案后，方可建设。

在编制过程中，项目组多次与相关职能部门进行咨询、协商，以确保市政管线临近或穿越轨道交通线的架空段时，安全处理管线与轨道交通结构柱墩基础的关系；规划与地区控规中红线、绿线、蓝线等保持一致；与市政专项内容协调衔接，合理确定道路下所设置管线类别与数量；与规划范围内相关路段先前已做选线规划相对应，使前后二次规划相一致。

三、规划实施

本次规划部分路段随着地块开发已经陆续完成施工，部分沿线管线已随路完成敷设。

1.阿克苏南路规划道路断面及管位图
2.崇慧路规划道路断面及管位图
3.康丰路规划道路断面及管位图

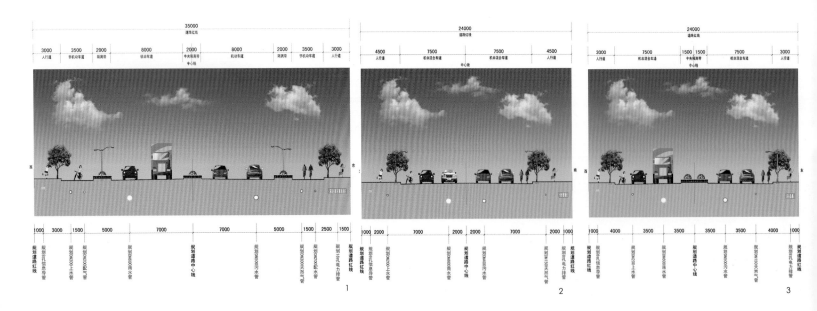

上海市嘉定区墨玉南路以西部分道路管线综合及原水管选线规划

[委托单位] 上海国际汽车城新安亭联合发展有限公司
[项目规模] 本次规划区面积约0.5km²，共涉及9条道路、总长约5.8km的管线综合及选线规划
[负责人] 何秀秀
[参与人员] 徐军
[完成时间] 2013年4月

1.综合管线平面图
2.博园路规划道路断面及管位图
3.规划二路规划道路断面及管位图

一、规划背景

规划区是汽车城核心区拟近期启动建设发展的片区，是集居住、地区公共服务、商业商务办公于一体的综合型城市功能区。为满足地区开发需求，协调各市政系统建设，编制相关道路的管线综合规划，并对现状穿越街坊的原水管作局部改线，避免与地块开发的矛盾，确保安亭镇的供水安全。

二、主要内容

本次主要对规划区内8条拟建道路下的给水、雨水、污水、电力、通信、燃气六种常见管线进行综合布置，明确每条道路下的管线类型、规格及敷设位置，以保障各地块的各类市政配套，并确保管线之间或管线与建筑物、构筑物之间的水平距离满足技术、卫生、安全等要求及相关建设规定。

此外，原有的一路自吴淞江取水码头至安亭水厂的DN1000原水管穿越了若干规划区内的在开发地块，为协调该原水管与地块开发的矛盾，确保安亭镇的供水安全，拟将现状原水管局部改线至墨玉南路西侧绿化带及吴淞江北岸绿化带内。

规划立足现状及近期建设要求，对上位控规中的市政专项内容进行深化完善；与地区开发动态衔接，合理安排各类管线敷设位置与敷设时序，综合平衡道路下有限的管线通道资源。

三、规划实施

本规划已经嘉府[2013]162号文批准，拟改线原水管已完成搬迁，博园路沿线若干管线正在随路施工。

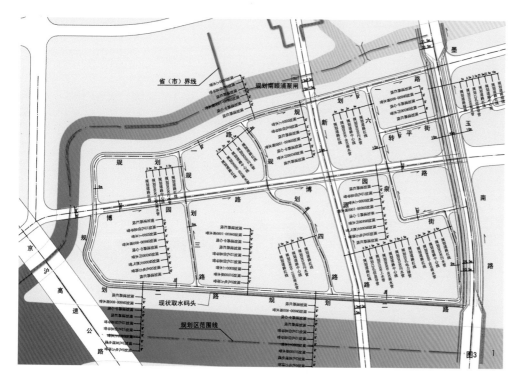

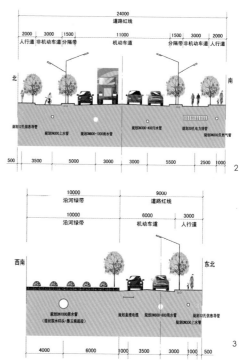

上海市金山亭林大型居住社区一期部分道路管线综合规划

[委托单位]　上海新金山投资控股集团有限公司

[项目规模]　0.81km²

[负责人]　汪亚　徐军

[参与人员]　郭云

[完成时间]　2013年9月

1.给水系统规划图
2.燃气系统规划图
3.管线综合平面图
4.亭耀路现状断面及管位图

一、规划背景

亭林大居一期位于大居西侧，是亭林大居优先开发的地区。为满足一期开发地块建设的水、电、煤等市政负荷的需求，项目需要对该地区的负荷来源、干管通道及主要管线在城市公共空间下的敷设位置给出统筹安排。

二、主要内容

管线综合规划结合区域的控规、市政综合规划、并与各系统的专业规划相互沟通协调，确认各系统的来源，保障水、电、气各系统对社区的供给，确定各类系统安全，重点内容如下：

（1）电力系统：专项规划根据大居的供电负荷预测，规划在道路下敷设2×5孔至2×10孔电力排管，规划林安变电站进出线路涉及的亭耀路增加两路2×10孔电力排管。

（2）污水系统：规划区主要沿南北向道路亭耀路和亭虹路由北向南收集，至大亭公路向东纳入亭林大居污水泵站。

（3）燃气系统：鉴于一期范围地块为统一开发，统一建设，保证每个地块有接入口即可满足大居一期范围各个地块用气需求，故本次规划沿着主要干路敷设燃气管。

（4）管线综合断面：一期大部分道路下基本满足各类管线敷设位置和排序空间，部分城市支路较短，地块需求不大，压力管管径较小，也能够合理安排维护检修。

三、规划特色

（1）结合区域的控规、市政综合规划，并与各系统的专业规划相互沟通协调，与市政专项内容协调衔接。

（2）系统梳理各个市政专项内容，合理确定道路下所设置管线类别、管径大小与数量，与地区开发次序相结合，合理安排管线平面位置与敷设时序。

（3）规划还重点研究梳理了各类系统的来源以及排水出路问题，合理优化各类市政系统布局方案。同时规划减少部分道路下敷设的管线类型，响应国家节能减排要求，节约管网投资。

四、规划实施

本项目于2013年9月经金山区规土局评审通过。

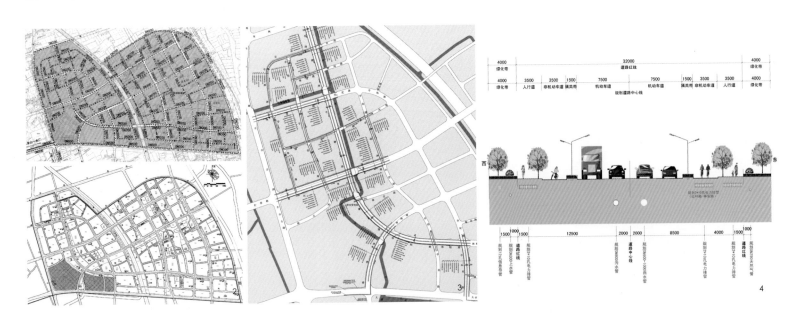

上海嘉定南翔污水处理厂选址专项规划（调整）

[委 托 单 位]　上海嘉定城市发展集团有限公司
[项 目 规 模]　11.45hm²
[负 责 人]　孟华
[参 与 人 员]　汪亚　徐军　孙莉洁
[完 成 时 间]　2013年12月

1.污水厂
2.污水干官网及主要泵站示意图

一、规划背景

近年，随着嘉定南部地区大型居住社区的开发建设，区域内规划人口规模将有较大增加，从而将导致规划污水量远大于原规划规模，外排系统无法继续承担新增污水负荷，必须对区域内污水处理系统进行补充和完善，确保嘉定区实现持续减排目标的完成。

该项目为上海市大型市政环境设施项目，是2012年市政府重点推进的为云翔大居配套的实事工程之一。通过本次专项规划编制，从全面提升区域经济和社会可持续发展的角度考虑，确定在南部片区就地新建1处污水处理厂，处理南翔地区污水，同时接纳嘉定主城区部分南调污水。

二、主要内容

通过对区域污水处理系统分析与评估，结合区域现状及规划情况，根据污水处理厂布局与选址的要求，合理选址嘉定南翔污水处理厂。

（1）在一般选址专项规划编制要求的基础上有所突破。对嘉定全区的污水处理系统进行详尽的分析与评估，使规划方案建立在专项规划的系统研究上。

（2）对选址地块的规模和位置进行了充分的论证，多方案比选，最终科学、合理地落实地块，使得选址成果更具说服力。

（3）深入编制选址专项规划，由于选址地块位置敏感，牵扯面广，情况较为复杂，需从环境保护、界河等方面统筹考虑选址方案。同时选址方案存在对上位总规的优化调整，其中涉及基本农田的征用、区域城乡规划衔接等一系列问题，故选址方案衔接上位总规、土规、水利规划等，从技术上统筹考虑、协调和平衡多方利益关系。

（4）成果内容深度达到控规的要求，不但从规划控制条件上对选址地块提出明确的要求，同时从总平面布局、建筑风格、环境保护、消防要求等方面对下阶段的实施建设予以引导。

三、规划实施

本项目于2013年12月由上海市人民政府批准，科学、合理选址和布局建设污水处理厂。

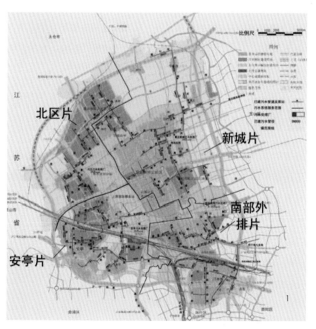

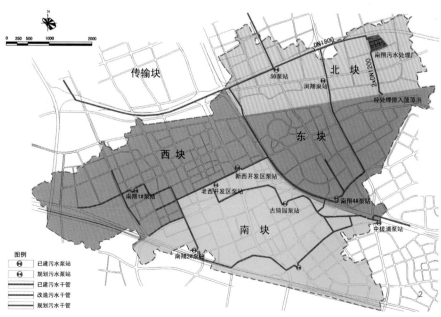

上海市嘉定区公用移动通信宏基站现状梳理与评估规划

[委托单位]　上海市嘉定区科学技术委员会；上海市嘉定区信息化委员会
[项目规模]　463km²
[负责人]　　汪亚　何秀秀
[参与人员]　史一鸣　孙莉洁　郭云
[完成时间]　2014年3月

1.嘉定区宏基站密度增长片区示意图
2.嘉定区宏基站站址新增片区示意图
3.嘉定区现状宏基站站址密度示意图
4-7.分幅图

一、规划背景

嘉定区是上海西北翼重点建设新城，沪宁发展轴线上的重要节点。"十二五"是嘉定区全面推进城市化，加快转变发展方式，实现经济建设转型的关键时期。嘉定区将大力实施信息化领先发展和带动战略，推动信息技术与城市发展全面深入融合，建设以数字化、网络化、智能化为主要特征的"智慧城市"。

宽带、融合、泛在、智能的移动通信网络为基础的无线城市是建设智慧城市的重要内容，随着智慧城市的深入发展，需要大量的移动通信基站建设作为基础设施的支撑。为将各运营商的基站建设需求进行全面统筹、合理规划布局、优化建设模式、提高网络效率、减少资源消耗、降低环境影响、积极对接城市规划、城市风貌保护的发展要求，上海市编制了"上海市公用移动通信基站站址布局专项规划（2010—2020）"，并由此建立了全市宏基站资料库平台。

近年来，随着无线通信技术及网络的快速更新发展，以及城镇化水平的迅速提升，嘉定区移动通信需求及基础设施发展迅速，出现了通信基站总量突破、基站实施与专项规划存在偏差等问题，亟需对嘉定区公用移动通信宏基站的建设情况进行梳理与评估。

二、主要内容

梳理现状情况，分析评估问题，找出新增站址主要布局方向，为下一步的专项规划工作打下基础。

（1）规划基于移动、联通、电信等运营商及嘉定区科学技术委员会提供的现状宏基站资料，对嘉定区公用移动通信基站的现状概况（站址分布、站址密度、建站形式、建站程序、集约化建站等情况）进行梳理；

（2）在了解全区通信宏基站现状分布情况的基础上，就宏基站设置的具体建设情况及其近年来（2009—2013年）的建设发展情况进行评估，找出问题与发展经验；

（3）剖析嘉定区城镇总体规划，对未来重点建设片区进行分析，研究确定未来通信宏基站的建设重点，并提出规划建议。

三、规划特色

（1）本次规划克服了宏基站坐标系统与城市坐标系统不一致的不利因素，在传统现状梳理要素（宏基站站址的编号、名称、坐标、权属）的基础上，增加对宏基站站址的位置、建设方式、手续办理情况、共建共享情况的现状调研，形成较为完善的一图一表。

（2）合理的多角度评估方法，项目对宏基站进行了多角度分析，全面评估宏基站实施情况。

（3）项目得出较为准确的基本结论，并在现状宏基站分布结论基础上，提出当前宏基站设置及管理重点，以及下一步专项规划编制的若干要求等规划建议。

（4）充分、完整的成果内容，形成规划综合文本的同时，根据行业特点，分电信、移动、联通三大运营商形成各自独立成果。

（5）与现有上海市室外宏基站资料库、嘉定区控制性编制单元互相衔接，基于宏基站数量庞大的特点，对现状宏基站进行分片区编号、汇总，便于定位查找，为下一步结合控规做落地选址打下基础。

四、规划实施

本次现状梳理工作对全面掌握嘉定区宏基站的现状情况，后续区域基站的建设实施提供了基础数据。具体为：为现状相邻宏基站站址的取消与归并提供可能，为利用现有宏基站站址升级改造提供依据；同时对未来宏基站的主要新增区域进行了分析与判断。

本次现状梳理工作，为加强基站的规范与管理提供了很好的思路和启发。具体为：集约化建设基站、薄弱区域加强无线通讯覆盖、加强基站建设合理性及合法性、提升基站建设精准程度。

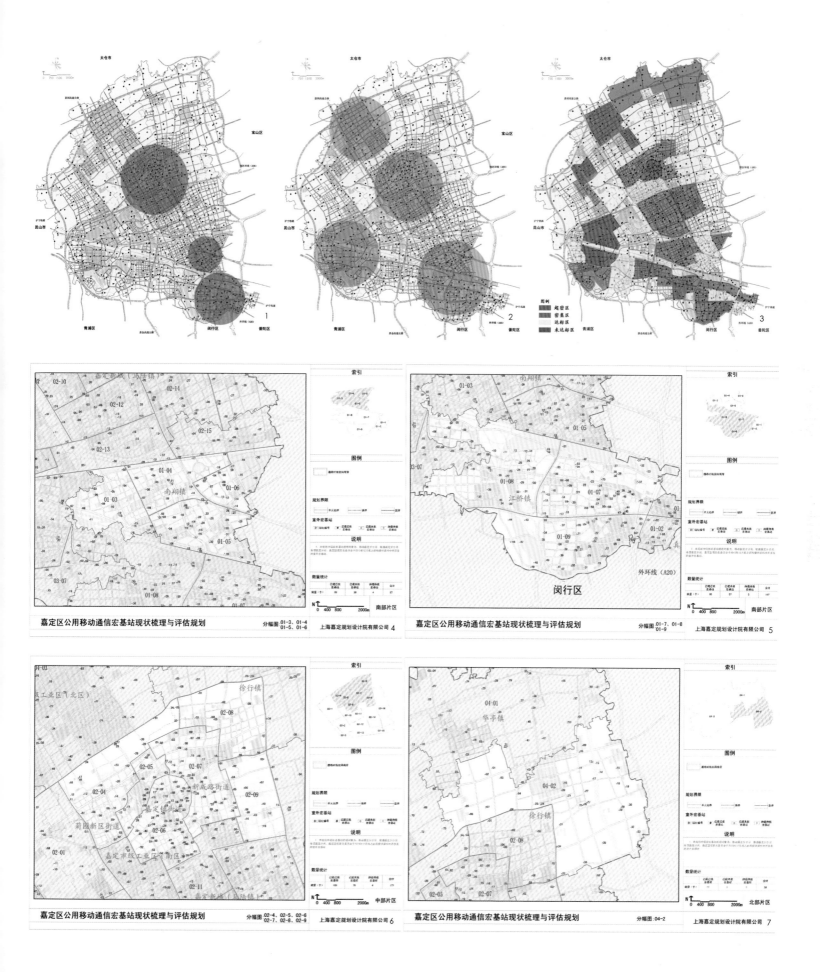

嘉定区公用移动通信宏基站现状梳理与评估规划　　分幅图 01-3、01-4 01-5、01-6　　上海嘉定规划设计院有限公司 4

嘉定区公用移动通信宏基站现状梳理与评估规划　　分幅图 01-7、01-8 01-9　　上海嘉定规划设计院有限公司 5

嘉定区公用移动通信宏基站现状梳理与评估规划　　分幅图 02-4、02-5、02-6 02-7、02-8、02-9　　上海嘉定规划设计院有限公司 6

嘉定区公用移动通信宏基站现状梳理与评估规划　　分幅图:04-2　　上海嘉定规划设计院有限公司 7

其他规划

上海市嘉定区绿地系统规划（2008—2020年）

[委 托 单 位]　上海市嘉定区绿化和市容管理局
[项 目 规 模]　463km²
[负 责 人]　刘宇
[参 与 人 员]　刘志坚　王晓峰　汪亚
[完 成 时 间]　2009年8月

一、规划背景

嘉定区作为上海市"十一五"期间重点建设的三大新城之一，近年的绿化建设以上海建设生态城市为目标，先后取得"上海市园林城区"、"绿化先进城市"等称号，绿化建设在数量和质量上均有很大的提高。

本次规划编制时值区域规划已经明确，市域绿地专项规划正在编制之中，亟待通过本次规划承接市域专项规划、全面落实区域规划要求，建立与新城发展相匹配的、与城市可持续发展相协调的城市绿地系统。

二、主要内容

市域层面，对接市域专项规划，深化落实上海"环、楔、廊、园、林"的布局结构，明确郊环、蕰藻浜两侧百米绿带及A15、A12等交通绿廊，成为构建市域生态绿化网络系统的重要组成部分。

区域层次，对接全区性规划，考虑到区域林绿一体的郊野基底风貌和水绿相融的空间机理，提出以主要道路、河流为基本绿化骨架，以特色绿地为亮点，以区域林地、绿地为基础，景观生态网络化、功能结构复合化的绿地系统，形成公园棋布、绿廊成网、森林绕城的总体格局。其次，整合绿地分类，确定绿地分类标准、空间布局及相关要求。同时，进行包括树种、生物多样性、古树名木保护、林地建设等专项规划和研究。

片区层次，对接区域规划划分的十大片区，明确各片区的大型城市公共绿地的空间布局和控制指标，将相关指标与要求有效的分解到各编制单元中。

三、规划特色

本次规划从嘉定新城的区位和建设特点出发，探寻适于郊区新城绿地系统建设的规划体系、规划方法、指导思想和规划要素。

1. 分层对接的规划体系

应对嘉定区"区域规划—片区总规—单元控规"三级编制体系，为了与城市规划编制体系相衔接，本次规划提出既兼顾区域与片区层次总规又能指导单元控规编制的规划体系，总规层面侧重空间结构、发展目标及各专项内容，控规层面侧重主要绿地指标的分解和空间布局引导，从而使绿地控制的要求通过控规得以真正落实。

2. 多元融合的指导思想

从城乡统筹的空间角度，提出了涵盖农、林、水、绿一体化的绿地系统概念，强调整体生态效益的发挥；从绿地系统的功效角度，利用各镇区的各具特色产业优势，提出效益多元复合的理念；从特色实现角度，提出地域特色的理念，将嘉定区的传统文化、风貌特色与水脉绿脉相融合，创造富有个性、能够充分表达城市意向的高品质绿地系统。

3. 新城特色的规划要素

基于郊区新城以未建区为主的特点，规划提出大型城市公共绿地的概念，通过把控这些空间环境的重要节点和绿化景观的核心，对地区空间环境的塑造和地域特色的展现产生积极的作用。

4. 弹性控制的规划方法

为了应对新城发展建设的不可预见性，片区层面采用了弹性控制的方式，即各个社区仅控制大型公共绿地的数量和用地总量，布局上可以根据实际情况在社区灵活布局。这是绿地专项规划对接控规的尝试，增强了绿地实施在法定规划方面的保障。

四、规划实施

该规划于2009年8月6日通过沪绿容[2009]319号文审核。

该规划有效地指导了专项规划对绿地指标的分解与空间布局的引导，指导和促进了全区主要绿地的建设，推动了全区"一镇一公园"和特色公园的实施。

1.规划思路图
2.分层规划对接规体系图
3.弹性控制规划方法图
4.汽车城博览公园
5-6.新城中心区
7-8.树木绿化

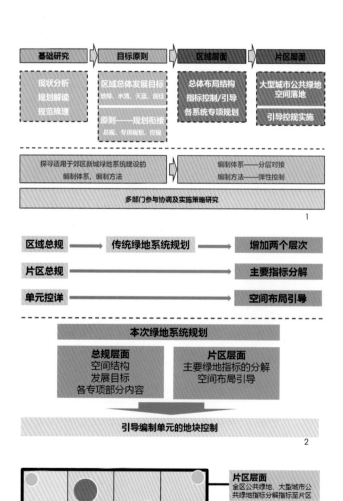

基础研究	目标原则	区域层面	片区层面
现状分析 规划解读 规范梳理	区域总体发展目标 地绿、水清、天蓝、居佳 原则——规划衔接 总规、专项规划、控规	总体布局结构 指标控制/引导 各系统专项规划	大型城市公共绿地空间落地 引导控规实施

探寻适用于郊区新城绿地系统建设的编制体系、编制方法 ⇨ 编制体系——分层对接 编制方法——弹性控制

多部门参与协调及实施策略研究

1

区域总规 → 传统绿地系统规划 → 增加两个层次

片区总规 → 主要指标分解

单元控详 → 空间布局引导

本次绿地系统规划

总规层面
空间结构
发展目标
各专项部分内容

片区层面
主要绿地指标的分解
空间布局引导

引导编制单元的地块控制

2

片区层面
全区公共绿地、大型城市公共绿地指标分解指标至片区

社区层面
大型公共绿地数量、总面积

编制单元
大型城市公共绿地布局建议
其他公共绿地提出控制原则

3

N

太仓市

华亭新市镇

嘉定现代农业园

徐行新市镇

宝山区

市级工业区(北区)

外冈新市镇

北郊湿地

马陆葡萄主题公园

嘉定新城主城区

马东地区

嘉定新城南翔组团

昆山市

嘉定新城安亭组团

江桥新市镇

真新新村

青浦区

闵行区

9.大型城市公共绿地布局规划图
10.绿地布局示意图
11.空间结构规划图
12.林地规划图
13.主城区大型城市公共绿地布局规划图

上海市嘉定区户外广告设施设置阵地实施方案

[委 托 单 位]　上海市嘉定区绿化和市容管理局
[项 目 规 模]　463.9km²
[负 责 人]　周伟
[参 与 人 员]　刘宇 庄佳微 张春美 刘志坚 邵琢文 李志强
[完 成 时 间]　2013年5月

一、规划背景

广告是公共环境主要组成部分之一，也是城乡文化形象的展示亮点。户外广告的合适与否将对城市风貌环境、整体形象产生潜移默化的影响。

随着中心城区广告管控越来越规范，在"城乡一体化"的背景下，郊区广告的管理水平和要求也需要逐步提高，同时更要展示郊区文化和建设特色。

二、主要内容

1. 基础研究

规划重点与"嘉定区总体规划"和"上海市广告阵地规划"做好衔接。其次，规划进行了详细的摸底调查，了解了全区约500km道路两侧的广告现状情况。经世博整治全区广告总体情况良好，但局部仍然存在如布局不符合规范、设置过密过大等问题。

2. 分区控制

规划总体上深化和落实了13处广告设施重点展示区，并根据"土地使用规划"的集建区和基本农田区边界优化了控制区和禁设区范围。

3. 道路控制与路段控制

规划以展示性强的区域性主干路、两侧以公共服务功能为主导的次干路和支路、已建成的高速公路为主要选择的依据，共选择道路45条。

由于高立柱广告的特殊性，规划选择二级公路及以上的公路、两侧以非居住功能为主的主次干路，并叠加考虑重要的生态和景观风貌等要求，将高立柱广告设置道路再分为控制路段和禁设路段。最终在新城"一核两翼"的集中区域对高立柱广告实施严控。

4. 公益广告

为满足对公益事业的宣传，规划公益广告专用点位38处，并规定所有广告中公益广告的发布比例不低于总量的10%。

三、规划特色

1. 规划组织工作体现了"全面性、针对性、可操作性"的特点

本次规划对全区500km主要道路、13个重点区域进行了排摸调查，针对重点城市区域和节点进行了重点调查和规划。同时，为保证实施方案的可操作性，与城乡规划进行了充分衔接。规划过程中邀请了绿容、宣传、工商、规划、街镇等管理部门，以及广告公司、行业专家等进行了全方位的咨询和参与。

2. 规划工作体现了"分层规划、分类指导"的特点

为适应全区464km²广告实施规划的全覆盖，规划分别从"面、线、点"三个层次着手，分层确定广告设施设置阵地和设置点位。首先划定展示区、控制区和禁设区，其次梳理适合设置广告的道路，并划分控制路段和禁设路段，最后，选取确定广告设置的点位。

针对嘉定区快速发展、动态不一的特点，规划将展示区分为已建区和未建区。已建区做到图则深度，明确具体阵地和广告控制要求；未建区做到导则深度，划示未来展示区建设范围，给出引导建议。

3. 规划成果体现了"从宏观到微观、从平面到立面、从图表到图像、从文本到电子、从规划到管理"的特点

规划分为广告阵地规划和点位规划两个层次，并用图、表的形式进行了感性和理性的表达。规划点位纳入了电子信息管理系统，形成了"电子化"的成

1.博乐路公益广告
2.11号线安亭站综合开发区
3.老城城中路清河路商业街
4.江桥老镇商贸中心

果内容，为管理部门实现信息化管理创造了条件。

四、规划实施

该规划已经通过沪绿容[2013]134号批复。

项目的实施情况和意义有以下三个方面。

（1）在完善广告规划体系的同时，本次规划对大城市郊区广告规划编制方法进行了研究和创造性补充，对同类型项目有一定指导作用。

（2）成果的"电子化"达到办公和管理工作的"智能化"，大大提高了政府部门对点位管控的效率和力度。同时，规划有效地指导和规范了全区广告的建设，并带动了重要区域广告氛围的营造，也在一定程度上控制了广告的乱设置现象。

（3）本次规划在社会影响方面也是非常积极的。"全民参与"的规划过程搭建了广告设置规范管理的"宣传平台"，提高了全民责任意识，加强了管理部门以及社会大众对户外广告设置的重视和关注。

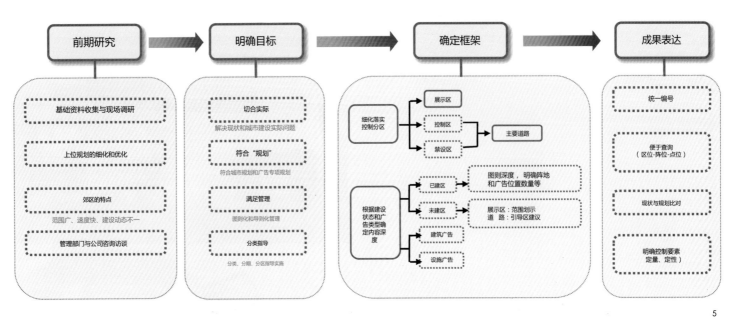

■面—展示区、控制区和禁设区　　　　　■线—道路控制、路段控制　　　　　■点—广告阵地、点位

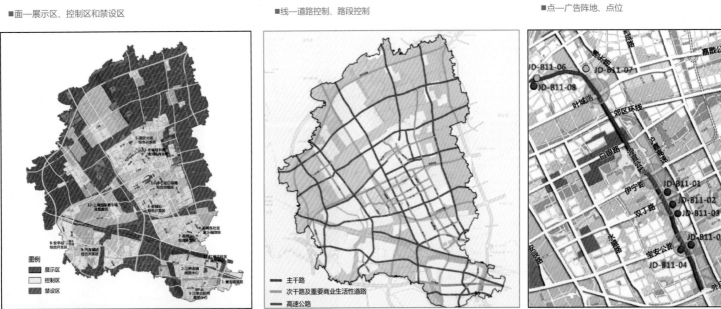

已建展示区—落实广告阵地，做到图则深度　　　　　　在建/未建展示区：根据详规或方案明确展示区范围，做到导则深度

5.研究思路示意图　　　　　　　8.引导区图则示意图
6."面、线、点"分层规划示意图　9.展区广告控制图则图
7.不同深度的图则示意图

图例
■ 展示区
○ 广告引导区
● 商业广告阵地
◉ 公益广告阵地

8

现状

平面分布图

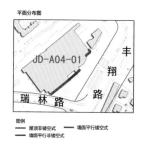

图例
— 屋顶非镂空式　— 墙面平行镂空式
— 墙面平行非镂空式

阵地编号	JD-A04-01		
广告类型	1-屋顶广告	2-墙面广告	3-墙面广告
设置位置	家乐福东立面屋顶	墙面	墙面
设置形式	非镂空式	LED显示屏	镂空式
版面尺寸	h≤3m	h≤6m,L≤10m	墙面预留尺寸
设置数量	2	1	1
照 明	LED/泛光/霓虹灯	LED	LED/霓虹灯

规划

9

上海市嘉定区外冈镇村庄建设布局规划

[委托单位]　上海市嘉定区外冈镇人民政府

[项目规模]　38.9km²

[负责人]　蒋颖

[参与人员]　周伟　于世勇　张琴

[完成时间]　2007年11月

一、规划背景

农民建房涉及农村居民的日常生活，是建设社会主义新郊区新农村的重要内容。近几年来嘉定区各镇农民建房需求量日益增大，为使农民建房与新农村建设更好地结合，符合郊区的长远发展和城乡规划的要求，特编制北部三镇即华亭镇、外冈镇、徐行镇三个首批试点镇村庄建设布局规划。

本次规划针对北部三镇各自的特点，重点对土地整合、村宅归并等方面作相关课题研究，本着规划先行的指导思想，在重点把握合理性的同时，考虑可实施性，提出实施对策和近、中、远期试点方案。

二、主要内容

规划重点在布局合理性、可操作性、规划衔接与管理等方面进行研究，对村庄规模、耕作半径、公共服务设施配套、市政配套等相关内容提出具体要求。同时针对具体操作问题，提出实施对策。

（1）规划从长远发展的角度出发，针对各自然宅具体情况例如区位条件、规模大小等因素进行综合评估，并结合各镇总体规划对其发展前景进行预测,拟定村庄归并原则，确定归并对象。

①近期规划根据现状情况和规划前景等因素确定归并对象

规划重点考虑规模为30户以下的自然宅、生产组，规模较小且现状发展较滞后的自然宅予以归并；30户以上规模，但区位条件、发展前景较差的自然宅和生产组规划予以归并；

对于区位条件较差自然宅予以归并，向附近区位条件或发展前景较好的保留自然宅发展；

对于现状自然条件较好，但与规划道路或高压走廊控制线冲突的村宅控制其发展方向或予以归并；

对于位于规划新市镇区、工业园区等规划控制范围内的自然宅予以撤销，原居民动迁至动迁基地。

②中远期一方面将规划中心村周边的自然宅逐步归并至中心村；另一方面在中心村1 200～1 500m耕作半径范围外形成少数农村居民保留点作为补充以满足耕作半径的要求。

（2）规划空间结构

①近期：对于非城市化地区，现状153个自然宅，总用地为271hm²。户均占地约778m²。近期形成67个农民集中居住点，总户数为3 484户，总用地为174hm²（近期按户均占地500m²计），可节约土地97hm²。城市化地区：现状自然宅用地为201hm²，总户数为3 781户，迁入动迁基地后，按户均150m²占地标准，基地用地约57hm²，可节约土地144hm²。

②中远期通过进一步归并集中形成一个较大规模居住点和若干较小规模居住点的过渡模式。

③远期形成3个中心村和1个动迁基地，中心村用地面积为120hm²，中心村人口为1万人。

三、规划实施

本规划通过嘉府[2007]199号文批复。

上海市嘉定区户外广告布局总体规划（2006—2020年）

[委托单位]　上海市嘉定区绿化和市容管理局
[项目规模]　463km²
[负责人]　　刘宇
[参与人员]　肖闽　王晓峰
[完成时间]　2007年7月
[获奖情况]　2009年度上海市优秀城乡规划设计鼓励奖

一、规划背景

作为上海三大新城之一的嘉定新城，是嘉定、临港、松江三大区域板块中成熟度最高、经济发展速度最快的地区。户外广告，作为现代化城市环境景观建设的重要组成部分，需要发挥其在展现城市活力和对外宣传方面的重要作用。

二、主要内容与特色

本次规划在对嘉定区户外广告现状的分析基础上，以相关区域规划为依据，对户外广告系统提出四类控制分区，并重点以区域功能板块为单位，进行控制分区划定与分区策略的制定，总体上形成与发展定位相协调的、以区域公共活动轴为依托的户外广告体系。

（1）承接区域发展格局，提出合理层次。规划同时兼顾嘉定区区域和片区两层次，既具有区域系统性又各具分区特色。

（2）综合区域发展特点，提出有效控制分区。通过对区域相关综合要素的分析，提出严格控制区、适度控制区、一般控制区和展示区四类控制区域，使户外广告设施的规划管理既严谨系统又具一定灵活性，便于规划管理与实施操作。

（3）提出实施策略，提高规划的可操作性。规划立足片区的发展定位、功能结构，提出针对片区发展特色的户外广告实施策略，更好的体现了区域发展特色。

三、规划实施

　　本次规划是上海市郊区新城开展的首个户外广告总体规划，并通过沪规景[2007]628号批复，其最终成果已被纳入到2008年开始编制的上海市户外广告总体规划中。在本规划的直接指导下，嘉定部分地区的户外广告阵地规划也已逐步开展。

　　通过本次规划的编制探索，不仅使郊区新城的专项规划编制体系更为完善，从区域角度进行统筹与分区的方法也为大都市郊区新城户外广告的规划编制提供了经验。

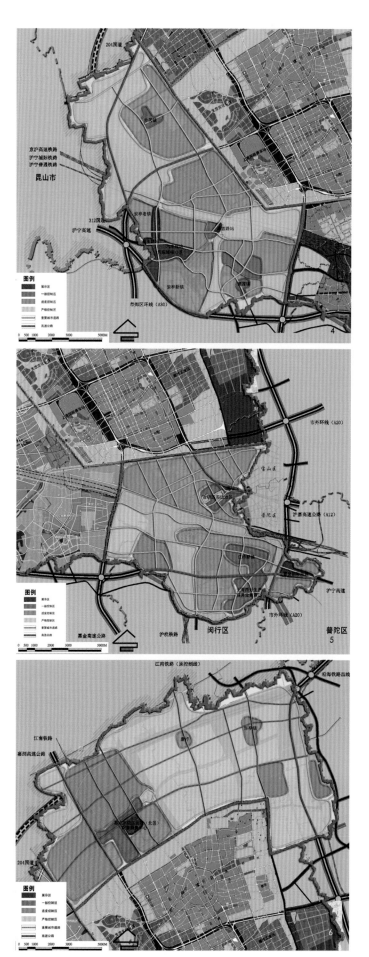

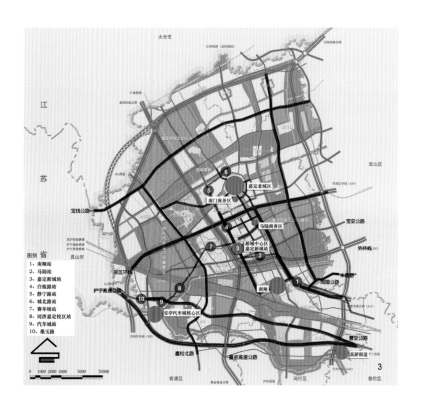

上海市嘉定区城市雕塑总体规划

[委托单位]　上海市嘉定区规划和土地管理局
[项目规模]　嘉定区463km²
[负责人]　何斌
[参与人员]　何斌 李名禾
[完成时间]　2007年3月

1-6.城市雕塑
7.城市雕塑布局结构图
8.城市雕塑规划布局图
9.主要景观节点汇总图

一、规划背景

为提升嘉定区城市公共环境艺术的水平，充分展现国际化大都市的精神面貌，依据《上海市城市雕塑总体规划》和《嘉定区区域总体规划纲要（2004—2020）》，开展《上海市嘉定区城市雕塑总体规划》的编制。

二、主要内容

规划综合嘉定区的城市空间布局、历史文化资源、绿化旅游系统、市政交通设施和社区网格系统等规划要素，明确了嘉定区的城市雕塑发展目标、城市雕塑题材内容以及空间布局，建立了合理有效的城市雕塑建设实施管理机制。

根据"四大板块"的发展格局和城市空间布局，结合人群的空间分布和汇流方向，确定嘉定区城市雕塑"人"字形的城市雕塑空间结构，通过雕塑进一步挖掘嘉定自然与人文历史脉络，丰富城市空间景观，传承嘉定城市文脉。

规划采用了总分兼顾、弹性控制的规划方法。规划从宏观层面上，提炼出城市雕塑环境空间场所和城市雕塑题材这两大关键性要素，在整体城市风貌的基础上，构建雕塑的总体空间布局和精神内涵；微观层面上，通过分析城市雕塑的视觉定位、空间定位与体量之间的关系，提出设计导则予以导引，使雕塑创作能在既定的导控框架下凸显个性。

三、规划实施

该规划已通过沪规景[2007]418号文批复。

在该规划的直接指导下，嘉定部分地区的雕塑创作已经开展并付诸实施，大大的提高了地区的整体环境品质和文化氛围。

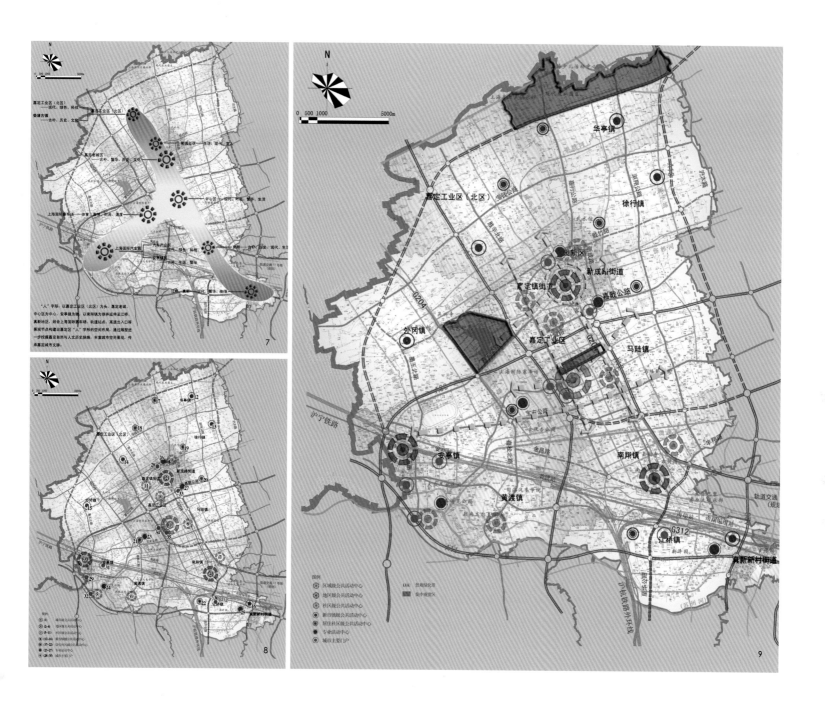

上海市嘉定区菜场布局规划及选址规划（2006—2020年）

[委托单位]　上海市嘉定区规划和土地管理局；上海市嘉定区安亭镇人民政府

[项目规模]　463km²

[负责人]　蒋颖

[参与人员]　于世勇　周伟　张琴

[完成时间]　2007年2月

一、规划背景

为贯彻落实沪规划（2006）544号《关于进一步推进全市菜市场规划工作的通知》，加强对全区菜市场的规划管理，不断提高居民生活质量，使菜市场布局与城市环境改善、城区功能定位相适应，根据《嘉定区区域总体规划纲要》的总体要求，同时结合嘉定区"1520"城镇体系，编制本规划。

二、主要内容

1. 布局规划

对全区的菜市场分两个层次（城镇区范围内、城镇区范围外）进行布局规划。根据《嘉定区区域总体规划纲要（2004—2020）》，至2020年嘉定区全区总人口125万（含真新街道10万），结合人均指标和服务半径，规划嘉定区菜市场共85个（含真新街道菜市场6个），菜市场总建筑面积约为17万m²。另外，城镇区范围外农民动迁基地菜市场13个。嘉定新城范围内规划菜市场66个，其中城镇区范围内规划菜市场60个，城镇区范围外规划农民动迁基地菜市场6个。

2. 选址规划

规划按照网格化管理要求，根据服务半径和人口配置菜市场。对现状菜场根据建筑质量和环境影响程度，确定拆、改、留方向。

通过现状分析总结，确定嘉定新城范围内保留菜市场25个，新建菜市场35个，规划菜市场共60个。由于农民动迁基地菜市场服务人口较少，服务半径较小，本次菜市场选址规划不将其作为研究对象。嘉定新城主城区、安亭组团和南翔组团城镇区范围内规划菜市场具体选址情况参见菜市场选址规划表格和图纸。

三、规划实施

该规划于2007年2月5日由嘉定区人民政府"嘉府[2007]16号"批复同意。

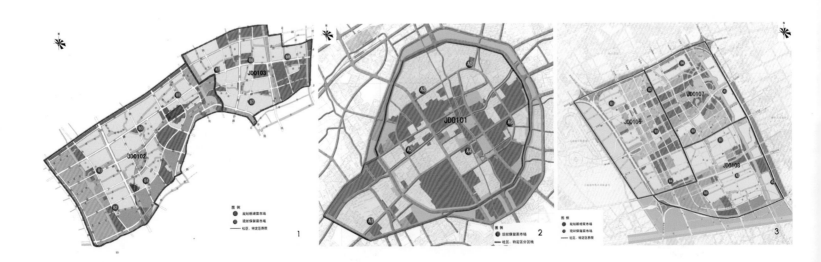

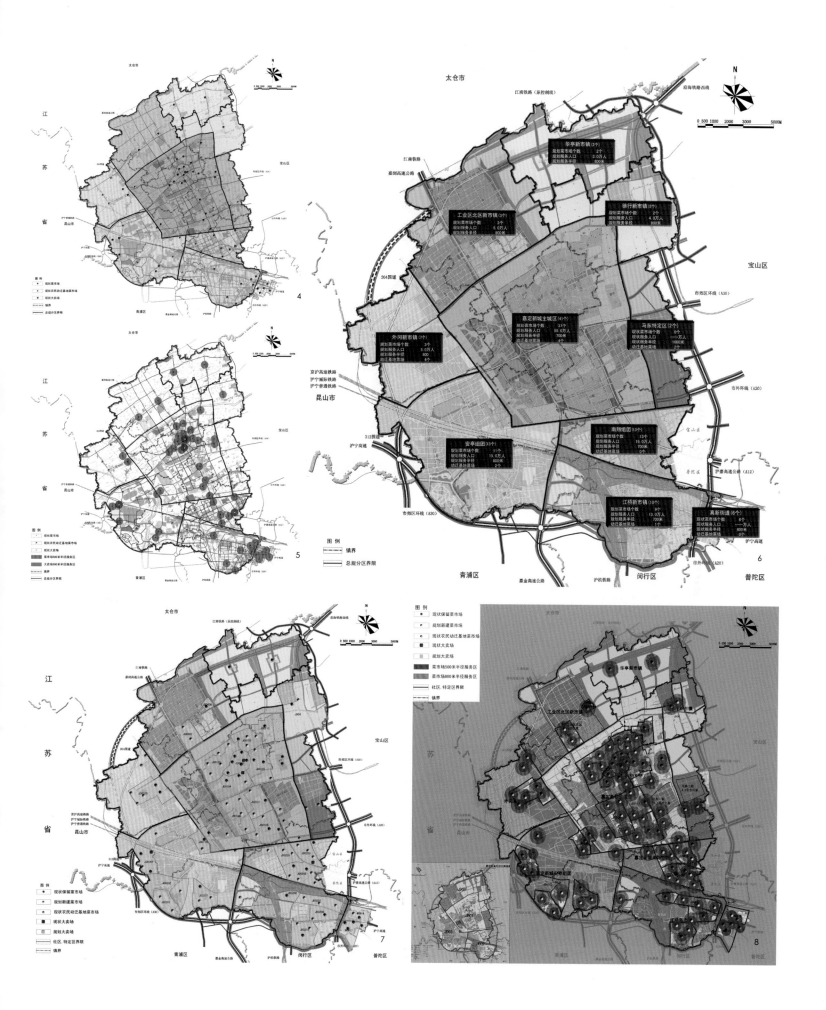

上海市沪宁高速公路嘉定段沿线高炮广告阵地规划

[委托单位]　上海市嘉定区规划和土地管理局
[项目规模]　道路总长约为15.8km
[负责人]　刘宇
[参与人员]　王丽萍　刘志坚　汪亚
[完成时间]　2008年4月

1.尺寸控制要求图
2.设置范围示意图
3.规划布点示意图

一、规划背景

沪宁高速公路是城际间的重要交通动脉，也是长三角沪宁发展轴的依托载体。本次规划结合沪宁高速公路的拓宽工程，对其沿线高炮广告设置作出引导与控制，以改善沪宁高速公路沿线景观、提高沿线城市品质，打造长三角繁荣、有序的城市群形象。

二、主要内容

本次规划对高炮广告进行了总体布局和具体定位，提出了规划布局的基本要求和建设控制要求，并结合实际审批情况进行了近远期的分期规划。

高炮广告阵地规划作为实施性较强的专项规划，如何打破常规思维、提高规划本身的科学性，如何在实际管理过程中更好的平衡刚性控制和弹性管理等方面，具有一定的难度。基于此，本次规划进行了以下创新尝试。

（1）规划通过对车速、人体最佳视角及人体动态能见度的综合分析，科学地确定了最适合设置高炮广告的纵向控制范围；

（2）规划尝试了"点位+范围"的控制方法，即在示意性点位的基础上，从垂直高速公路方向和平行于高速公路方向两个维度上进一步提出控制范围，提高实施的操作性和灵活性；

（3）采取了类似于控规图则管控的方式，制定规划布点控制图则，落实高炮广告的控制范围、建设形式、近远期建设等控制要求，清晰地反映规划道路控制情况及现状地形地貌与建设状况，大大提高了管理效率。

三、规划实施

本规划为沪宁高速公路嘉定段的户外高炮广告阵地的整治提供了合理的技术法规依据，有效改善了高速公路沿线的道路景观。

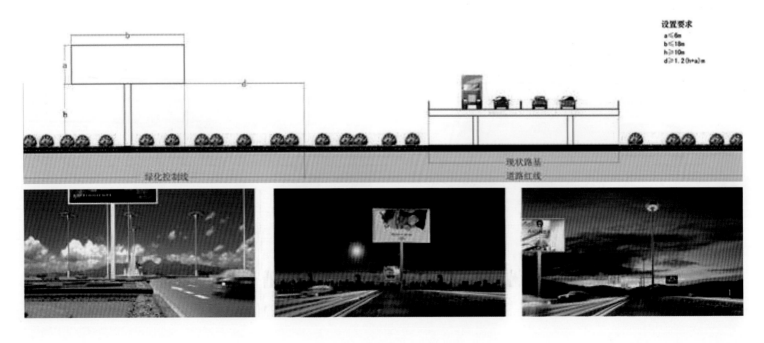

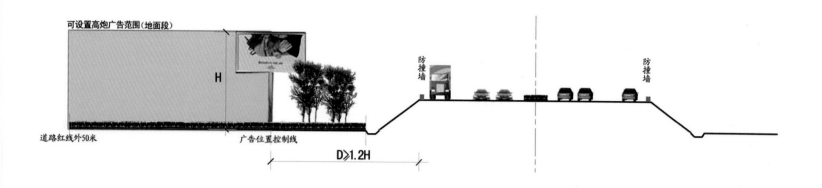

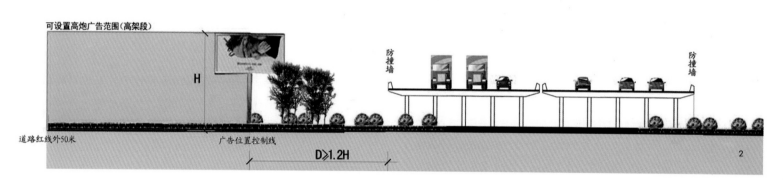

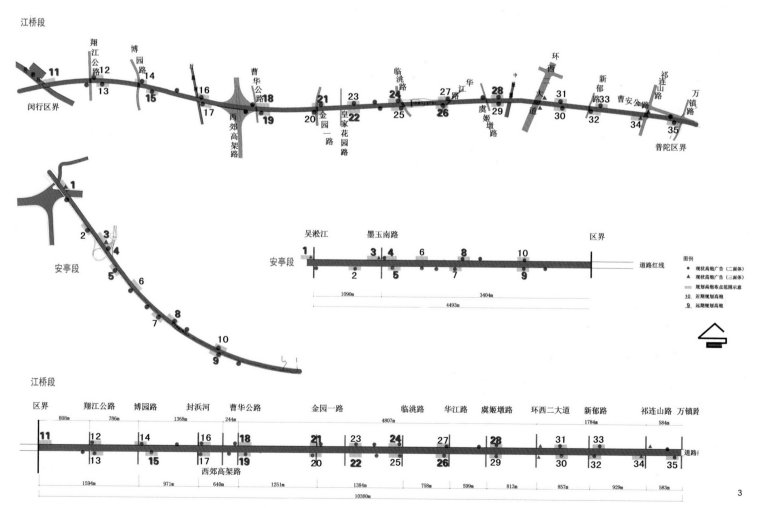

上海市嘉定区北部三镇农民个人建房近期规划方案

[委托单位] 上海市嘉定区农业管理委员会

[项目规模] 22个村（271户农民）

[负责人] 蒋颖

[参与人员] 胡晓雯 邵琢文

[完成时间] 2012年8月

一、规划背景

2007年7月1日，《上海市农村村民住房建设管理办法》开始实施。嘉定区于2008年年初由区房地局拟定了《上海市嘉定区农村村民住房建设管理实施细则》，规定"各镇级单位应组织编制完成各辖区村庄建设布局规划，报区人民政府批准后作为农村村民住房建设规划管理的技术依据"。

本次规划涉及的农民建房形式为有迫切需求的零星申请建房。由于缺乏规划引导，此类建房需求被压制，申请建房农户数量有积累，本次规划将重点解决这一类农户的建房选址问题。

二、主要内容

本次农村个人建房规划方案涉及工业区（北区）、徐行、外冈三镇，规划工作内容主要包括建房对象的筛选、编制建房规划、确定建房规划基地位置以及指标测算。其中，建房规划基地选址是在各村初选基地的基础上，依据土地利用总体规划、城乡总体规划等相关规划、全区控制道路红线、河道蓝线、铁路线等控制线，经反复核查范围边界、面积后确定的。

此外，考虑到远期建房需求，本规划在建房规划基地周边划示了建房规划引导区，未来各村符合申请条件的村民规划建议在引导区及其周边进行集中建房。

三、规划特色

1. 方案充分比选，针对性强。

本次规划分别对涉及的三镇编制针对性方案并分镇展示，使规划方案针对性更强，更具合理性。

2. 集中布局，集约节约用地。

本着集约节约用地的原则，新建基地选址邻近各个村集中村宅用地，总体布局较为集中。

3. 符合农民意愿，社会效益显著。

申请农户均在本村范围内建房，基本无跨村现象，并设置远期布局引导区。

四、规划实施

该规划于2012年8月14日由嘉定区人民政府经"嘉府[2012]111号文"批复。

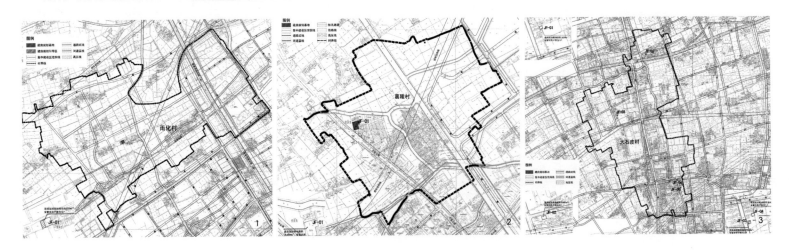

1.工业区分村图　　　　5.外冈分布示意图
2.外冈镇分村图　　　　6.徐行分布示意图
3.徐行镇分村图　　　　7.总体布局规划图
4.工业区分布示意图

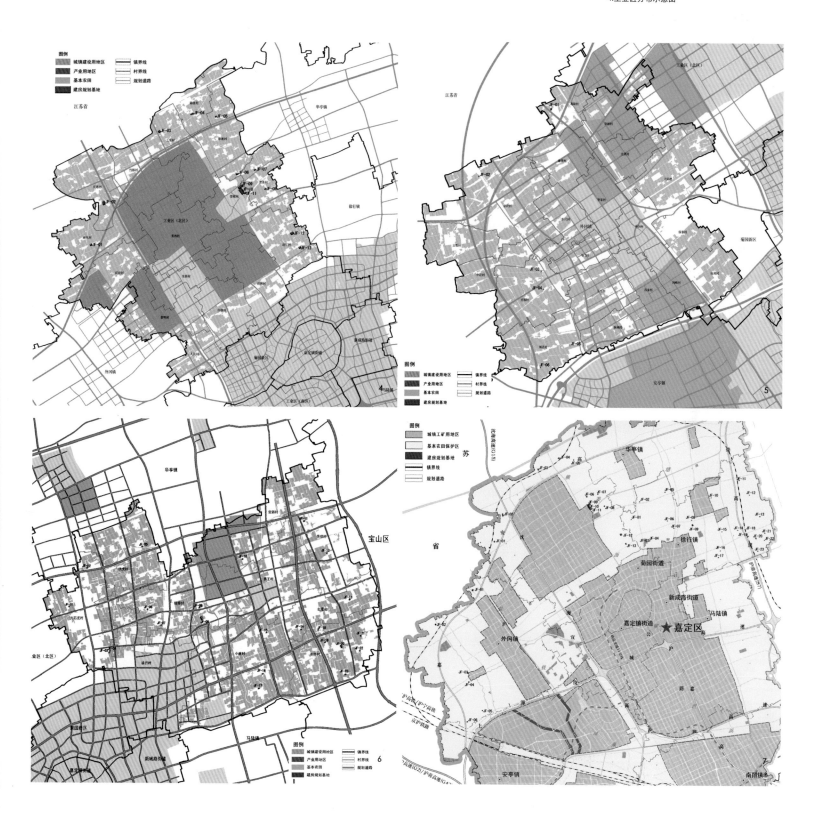

上海市金山区人民防空工程专项规划（2012—2020年）

[委托单位] 上海市金山区民防办公室
[项目规模] 611km²
[负责人] 肖闽
[参与人员] 李开明 王占涛 赵素倩 秦颖
[合作单位] 上海市金山区城乡规划管理署
[完成时间] 2013年10月

1.区位示意图
2.第二工业区图
3-9.金山人防图

一、规划背景

改革开放以来，金山区各个产业园区蓬勃发展，其中石化工业已发展成为地区支柱产业。但产业园区发展至今，民防工程建设一直未成体系。为贯彻落实上海市民防办公室《关于开展104工业用地产业区块民防工程专项规划编制工作的通知》（沪民防[2012]63号文）中的相关要求，进一步落实《上海市金山区区域总体规划一人民防空工程建设发展规划（2006年—2020年）》和《上海市人民防空骨干工程布局规划一金山区》（2010）中的相关内容，加快产业园区内民用建筑配建人防工程的建设工作，编制本规划。

二、主要内容

1. 规划层次

规划分为三个层次，宏观——总体防护体系，中观——人防工程总体规划，微观——产业园区人防工程。

（1）总体防护体系：产业园区总体设防以提高产业园区整体防护能力为目的，结合可能的战争攻击分析以及防空袭预案，确定产业园区的防护体系为以人防骨干工程为重点；以快速路、主干路为干线；以人员掩蔽为主体；职能分工上以镇、街道为主导，园区为辅助，形成镇园协同的防护体系。

（2）人防工程总体规划：按照需求，有针对性地布局不同类型的人防设施，包括人防指挥所、医疗救护站、防空专业队工程、人员隐蔽工程、配套工程、园区人防工程。

规划至2020年，全区产业园区人防骨干工程建筑面积总量为1.61万m²，其中通信指挥工程建筑面积为2 700m²；医疗救护工程建筑面积为5 400m²；防空专业队工程建筑面积为8 000m²；人员掩蔽工程和配套工程建筑面积按照各产业园区发展的实际需求及相关规定配置。

（3）产业园区人防工程：结合已批产业园区控规进行人防骨干工程选址，分别在金山第二工业区、金山工业区南区、金山工业区、松隐城镇工业地块及兴塔工业区各设置一处人防骨干工程。

2. 与法定规划充分衔接

本次民防工程专项规划，不仅仅是总规专项的深化，更是一个能够落地、具有较强操作性的实施规划，项目编制过程中已与相关产业园区控规充分对接，后续将通过规划管理手段将本次成果纳入控规以确保落地实施。

三、规划实施

本规划于2013年10月14日由金山区人民政府"金府[2013]233号"批复同意。规划成果纳入产业园区控规，通过法定图则控制落实。

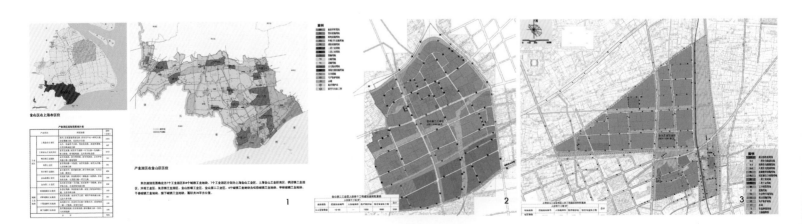

上海市嘉定区应急避难场所建设规划（2013—2020年）

[委 托 单 位] 　上海市嘉定区民防办公室
[项 目 规 模] 　463km²
[负 责 人] 　肖闽 刘志坚
[参 与 人 员] 　王占涛 曹琪斌 马玮彤
[完 成 时 间] 　2014年9月上报区政府

一、规划背景

应急避难场所的建设是城市抵御自然灾害、应对突发性公共事件、确保城市安全的一项紧迫任务，是城市应急管理工作的重要组成部分。根据2012年3月6日召开的上海市民防工作会议精神，上海市已经着手编制应急避难场所建设总体规划和"十二五"时期建设实施计划，全市层面已开展应急避难场所建设的工作。

为了推进应急避难场所的建设，增强嘉定区抵御灾害事故的整体能力，确保城市安全和稳定，保证突发性灾害事故发生后人员快速、有序地疏散安置，最大限度地减少人员伤亡和财产损失，有必要及时开展应急避难场所规划建设工作。

二、主要内容

按照因地制宜、有序衔接的原则，本次规划在相关上位规划、标准规范的基础上，根据嘉定区自身特点探寻符合本地的应急避难场所体系。

1. 避难类型

通过对嘉定区不同灾害的特征分析，明确本次应急避难场所建设主要用于防御本区常见的台风、地震灾害，兼顾突发事故、暴雨灾害。上述三种灾害均需要室内避难场所，即场所型避难场所，而地震灾害还需要室外避难场所，即场地型避难场所。

2. 布局规划

按照安全可靠、通畅便捷、科学布局的原则，规划在嘉定区共设置应急避难场所124处，总有效避难面积270.56hm²；其中固定避难场所16处，总有效避难面积81.60hm²，可安置避难人数约18.13万人；紧急避难场所108处，总有效避难面积188.96hm²，可安置避难人数约62.99万人。

为满足应急避难场所内人员的基本生活需求，确保应急避难场所在紧急状态下得以及时启用和安全运转，对不同类型的应急避难场所提出物资储备、供水、环卫、供电、医疗、通信、指引等设施建设要求。

3. 示范性工程——德富路小学

根据应急避难场所运作过程中的不同功能对空间场地的要求，兼顾德富路小学的实际情况，将学校分为6个功能片区，即人员避难区、应急棚宿区、室内避难区、综合保障区、交通集散区、景观绿化区。各个区域均与学校主要道路连通，保证交通的可达性。

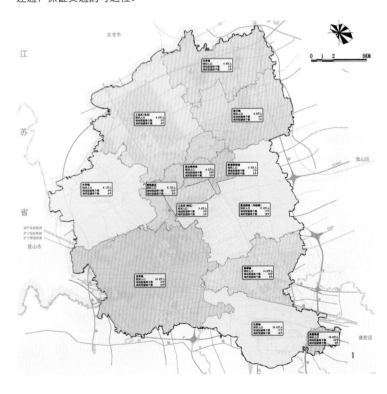

表1 嘉定区紧急避难场所各类应急设施配置表

应急功能项目	应急设施	场所类型		
		场地型	场所型	综合型
应急管理	应急指挥区	○	●	●
	场所管理区	○	●	●
	应急标志	●	●	●
	应急功能介绍设施		○	○
	应急演练培训设施			○
应急住宿	应急休息区	●	●	●
	应急住宿区		●	●
	避难建筑		●	●
	帐篷	●	●	
	简易活动房屋	●		
应急交通	应急通道	●	●	●
	出入口	●	●	●
	应急停车场			○
	应急交通标志	●	●	●
	应急交通指挥设备			○
应急供水	供水停车区	○	○	○
	配水点	○	○	●
	场所应急保障供水管线			●
	应急水泵			●
	临时管线、供水阀			●
	饮水处	●	●	●
应急医疗卫生	应急医疗区		○	○
	医疗卫生室/医务点	○	○	○
	医药卫生用品	○	○	○
应急物资	防火分区、防火分隔、消防通道、消防水源	●	●	●
	消防车、消防器材	●	●	●
	物资储备库物资储备房			●
	物资分发点	○	○	○
	食品、药品等应急物资			○
应急供电	应急发电区、移动式发电机组		○	○
	应急充电站、充电点			○
	紧急照明设备	○	○	●
应急通信	通信室、监控用房			○
	广播室			○
	应急广播设备（广播线路和喇叭）	○	○	○
	应急电话			○
应急排污	化粪池			○
	应急固定厕所		●	●
	应急临时厕所	○	○	○
应急垃圾	应急垃圾储运区			○
	垃圾收集点	○		○
应急通风设施	地下场所		●	●
	应急建筑		●	●
公共服务设施	管理办公室警务室			○
	售货站、公用电话		○	○

注1："●"表示应设；"○"表示宜设；空白表示不作要求

注2：应急设施设置参考《城镇防灾避难场所设计规范》（征求意见稿）

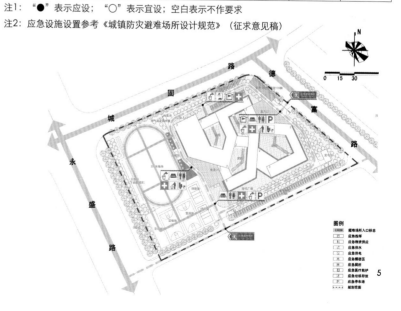

305

上海市嘉定区民防工程总体规划（2007—2020年）

[委托单位]　上海市嘉定区民防办公室

[项目规模]　462km^2

[负 责 人]　何斌

[参与人员]　李名禾 汪亚 杨丽雅 尤佳

[完成时间]　2010年9月

1.民防骨干工程规划图
2.近期建设规划图

一、规划背景

嘉定区民防工程建设自20世纪六七十年代以来，经过多年的发展，仍存在着工程布局不尽合理、骨干工程与高等级工程占有率偏低，未形成完整的民防工程防护体系。因此，规划重点解决民防工程体系的建立、合理布局，提高城市综合防灾能力等问题。

二、主要内容

规划认真贯彻"长期准备、重点建设、平战结合"的新时期人防建设方针，本着"统一规划，协调发展；合理布局，重点建设；平战结合，远近结合"的原则，全面提高嘉定区的整体防御能力和综合防灾抗灾能力。

规划对嘉定区的民防工程现状进行分析，科学划分城市防空区片，以完善民防工程体系和提高城市综合防灾能力为重点，与城市建设相结合，近期和远期建设相结合，通过预测未来嘉定的人口和建设总量，根据区应急预案的要求，提出了近期和远期民防工程建设的总量和分类规划目标，确定了嘉定区民防工程的布局和主要体系。

三、规划实施

该规划由嘉府规[2010]98号文批复。

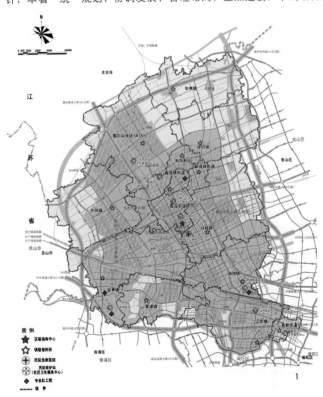

1

2

上海市第二军医大学第三附属医院安亭院区工程日照分析

[委托单位]　中国人民解放军第二军医大学东方肝胆外科医院
[项目规模]　16hm²
[负责人]　刘志坚
[完成时间]　2010年12月

1-2.第二军医大学第三附属医院安亭院区工程日照分析图
3-6.东方肝胆外科医院施工现状图
7-8.国家肝癌科学研究中心建成图
9.第二军医大学第三附属医院安亭院区鸟瞰图

　　第二军医大学第三附属医院安亭院区工程（含国家肝癌科学中心）位于上海市嘉定区安亭组团西侧，日照分析主要是为保证医院建筑的日照能够符合国家标准，同时避免医院建设对周边建筑产生不利的日照影响。

　　本项目根据对拟建医院建筑的日照情况，以及对周边地区的日照影响进行分析，基于原设计理念，对建设方案提出修改建议。

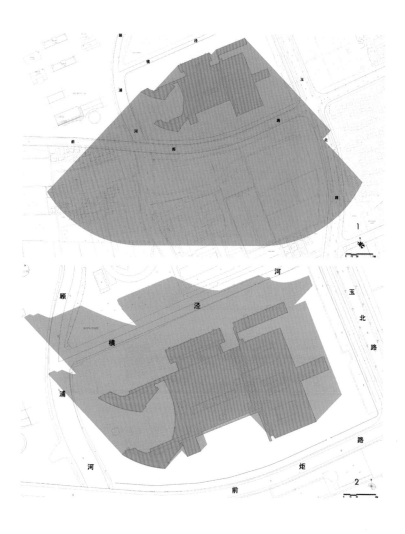

上海市嘉定新城中心区示范性高级中学日照分析报告

[委托单位]　上海嘉定新城发展有限公司
[项目规模]　本次规划区面积约13.3hm²，共涉及15个主客体建筑
[负责人]　　何秀秀
[参与人员]　何秀秀
[完成时间]　2010年9月

嘉定新城中心区示范性高级中学为一所全寄宿制高中，由示范高中部和国际高中部两个分部组成，是嘉定新城重要的公益性配套项目。

依据《上海市普通中小学校建设标准》（DG/TJ08-12-2004 J10355-2004），学校教学楼应保证良好的建筑朝向、日照和通风。此外，体育场地及宿舍楼也有其相应的日照要求。

本报告主要对嘉定新城中心区示范性高级中学内的教学楼、宿舍楼建筑及体育场地进行日照分析，使其满足文教卫生建筑及住宅建筑的日照标准。

本次分析对象既有文教建筑，又有住宅建筑，针对不同对象，依据相应规范、规定，在保持整体有序、风格一致的前提下，依据日照分析，对学校总平面及建筑方案提出了优化建议。

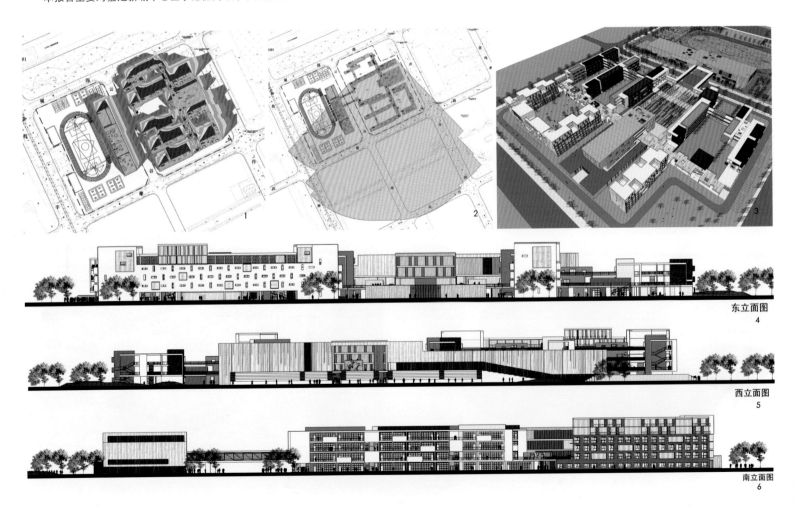

东立面图
4

西立面图
5

南立面图
6

上海市闸北时代欧洲花园地块日照分析

[委托单位] 上海瑞隆房地产有限公司
[负责人] 汪亚
[参与人员] 徐军
[完成时间] 2012年9月

1.日照分析客体图
2.日照分析主体图
3.鸟瞰图

日照分析对象是集商业与住宅一体的综合性住宅小区。建筑以欧式风格为主，采用多种复式住宅形式，体现出建筑立面的丰富性与艺术性，同时在节能的基础上，充分扩大窗的面积，以打通内与外的视觉界限，增加了对室外风景的摄取面。

项目对基地内的建筑及受基地建设影响的基地外建筑进行日照分析，基于上述较为复杂的立面与窗位形式，根据具体分析提出设计建议，既满足了住宅建筑的日照标准，又最大限度保证了设计理念。

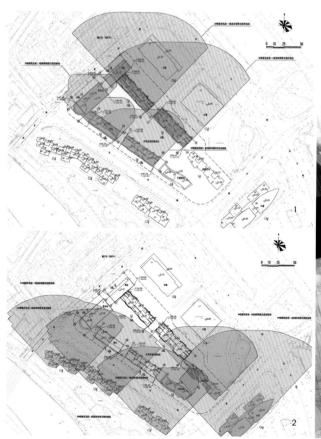

后记

2004年5月的一个下午，我正在深圳考察，突然接到电话，电话那头是时任上海市嘉定区规划管理局局长史家明，他用惯常快速的语速说："徐峰，区里事业单位的管理方式就要变化了，你们规划设计院和其他的行政事业单位有些不同，照搬这样的方式对你们的发展、对规划的编制也不一定合适，所以你们还是改制吧。明天你到我办公室商量下。"挂断电话，我立刻中断考察，买了隔天的机票。第二天，我从机场出来，直奔史局长办公室……

半年以后的2004年12月，我们从工商局拿到了上海嘉定规划设计院有限公司的营业执照。这一天，也是我在规划设计的岗位上工作了十二个年头以后，重新就业上岗，由事业单位身份，转变为企业，踏上了规划设计企业之路。

经过几年的发展，我们从改制之初的不足二十人，逐步拓展人员规模，提高技术水平，积极参与嘉定区的各项规划编制，同时将业务逐步向外拓展，紧紧跟踪上海规划的时代节奏，向一流的规划设计院看齐。

时间转到2011年底，上海市开展土地规划机构评选推荐工作，我院得悉后立即启动申报工作，2012年3月23日，我们土地规划乙级资质经评审通过了。至此，我们在从事了多年城乡规划工作之后，又可以名正言顺地开展土地规划了。经过招兵买马和技术提升，利用我们城乡规划和土地规划的充分融合，上海市土地规划市场中，我们的形象和口碑逐渐建立起来了。

2012年初，我院和同济大学夏南凯老师交流。夏老师看了我们的项目，说你们院做的项目很好，人员条件也不错，但是规划资质还是乙级，为什么不申报甲级？一席话讲了以后，我们内心起了波澜。经过多次研究讨论，我们启动了升级之旅，经过几个月的筹备和市里预审，我们将精心准备的申请材料郑重地申报到了住建部。2012年9月28日，令人振奋的消息传来，我们城乡规划甲级的申请通过了。此时此刻，我们上海嘉定规划设计院有限公司终于跨入了甲级规划院的行列，公司在新的起点新的高度再度启航！

此时，我院的项目已经由立足嘉定、放眼全市，逐步转变为服务上海、面向全国。上海市域成为我们更大的舞台，从中心城到郊区，从城市到农村，从最东北的崇明岛到最西南的金山卫，我们的足迹踏遍了上海的每一个角落。同时，我们的足迹从上海更延伸到了祖国各地，从长三角的浙江到大西南的贵州，更远的走到了祖国边陲的西藏、新疆和内蒙古，众多的地区都留下了我们辛勤的汗水，更为各地留下了我们的作品，为当地的规划建设和发展留下了精彩的一笔。

2014年5月，为了更好地服务上海、服务全国，我们又把城乡规划、土地规划资质变更到了上海广境规划设计有限公司。至此，形成了上海广境规划设计有限公司面向上海和全国、上海嘉定规划设计院有限公司作为嘉定区地方服务的平台的格局。两家公司作为上海广境设计机构的成员企业，将一同为各地规划提供服务，广境的设计企业构架也由此形成雏形。

今天翻开这本作品集，每一项收录在内的作品都凝聚着广境人十年来的心血和汗水，倾注了广境人的感情，我看着倍感亲切，回忆起很多亲身参与的项目，几年前的细节也是历历在目。

这十年来，我们得到了上海市各区县政府和市区两级规划管理部门的关心，得到了其他省区市相关单位的支持，在他们的鼓励中和帮助下逐步成长，我非常感谢他们的多年来的关怀。作品集中虽然是我们公司的项目，但是也倾注了他们的心血，是共同的努力和合作才形成的最后成果！

这十年来，我还要感谢和我一起努力工作的同事们。十几位老同事在公司成立之前，我们就在一起共事，直到现在，这令我有一种温暖的大家庭感觉；还有很多的新同事在这十年中陆陆续续地加入我们的团队，给我们带来新鲜的血液和新的气象，新老同事们一起在为广境创造着价值。没有这些优秀同事的辛勤工作和付出，我们的公司也不可能有今天这样业绩。

十周岁对一个人来讲刚刚成为一个小学生，十年对于一家企业来讲只是刚刚起步。我们希望自己能做成"百年老店"，我们回顾过去，更需要放眼未来，脚踏实地，一步一个脚印地向前走，迎接下一个十年的到来。

徐峰
2014年11月